第2版

無人航空機
ドローン・ビジネスと法規制

森・濱田松本法律事務所
AI・IoT プラクティスグループ【編】

【編集代表】弁護士 戸嶋 浩二
　　　　　　弁護士 林　 浩美
　　　　　　弁護士 岡田 　淳

清文社

第2版　はしがき

　早いもので、本書の第1版を出版してから約5年の月日が過ぎた。

　本書は、初版出版時、Amazon法学部門で1位になるなど、書いた本人が一番驚くほどのご好評をいただいた。我々執筆者としては、ドローンの可能性を信じてその法規制に従事してきたつもりであったが、その可能性は自分が思っているより遥かに大きいものであることを実感した瞬間でもあった。

　あれから5年を経て、ドローンの法規制は、次のステージに向けて大変革の時代を迎えようとしている。

　ドローン法規制の歴史は、2015年の首相官邸ドローン侵入事件とその後の航空法改正から始まった。我々が初版を出版したのは、まさにこのできたばかりの改正航空法の運用が開始された時期であった。

　しかし、今、この航空法が大改正されようとしている。政府は、2022年度の「レベル4」（有人地帯での目視外飛行）実現のために、2020年と2021年に航空法の改正法案を国会に提出して成立させている。これらの改正で、これまで条文の数がたった3条しかなかったドローンの規制が、2022年12月には92条となり、約30倍に膨れ上がるのである。

　ただ条文の数が増えるだけではない。改正によって、ドローンの登録が必要となり、また機体認証制度、操縦ライセンス制度が設けられることとなる。飛行方法も、これまで許可・承認が必要な飛行か否かしか区別がなかったところ、3つのカテゴリーに分けられ、それぞれ別の規制が設けられることとなる。これまでは個別に申請して許可・承認を受けなければならなかったが、機体認証・操縦ライセンスを得れば、一定の飛行については許可・承認を得ずに行えるようになる。

　このような改正は、2022年12月までに順次、詳細を定める航空法施行

規則や各種告示・通達が定められ、実現していく予定である。

　そこで、本書の改訂にあたって、2020年航空法改正については第2章に「3　無人航空機の登録制度」を設けるとともに、2021年航空法改正については第1章に「3　2021年航空法改正」と独立して項目を設け、機体認証・操縦ライセンス制度の詳細について解説している。

　また、航空法以外にも、土地所有権に関する議論、個人情報保護法の改正、利用できる電波の拡充などを大幅に加筆し、ドローンを利用した測量・インフラ点検・農薬散布・配送に適用されるガイドラインなどの改正や、水中ドローン・ドローン運航管理システム（UTM）など新たなシステムやサービスについても加筆している。

　正直なところを申し上げると、本書の改訂を依頼されてから3年の年月を経ってしまった。これほどまでに年月が経過したのは、ひとえに私をはじめとする編集・執筆者の不徳の致すところではある。

　ただ、航空法が2020年・2021年に改正され、登録制度などの2020年改正については施行規則など詳細が判明したところで本書第2版を出版できたのは、不幸中の幸いというか、まさにこのときを待っていたのだと開き直れるほど良いタイミングでの出版となったように思う。ぜひ読者の皆さまには、本書で最新のドローン規制に触れていただきたい。

　日本の、そして世界のドローン産業は急速な成長を遂げているが、まだこんなものではないと固く信じている。本書がドローンビジネスとその法規制の発展に少しでも貢献できれば、執筆者一同、望外の喜びである。

2021年12月

執筆者を代表して
森・濱田松本法律事務所
弁護士　戸嶋　浩二

はしがき

　ドローンが「空の産業革命」をもたらすと言われて久しいが、皆さんはドローンにどんな未来を思い描くだろうか。

　ドローンが家まで荷物を届けてくれる未来だろうか。それともドローンが荷物を運んでくるなど夢物語だと思われるだろうか。しかし、安倍首相が「ドローンを使った荷物配送を可能とする」時期として述べた2018年は、すぐ近くまで来ている。

　また、ドローンの未来は配送だけではない。例えば農業では、農薬散布だけではなく農地の管理もドローンで行う。高いところにある電線や風力発電施設、橋梁やトンネルの点検にドローンを利用する。測量や土量測定、土木工事の監理にドローンを用いる。地震や火山噴火、原子力発電所事故等の災害時に捜索・救命活動や調査を行う。さらには警備活動、保険事故の調査、気象観測、海洋調査や魚群探知等々、ドローンは比較的容易に、安定性が高く、かつ安価に飛行させることができるものとして、様々な場面での利用が考えられている。まさに「空の産業革命」と言われる所以である。

　ただ、ドローンは飛行する以上、残念ながら墜落とは常に隣り合わせの存在である。安全に飛行させるためには、どのような場面で飛行させることができるのか、他人の土地の上空を飛行してもよいか、事故を起こしたときの責任は誰がとるか、そのようなことを規律するのが法律の役割である。しかし、そのような法律を網羅的に解説した書籍は未だ見当たらないようだ。

　そこで本書では、各分野に詳しい弁護士が中心となって、2015年に改正された航空法の解説をはじめとして、無人機規制法、電波法、道路交通法、河川法、個人情報保護法や肖像権・プライバシー権、土地所有権、条例など、ドローンが関わるあらゆる法律等について、ドローンに

関与するすべての方にわかりやすく解説することを目指した。

　ドローンに関する法律は、航空法が改正されたばかりで、これから技術の進展に伴い変わっていくことが予想される。しかし、規制がわからなければ技術を発展させるための実験を行うこともできない。そこで、現状のドローンに関する法律を明らかにすることで、少しでも今後のドローン技術の進展とビジネスの発展に役に立てればと思う次第である。

　ドローンの日進月歩の技術を、法律家が理解することは容易ではない。そこで、本書を執筆するにあたっては、エアロセンス、セコム、損害保険ジャパン日本興亜、デンソー、日本測量協会（敬称略・五十音順）を含む関係団体・官庁や事業者・利用者の方々に多くお目にかかり、ドローンの技術とサービスの現状についてお話を伺う機会を頂戴した。そのたびに、ドローンが当たり前に空を飛び回っている社会がやってくる日も近く、未来が明るく感じられた。この場を借りて深謝申し上げたい。

　最後に、本書の刊行は清文社の村上遼氏の大変なご尽力がなければ実現しなかったものである。この場を借りてお礼を申し上げる。

2017年4月

執筆者を代表して
森・濱田松本法律事務所
弁護士　戸嶋　浩二

目 次

第1章 ドローンを取り巻く環境・法規制

1 ドローンの歴史と技術の進展 ……………………………… 3

① 「ドローン」は「無人航空機」の俗称　3
② ドローンの形状　3
③ ドローンの歴史　4
④ ドローン技術の進展　5
　　従来の無人航空機とドローン／ドローンに求められる機体性能の向上

2 ドローンに関する法規制と政府の取組み ……………… 7

① ドローンと日本の成長戦略—ロボット革命実現会議　7
② 首相官邸ドローン侵入事件から2015年航空法改正に至るまで　8
③ 官民協議会の設置　9
④ レベル3の実現　9
⑤ レベル4の実現に向けた2020年・2021年航空法改正　10

3 2021年航空法改正 …………………………………………… 13

① 2021年航空法改正前後の動き　13
② 新たな制度の全体像　14
　　カテゴリーの区分／カテゴリー毎に必要となる許認可の違い
③ 機体認証制度　18
　　機体認証／型式認証／登録検査機関
④ 操縦ライセンス制度　23
　　操縦者技能証明とは／技能証明の内容／指定試験機関・登録講習機関

⑤ 運航管理　28
　　　運航管理におけるカテゴリーの区分／カテゴリーⅢの飛行／カテゴリーⅡの飛行／カテゴリーⅠの飛行／カテゴリー毎の運航ルール

⑥ 罰則　35

第2章　航空法

1　航空法改正の経緯と概要……………………………………………39

① 2015年航空法改正の経緯　39
　　　首相官邸ドローン侵入事件／小型無人機に関する関係府省庁連絡会議／2015年改正航空法の成立

② 2015年より後の改正　41
　　　審査要領の改正／2019年航空法改正／2020年航空法改正／2021年航空法改正

③ 航空法の概要　43

2　無人航空機の定義……………………………………………………45

① 2015年改正前航空法　45
② ドローンを規制対象にした2015年航空法改正　46

3　無人航空機の登録制度………………………………………………48

① 登録制度の導入　48
② 登録の要件　48
③ 登録すべき事項と手続　49
④ 登録記号を識別するための措置（リモートIDなど）　50
⑤ 登録の変更・更新・抹消等　51

4　飛行空域の制限………………………………………………………53

① 規制対象の空域　53
② 航空機の航行の安全に影響を及ぼすおそれがある空域　54

空港等の周辺の空域／一定の高度以上の空域／緊急用務空域

③ 人口集中地区の上空　59

人口集中地区の上空の規制／具体的事例

5　飛行方法の規制 ……………………………………………………65

① 規制の概要　65

② 飛行方法のルール　66

アルコールまたは薬物等の影響下で飛行させないこと／飛行前確認を行うこと／航空機または他の無人航空機との衝突を予防するよう飛行させること／他人に迷惑を及ぼすような方法で飛行させないこと／日中に飛行させること／目視の範囲内で飛行させること／人または物件との間に30m以上の距離を保って飛行させること／催し場所の上空で飛行させないこと／危険物を輸送しないこと／物件を投下しないこと

6　捜索・救助のための航空法の特例 ……………………………74

① 特例の概要　74

事故や災害等の発生時における航空法の特例／特例が適用される範囲

② 飛行の安全確保の方法　75

7　航空法違反による罰則 …………………………………………78

① 罰則の適用　78

② 罰則適用の判断　79

8　許可・承認の申請方法 …………………………………………80

① 申請方法　80

② 申請書の様式　83

③ 申請書の提出先　100

9　許可・承認の審査基準 …………………………………………103

① 審査基準の概要　103

② 基本的な基準　103

無人航空機の機能および性能／無人航空機の操縦者の飛行経歴、知識および能力／無人航空機を飛行させる際の安全を確保するために必要な体制／飛行形態に応じた追加基準

10　報告徴収、立入検査・質問 ……………………………………… 131

第3章　ドローンに関連する法律

1　無人機規制法 …………………………………………………………… 135

① 無人機規制法の成立経緯　135

② 2019年改正の経緯　135

③ 2020年改正の経緯　136

④ 航空法と無人機規制法の相違点　136

⑤ 無人機規制法の内容　137
　　飛行が禁止される区域／飛行が禁止される小型無人機等／例外的に小型無人機等の飛行が許容される場合／同意を得た後の手続／違反行為に対する罰則等

2　各自治体等によるドローンの規制 ……………………………… 148

① 公園条例・庁舎管理規則等による飛行規制　148
　　公園条例による規制／庁舎管理規則による規制／港湾・漁港管理条例／地方自治体ごとで定める規則への留意

② 新条例等の制定の流れ　150
　　伊勢志摩サミット開催による三重県の条例／前橋市のガイドライン

3　他人の所有する土地の上空での飛行 …………………………… 152

① 土地所有権とドローンの飛行　152

② 民法による土地所有権の範囲　152
　　土地の所有権は土地の上下に及ぶ／法令の制限内において／利益の存する限度／ドローンと土地所有権の関係／土地所有権に関する政府での検討

4 道路・河川等の上空での飛行 ……………………………… 159

- ① 道路上空での飛行（道路交通法）　159
- ② 河川・河川敷上空での飛行（河川法）　160
- ③ 自然公園・国有林野での飛行（自然公園法・国有林野法）　161

5 撮影によるプライバシー権等の侵害への対応 …………… 162

- ① ドローンによる撮影を原因としたトラブル　162
- ② プライバシー権の侵害　162
   プライバシー権の概念／裁判例におけるプライバシー権侵害の基準／ドローンによる撮影および映像等の公開とプライバシー権／総務省による撮影映像等の公開に係るガイドラインの公表
- ③ 肖像権の侵害　169
   肖像権の定義／肖像権に関する判例／ドローンによる撮影および映像等の公開と肖像権
- ④ 個人情報保護法　172
   「個人情報」として保護される撮影対象／個人情報保護法の適用対象となる事業者／個人情報保護法の規制内容
- ⑤ その他問題となる法律　176
   著作権／民法上の所有権

6 電波法 ……………………………………………………………… 178

- ① ドローンと電波　178
- ② 電波法に基づく免許制　178
   電波の利用／無線局の開設免許
- ③ ドローンの飛行と免許制の関係　180
- ④ ロボット用電波拡充のための法整備　182
   法整備の背景／ロボット用電波
- ⑤ 産業用無人ヘリコプター用周波数帯の増加　187
- ⑥ 携帯電話ネットワークの利用　188

第4章　ドローンを活用したビジネスと法規制

事例1　現地測量とドローン ……………………………………… 193
　　　　建設現場におけるドローンの活用／測量法についての検討／航空法についての検討

事例2　他人の土地における測量とドローン ……………………… 197
　　　　測量におけるドローンの活用／土地所有権との関係

事例3　橋梁点検とドローン ……………………………………… 200
　　　　橋梁点検におけるドローンの活用／航空法についての検討／航空法以外に留意すべき法律

事例4　土量測量とドローン ……………………………………… 205
　　　　土量測量におけるドローンの活用／測量法についての検討／航空法についての検討

事例5　警備システムとドローン ………………………………… 208
　　　　警備システムにおけるドローンの活用／警備業法についての検討／航空法についての検討

事例6　ソーラーパネルの点検とドローン ……………………… 212
　　　　ソーラーパネルの点検におけるドローンの活用／航空法についての検討／航空法以外に留意すべき法律

事例7　農薬散布とドローン等 …………………………………… 215
　　　　農薬散布における無人ヘリコプターやドローンの活用／航空法についての検討／航空法以外に留意すべき法律

事例8　食品・日用品の配送とドローン ………………………… 222
　　　　配送におけるドローンの活用／航空法についての検討／航空法以外に留意すべき法律

事例9　医薬品の配送とドローン ………………………………… 226
　　　　医薬品配送におけるドローンの活用／薬機法についての検討

事例10　AEDの搬送とドローン ………………………………… 230
　　　　ゴルフ場におけるドローンの活用／航空法についての検討

事例11　倉庫内の在庫管理とドローン ………………………… 232
　　　　倉庫内におけるドローンの活用／屋内でのドローン規制

事例12 気象観測とドローン ……………………………………… 234
　　　　気象観測におけるドローンの活用／気象業務法についての検討
　　　　／航空法についての検討

事例13 損害保険の事故調査とドローン …………………………… 237
　　　　損害保険会社の事故調査におけるドローンの活用／航空法についての検討／航空法以外に留意すべき法律

事例14 災害時の調査・捜索とドローン ……………………………… 240
　　　　災害時におけるドローンの活用／航空法についての検討／航空法以外に留意すべき規制等

事例15 屋外イベントの撮影とドローン ……………………………… 245
　　　　屋外イベントの撮影におけるドローンの活用／航空法についての検討／航空法以外に留意すべき法律

事例16 報道資料の収集とドローン …………………………………… 248
　　　　報道におけるドローンの活用／航空法についての検討

事例17 ドローンレースの法規制 ……………………………………… 250
　　　　ドローンレースの活況／航空法についての検討／航空法以外に留意すべき規制等

事例18 水上・水中ドローン …………………………………………… 253
　　　　水中ドローンの登場／留意すべき法律

事例19 ドローン用アプリケーションの開発・提供 ………………… 255
　　　　ドローン用アプリケーションの重要性／本事例の検討

事例20 ドローン運航管理システム（UTM）の提供 ……………… 257
　　　　UTMの重要性／本事例の検討

第5章　ドローンの利用に伴う法的責任

1　ドローンによる事故と法的責任 ……………………………………… 263

(1) ドローンによる事故の増加　263
(2) 3つの法的責任　264

2 ドローンによる事故の民事責任 ················· 265

① 事故に基づく民事上の責任　265
② ドローン事故の現状　266
③ 飛行を実施した者の責任　266
　　不法行為責任／想定される過失の検討／自動飛行機能の拡充と法的責任／過失についての留意事項／損害の範囲
④ ドローンの製造業者等の責任　270
　　製造物責任法とは／製造物責任の責任主体／製造物責任法における「欠陥」の定義／賠償すべき損害の範囲／使用者の誤使用と製造物責任／開発危険の抗弁
⑤ ドローンに関する保険　276
　　ドローンによって生じるリスク／従来の保険による対応／ドローンに特化した保険

3 ドローン事故に関するその他の責任や規制 ················· 279

① 刑事責任等　279
　　刑法上の留意点／航空法上の留意点
② 行政上の責任等　280

第6章　ドローンに関連する法規制の今後の課題

1 現時点での法整備の位置付けと課題 ················· 285

① ドローンに対する現時点での法整備の位置付け　285
② 課題に応じたさらなる法整備の必要性　285

2 官民協議会による「ロードマップ」の策定 ················· 287

① ドローンの本格運用に向けた「ロードマップ」　287
② 「空の産業革命に向けたロードマップ2021〜レベル4の実現、さらにその先へ〜」の内容　288

3 ドローンについてのその他のガイドライン等の策定 ……… 290

① 基本方針の制定　290
② ドローンの政府調達に関する関係省庁申合せ　291
③ ドローンを活用した荷物等配送のガイドラインの策定　292
④ ドローンによる医薬品配送に関するガイドラインの策定　293

4 空の移動革命に向けた官民協議会 ……………………… 295

参考資料

1 2021年改正航空法条文　300
2 個別分野におけるロードマップ2021　334
3 空の移動革命に向けた官民協議会（第7回）資料1（抜粋）　338

【凡　例】

◆本書では法令等を下記のように略記しています。

国交省……………… 国土交通省

国交省Q&A………… 国土交通省による「無人航空機（ドローン、ラジコン等）の飛行に関するQ&A」

審査要領…………… 国土交通省による「無人航空機の飛行に関する許可・承認の審査要領」（国空航第684号、国空機第923号）（2021年12月9日最終改正（国官参次第125号））

官民協議会………… 小型無人機に係る環境整備に向けた官民協議会

2020年航空法改正…… 2020年6月24日号外法律第61号による航空法改正

2021年航空法改正…… 2021年6月11日号外法律第65号による航空法改正

無人機規制法……… 重要施設の周辺地域の上空における小型無人機等の飛行の禁止に関する法律

総務省ガイドライン… 総務省による「『ドローン』による撮影映像等のインターネット上での取扱いに係るガイドライン」

個人情報保護法…… 個人情報の保護に関する法律

＊本書の内容は2021年12月1日現在公布済みの法令等に基づいています（ただし、審査要領のみ2021年12月9日現在）。

なお、航空法施行規則については2022年6月20日施行予定の改正後の条文番号を、個人情報保護法2022年4月1日施行予定の改正後の条文番号を、それぞれ括弧書きで併記しています。また、2021年航空法改正により追加され2022年12月までに施行される予定の航空法の条文については「新○条」という形で記載しています。

第1章

ドローンを取り巻く環境・法規制

1 ドローンの歴史と技術の進展

① 「ドローン」は「無人航空機」の俗称

　ドローンという名称は、元来、ハチが飛ぶときの"ぶんぶん"という羽音を意味しており、無人航空機が飛ぶ際の音がこれに似ていることから俗称として用いられるようになったといわれています。

　日本では、ドローンは2015年に改正された航空法において「無人航空機」と定義されています。英語表記では、UAS（Unmanned Aircraft Systems）、UAV（Unmanned Aerial Vehicle）、RPAS（Remotely Piloted Aircraft Systems）等の呼称があります。

② ドローンの形状

　「ドローン」というと通常は4つの回転翼（ローター）を持つ「クアッドコプター（quadcopter）」を思い浮かべると思いますが、もちろん、これに限られるわけではなく、回転翼が6つの「ヘキサコプター（hexacopter）」、8つの「オクトコプター（octocopter）」などマルチコプター全般はドローンに含まれます。また、通常のヘリコプターを小さくしたようなシングルローターの農薬散布用の産業用無人ヘリコプターもドローンです。さらに、回転翼ではなく固定翼のタイプもあり、航空写真の撮影、無線基地局等に利用されています。

　一般的には、飛行距離、飛行速度、積載重量、機体の耐久性の点では固定翼がマルチコプターを上回ります。他方、マルチコプターは、離着陸の場所に関する自由度が高い（垂直の離着陸が可能）、ホバリングができるといった固定翼にはない利点があります。またマルチコプターと固

提供：DJI JAPAN 株式会社

定翼を組み合わせて、両者の利点をあわせ持つドローンも開発されています。

日本において「無人航空機」は、航空法2条22項で「航空の用に供することができる飛行機、回転翼航空機、滑空機、飛行船その他政令で定める機器であって構造上人が乗ることができないもののうち、遠隔操作又は自動操縦（プログラムにより自動的に操縦を行うことをいう。）により飛行させることができるもの」（重量が200g未満（2022年6月より100g未満）のものは除く。詳細は46頁を参照）と定義されています。マルチコプターは、この中の「回転翼航空機」に該当します。

③ ドローンの歴史

もともとドローンは、軍事用の無人航空機として発展してきた歴史を持ちます。その起源は、1935年にイギリス海軍がデモンストレーションを行った「DH82Bクイーン・ビー」（女王バチ）だといわれています。この飛行機は、たしかに無人機として用いられましたが、人が乗って操縦することも可能な固定翼機で、射撃の標的として利用されたものであり、重量もかなり重く（現存するDH82Bは約830kg）、現在のドローンのイメージとはずいぶん異なります。

その後、アメリカ軍が、この「女王バチ」という語とその飛行音から「ドローン」という名称を使い始めたともいわれています。その後の技

術発展により、偵察能力、さらには攻撃能力を持ち、遠隔地を自律的に飛行できるドローンが開発され、アフガニスタン戦争やイラク戦争等に軍事用ドローン（プレデター等）が多数用いられたことは有名です。

こうした軍事用無人航空機ではなく、ホビー用のマルチコプターにも「ドローン」という名称が用いられるようになったのは、フランスのパロット社が2010年に発表した「AR. Drone」が契機であったといわれています。ただし、AR. Drone は、AR（拡張現実）ゲームを楽しむための道具であって、産業用ドローンとは用途がまったく異なります。

4 ドローン技術の進展

1 従来の無人航空機とドローン

無人航空機自体は、「ドローン」という名称が現在のように広まる前もラジコンヘリのように存在していました。従来のラジコンヘリは、普通のヘリコプターを縮小したような形状であり、基本的にマニュアルでの操縦・制御を行うものです。1つの大きな回転翼は、回転によって揚力を生じさせますが、この反作用によって逆回転方向のトルクが生じるため、これを機体の尾部にある小さなテイルローターが打ち消すことで機首方向を安定させるなど、2つのローターを操作してバランスを確保することが必要であり、その操縦には相応の技術を要します。

これに対してドローン（マルチコプター）の場合、コンピュータ制御（フライトコントローラーに組み込まれた自動制御ソフト、ジャイロセンサー、加速度センサー等）の導入により、機体操縦が従来よりも容易になりました。また、無人航空機の中には自律飛行の機能を有するものもあります。

自律飛行は、一般的にはGPS（全地球測位システム）を用いており、GPS衛星からの電波を受信して現在地を認識すると同時に、コンパスモジュール（方位磁石）によって機体の正面がどの方角に向かっている

かを判断し、それらの情報によって機体の現在地を推定しながら、あらかじめ指定した飛行ルートに沿って行われます。

航空法における無人航空機の定義も、「遠隔操作又は自動操縦（プログラムにより自動的に操縦を行うことをいう。）により飛行させることができるもの」として、自律飛行するドローンも含むものとなっています。このような高度な技術を用いたドローンの普及は、電子部品やセンサー類の小型化・低価格化によって可能になりました。

2 ドローンに求められる機体性能の向上

ドローンの機体の性能・スペックは様々です。市販のマルチコプター型の空撮用ドローンは、リチウムバッテリーにより稼働するものが多く、平均飛行時間は15〜30分、最高飛行速度は時速60〜80kmほどです。価格は、ホビー向けドローンは数万円程度でも購入できますが、産業用ドローンは何百万円というものもあります。

今後、産業用ドローンについては、より長時間にわたって安定した飛行を可能にするような機体やバッテリーの性能が求められます。また、産業の各用途に応じた機能・技術の進展・高度化もますます重要になってくると思われます。

例えば、噴火した火山の状況をドローンで撮影しようとする場合、火口付近の風向きなどに応じて最適な飛行ルートを選択するプログラム等が有益ですし、橋梁の点検をドローンで行う場合、橋梁付近で巻き上がる風を受けても安定して撮影を行うことのできる機体性能が重要です。

また、ドローンを使って荷物を宅配する場合、ドローンが安定した状態で物資を切り離すことができる性能が必要です。その他、電波が途絶した場合に備えて安全に機体を保持できる、または着陸できる性能も必要になりますし、GPSを用いる場合には、衛星からの電波受信状況によって機体位置の把握に限界があるため、より精緻に位置を把握できる性能も求められるかもしれません。

② ドローンに関する法規制と政府の取組み

① ドローンと日本の成長戦略—ロボット革命実現会議

　ドローンは、ロボットの1つとして日本の成長戦略に組み込まれています。政府は2014年6月24日付の「日本再興戦略 改訂2014」において、ロボット革命の実現を目標に掲げました。日本再興戦略とは、いわゆるアベノミクスの3本の矢の1つとして、日本の成長戦略を策定したもの（2013年が最初）です。

　この「日本再興戦略 改訂2014」は、ロボットを「少子高齢化の中での人手不足やサービス部門の生産性の向上という日本が抱える課題の解決の切り札にすると同時に、世界市場を切り開いていく成長産業に育成していく」とし、このための戦略を策定する「ロボット革命実現会議」を早急に立ち上げること、2020年には日本が世界に先駆けて様々な分野でロボットが実用化されている「ショーケース」となることを目指すと記しています。

　これを受けて2014年9月には、民間企業の他に研究者等が参加する「ロボット革命実現会議」が立ち上げられ、合計6回の会議を経て、2015年1月23日付で「ロボット新戦略」が策定されました。

　この戦略は、日本を「世界のロボットイノベーション拠点」「世界一のロボット利活用社会—ショーケース（ロボットがある日常の実現）」にし、IoT時代のロボットで世界をリードすることを戦略として、ロボット革命の実現、2020年までの5年間に規制改革等の環境整備等を行い、ロボット開発に関する民間投資の拡大、1,000億円規模のロボットプロジェクトの推進を目指すとしています。

第1章　ドローンを取り巻く環境・法規制

　ドローンに関しても、ロボットを効果的に活用するための規制緩和および新たな法体系・利用環境の整備を行う分野の1つとして、「ロボットの利活用を支える新たな電波利用システムの整備」「医薬品医療機器等法」「介護保険制度」「道路交通法・道路運送車両法」等とならんで「無人飛行型ロボット関係法令（航空法等）」があがっています。

　しかし、「ロボット新戦略」では、「今後いわゆる小型無人機については、運用実態の把握を進め、公的な機関が関与するルールの必要性や関係法令等を含め、検討を進めていく」とするに留まっており、それ以上の具体的なアクション・プランは記載されていません。すなわち、この段階では、ルール策定の内容や時期が具体的になっていないどころか、ルールを定めるか否かも決まっていなかったのです。

❷ 首相官邸ドローン侵入事件から2015年航空法改正に至るまで

　ルールを定めるか否かも決まっていないという状況は、2015年4月22日の首相官邸ドローン侵入事件によって大きく変わりました。

　政府の動きは速く、2015年7月14日には「航空法の一部を改正する法律案」が国会に提出され、同年9月4日に2015年改正航空法が成立し、同年12月10日に施行されました。

　新しい分野で法律が改正され施行されるには、通常は数年を要するのに対し、首相官邸屋上でのドローン発見から2015年航空法改正まで、わずか8か月弱ですから、異例のスピードでの法改正であったことがわかります（航空法改正の詳細については第2章参照）。

　なお、航空法は、2019年に一部改正され、アルコールまたは薬物の影響によりドローンの正常な飛行ができないおそれがある間に飛行させないなど、飛行方法に関する規制の追加がなされています（65頁参照）。

③ 官民協議会の設置

　ドローンを産業において利活用するための環境整備に関する議論は、2015年航空法改正で終わったわけではありません。安倍総理大臣（当時）は、「日本再興戦略」に基づき、政府として取り組むべき環境整備のあり方と民間投資の目指すべき方向性を共有するために設置された「未来投資に向けた官民対話」において、2015年11月5日、「早ければ3年以内に、ドローンを使った荷物配送を可能とすることを目指す」と発言しました。

　これを受けて「小型無人機に関する関係府省庁連絡会議」は、同年11月13日付の第5回会議において、「小型無人機の安全な飛行の確保と『空の産業革命』の実現に向けた環境整備について」を取りまとめました。

　この環境整備のための協議体として設立されたのが、「小型無人機に係る環境整備に向けた官民協議会」です。さらに別途、小型無人機のさらなる安全確保のための制度設計に関する分科会が設置されました。

④ レベル3の実現

　ドローンの利活用と技術開発を促進するため、2016年4月28日に開催された第4回官民協議会において「小型無人機の利活用と技術開発のロードマップ」がとりまとめられました。このロードマップは、ドローンを使った荷物配送を「レベル3」と、都市を含む地域において多数の自律飛行するドローンが活躍する社会を「レベル4」とそれぞれ定義し、レベル3の実現を2018年頃、レベル4の実現を2020年代以降に実現することを明確にしました。このロードマップは、その後、2017年5月19日に開催された第6回官民協議会において「空の産業革命に向けたロードマップ」と名前を変え、さらに2018年以降、毎年作成されています。

レベル3は、2017年に山、海水域、河川、森林等の「無人地帯」での目視外飛行と定義し直されました。補助者がいない目視外・第三者上空の飛行は、それまで原則認められてきませんでした。そこで、どのような場合に目視外・第三者上空の飛行を認めるかを検討するため、国土交通省および経済産業省は「無人航空機の目視外及び第三者上空等での飛行に関する検討会」を2017年9月1日より開催しました。

この検討会での検討を踏まえ、2018年9月14日に、「無人航空機の飛行に関する許可・承認の審査要領」が改正され、ドローンの目視外・第三者上空飛行に関する要件が明確化されました（121頁参照）。これをもって、レベル3は実現されたとされています。

⑤ レベル4の実現に向けた2020年・2021年航空法改正

レベル4は、2017年の官民協議会において「有人地帯（第三者上空）での目視外飛行」と定義されました。その実現時期も、2016年には「2020年代頃」とされていたものが、2018年には「2020年代前半」、2019年には「2022年度」と具体化していきました。「空の産業革命に向けたロードマップ2019」および「成長戦略実行計画」では、2019年秋に官民協議会にて中間とりまとめを行い、2019年度内に制度設計の基本方針を策定し、2022年度を目途に有人地帯での目視外飛行を可能にするとの方針が打ち出されています。

これを受けて、2019年11月28日開催の第12回官民協議会では「小型無人機の有人地帯での目視外飛行実現に向けた制度設計の基本方針の策定に係る中間とりまとめ」が、2020年3月31日開催の第13回官民協議会では「小型無人機の有人地帯での目視外飛行実現に向けた制度設計の基本方針」が作成されました。基本方針では、速やかに対応すべき課題として、所有者情報把握（機体の登録・識別）制度の創設について提案されています。また、比較的リスクの高い飛行については、運航管理ルールの遵守、適切な機体認証および操縦ライセンスを条件として、個別の許

可・承認の対象から除外することが提案されています。さらに、レベル4実現に向けた制度として、機体、操縦者、運航管理、被害者救済、プライバシーの保護、サイバーセキュリティ、土地所有権と上空利用の在り方等について制度整備が必要であることがまとめられています。

これを受けて、まず、2020年に航空法が改正され、無人航空機の登録制度が創設されています（48頁参照）。また、無人機規制法も改正され、対象施設に空港を加えるとともに、対象空港の施設管理者が小型無人機等に対する退去命令や飛行妨害措置等をとることができるようになりました（140頁、147頁参照）。

また、その後に「無人航空機の有人地帯における目視外飛行（レベル4）の実現に向けた検討小委員会」の「中間とりまとめ」が2021年3月8日に公表され、これを受けて2021年に航空法の改正が行われました。2021年航空法改正では、レベル4の実現に向けて、機体認証制度および操縦者の技能証明制度を創設し、飛行形態を3つのカテゴリーに分けてこれまでの許可・承認制度を抜本的に見直すなど、航空法の大幅な改正が行われています。この2021年航空法改正については「3　2021年航空法改正」（13頁）で詳細に説明します。

図表1-1　2020年・2021年航空法改正の施行時期

	概要	公布日	施行日・施行期限
2020年改正	許可承認の包括的例外	2020年6月24日	2020年9月23日施行＊（公布後3月以内）
	機体登録		2022年6月20日施行（公布後2年以内）
2021年改正	機体認証制度技能証明制度など	2021年6月11日	公布後1年6月以内（2022年12月10日まで）

＊2020年航空法改正により導入された包括的例外（132条2項1号及び132条の2第2項1号）を定める国土交通省令（航空法施行規則）は、2021年9月24日に施行しました。

本書では、現行法の条文番号を記載しつつ、航空法施行規則については括弧書きで2022年6月20日に2020年航空法改正が施行した後の条文番号を併記しています（例：航空法施行規則236条の10（236条の21））。また、2021年航空法改正により追加され2022年12月までに施行される予定の航空法の条文については「新〇条」という形で記載しています。
　ドローンを取り巻く技術は日々発展しており、また、各国における法制度に関する議論も進展しています。また、日本では高齢化の進展、それに伴う労働力人口の減少を受けて、無人航空機に対するニーズは増加していくと見込まれます。こうした状況を踏まえて、今後も引き続きドローンの飛行に関する環境整備の進展が期待されます。

3 2021年航空法改正

1 2021年航空法改正前後の動き

　レベル4（有人地帯（第三者上空）での目視外飛行）の実現に向けて、2020年3月31日開催の第13回官民協議会で「小型無人機の有人地帯での目視外飛行実現に向けた制度設計の基本方針」が作成されました。そして、この基本方針に基づいた具体的な制度を審議するため、2020年5月22日に国交省交通政策審議会技術・安全部会のもと「無人航空機の有人地帯における目視外飛行（レベル4）の実現に向けた検討小委員会」が設置され、この小委員会は2021年3月8日に「中間とりまとめ」を公表しました。

　中間とりまとめは、機体の安全性に関する認証（機体認証）、操縦者の技能に関する証明（操縦ライセンス）の各制度を創設し、機体認証を受けた機体を操縦ライセンスを有する者が操縦することを前提に、国土交通大臣の許可・承認を受けた場合にはレベル4の飛行を可能とするとしています。

　2021年改正航空法は、中間とりまとめの内容に基づいており、機体認証に関連する条文（新132条の13～132条の39）、操縦ライセンスに関連する条文（新132条の40～132条の84）が新たに追加されたほか、従来から存在した飛行禁止空域や飛行方法に関する条文は、機体認証・操縦ライセンスの有無やレベル4か否かの違いに応じて再構成されました（新132条の85～132条の92）。

　航空法は、2020年改正前までは無人航空機に関する第9章に条文は3条しかなかったのですが、2022年6月20日に施行される2020年改正によ

り15条に増え、さらに2021年改正によって92条と大幅に増えることとなります（図表1-2）。2021年改正後の航空法の条文を参考資料①として掲載していますので、参照してください。

　2021年改正航空法は、公布日（2021年6月11日）から1年6月以内に施行されることとなっており、2022年12月頃の施行が見込まれています。

図表1-2　航空法の条文の変遷（下線部が追加部分）

現行条文	2020年改正	2021年改正
	第1節　無人航空機の登録 （131条の3〜131条の14）	第1節　無人航空機の登録 　　　（132条〜132条の12） 第2節　無人航空機の安全性 　第1款　機体認証等 　　　（132条の13〜132条の23） 　第2款　登録検査機関 　　　（132条の24〜132条の39） 第3節　無人航空機操縦者技能証明等 　第1款　無人航空機操縦者技能証明 　　　（132条の40〜132条の55） 　第2款　無人航空機操縦士試験機関 　　　（132条の56〜132条の68） 　第3款　登録講習機関等 　　　（132条の69〜132条の84）
無人航空機の飛行 （132条〜132条の3）	第2節　無人航空機の飛行 （132条〜132条の3）	第4節　無人航空機の飛行 　　　（132条の85〜132条の92）

② 新たな制度の全体像

　中間とりまとめを受けた2021年航空法改正の大きな特徴は、次の2点にあります。

① 飛行のリスクに応じてリスクの高い方からカテゴリーⅢ・Ⅱ・Ⅰの3つに区分して規制を設けたこと
② これまで個別の飛行について許可・承認をしていたところ、包括

的な機体認証制度と操縦ライセンス制度を設けたこと

1 カテゴリーの区分

2021年航空法改正では、飛行のリスクに応じて、リスクの高いものからカテゴリーⅢ・Ⅱ・Ⅰという3つのカテゴリーを設定しました。

カテゴリーⅢとは、現行の航空法では許可・承認がなされていない、レベル4等の第三者の上空を飛行するためリスクが高い飛行を想定しています。2021年改正後の航空法では、現行の航空法で許可・承認が必要な「特定飛行」（飛行禁止空域の飛行および定められた飛行方法によらない飛行）のうち、「立入管理措置」を講じないで飛行（第三者上空を飛行）する場合と定められています。

「特定飛行」とは、航空法に定める飛行禁止空域の飛行および定められた飛行方法によらない飛行のことで（新132条87）、つまり、航空法で許可・承認が必要な飛行のことです。また、「立入管理措置」とは、「無人航空機の飛行経路下において無人航空機を飛行させる者及びこれを補助する者以外の者の立入りを管理する措置」をいい（新132条の85第1項）、詳細は、今後、国土交通省令（航空法施行規則）において定められることになります。つまり、立入管理措置を講じない飛行とは、無人航空機の飛行経路の下に第三者が立ち入る可能性がある飛行（第三者上空の飛行）ということを意味します。

これに対して、カテゴリーⅡとは、許可・承認を要する「特定飛行」を行うときに「立入管理措置」を講じて飛行する場合を意味します。つまり、カテゴリーⅡとⅢは、立入管理措置を講じるか否かで区別されます。

また、カテゴリーⅠとは、航空法上、許可・承認が不要とされる飛行（特定飛行に該当しない飛行）のことをいいます。

図表1-3　カテゴリー区分

	特定飛行か	立入管理措置
カテゴリーⅢ	特定飛行である（許可承認が必要*）	立入管理措置を講じない（第三者上空）
カテゴリーⅡ		立入管理措置を講じる
カテゴリーⅠ	特定飛行ではない（許可承認は不要）	—**

* カテゴリーⅡについては、一定の条件を充足すれば許可承認が不要となる。
**立入管理措置に関する新132条の87は、特定飛行ではない飛行には適用がない。

2　カテゴリー毎に必要となる許認可の違い

　2021年改正航空法では、機体認証制度と操縦ライセンス制度が創設されています。そして、機体認証制度では、第一種機体認証と第二種機体認証が区分され（新132条の13第2項）、操縦ライセンス制度では一等無人航空機操縦士と二等無人航空機操縦士が区分されています（新132条の42）。

　そして、カテゴリーⅢは、第三者上空の飛行であり、とりわけ厳格に安全を担保する必要があるため、第一種機体認証と一等無人航空機操縦士のライセンスが必要となるほか（新132条の85第1項、新132条の86第2項）、飛行毎に許可・承認が必要とされています（新132条の85第2項、新132条の86第3項）。

　他方、カテゴリーⅡは、現行法上、国土交通大臣の許可・承認が必要な空域・飛行方法における飛行（特定飛行）ですが、第二種機体認証および二等無人航空機操縦士があれば、一定の条件のもとで許可・承認が不要となります（新132条の85第3項、新132条の86第4項）。ただし、カテゴリーⅡであっても、以下のいずれかに該当する場合には、機体認証や操縦ライセンスがある場合も、個別の飛行について許可・承認が必要となります（新132条の85第2項、新132条の86第3項）。

- 空港等周辺、緊急用務空域や上空150m以上での飛行
- イベント上空での飛行
- 危険物を輸送する飛行
- 物件を投下する飛行
- 一定の重量以上（例：総重量が25kg以上のもの）の飛行

　また、カテゴリーⅡについては、これまでと同様、個別の飛行について許可・承認を受けることにより、無人航空機を飛行させることも可能です（新132条の85第4項2号、新132条の86第5項2号）。

　カテゴリーⅠは、許可・承認を必要とする「特定飛行」には該当しない飛行なので、機体認証・操縦ライセンスも許可・承認も不要です。

　その概要をまとめると、**図表1-4**のとおりとなります。

図表1-4　カテゴリー毎の許認可

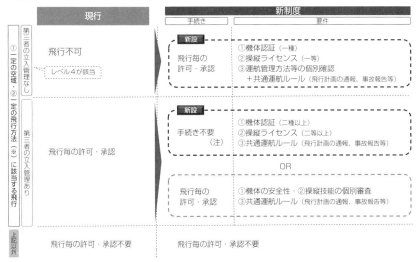

（※）特定飛行　①：人口密集地域上空、空港周辺、高度150m以上　②：夜間飛行、人・物から30m未満の飛行等
（注）空港周辺の飛行やイベント上空の飛行など一部の飛行形態には、許可承認が必要
出所：官民協議会第16回 資料1

なお、ドローンを用いた物流サービスについては、航空機を使用した航空運送事業のように、事業そのものに許認可を必要とすることも考えられますが、2021年航空法改正ではそのような許認可は設けられていません。中間とりまとめによれば、無人航空機を活用して行う物流事業は現在実証実験の段階にあり、今後、その事業の態様が形づくられていくと考えられるため、事業規制については、具体的ユースケースや事業の実態を見ながら将来的に検討するとされています。

③ 機体認証制度

1 機体認証

2021年航空法改正では、機体認証が導入されました。カテゴリーⅢでは必ず機体認証が必要であり、またカテゴリーⅡで個別の許可・承認を得ずに飛行させる場合に機体認証が必要となります。

機体認証は、申請により国土交通大臣が行います（新132条の13第1項）。国土交通大臣は、申請を受けた当該無人航空機が、安全性を確保するための強度、構造および性能についての基準（安全基準）に適合するかどうかを設計、製造過程、現状について検査し、適合すると認めたときは機体認証をします（新132条の13第4項）。安全基準の詳細は、今後、国土交通省令で定められることになります。2021年6月28日開催の第16回官民協議会によれば、2021年度中に機体の安全基準の方向性を示すことが予定されています。

機体認証は、第一種機体認証と第二種機体認証に区分されます（新132条の13第2項）。第一種機体認証は、カテゴリーⅢ（レベル4相当）の飛行（立入管理措置を講じない特定飛行）を行うことを目的とする無人航空機を対象とします（同項1号）。これに対して、第二種機体認証は、カテゴリーⅡの飛行（立入管理措置を講じた上で行う特定飛行）を行うことを目的とする無人航空機を対象とします（同項2号）。このように第一種と第

二種に区分されているのは、立入管理措置を講じない飛行（第三者上空を飛行する）か否かによって、当該機体に求められる安全性のレベルが異なるためです。

　2021年6月28日開催の第16回官民協議会によれば、機体認証制度の施行当初から直ちに都市部上空を飛行する機体（第一種機体認証の対象となる無人航空機）が製造されることは想定されておらず、まずは過疎地や山間部など地方部での物流など、リスクの低いエリアから地道に実績を積み上げていくことが想定されています。また、安全基準の検討段階から機体メーカー等と情報を共有することによって、レベル4飛行用の機体（第一種機体認証の対象となる無人航空機）が、制度の施行後速やかに実用化されることが目指されています。

　機体認証は、申請者に機体認証書を交付することによって行われます（新132条の13第7項）。機体認証が行われたときは、国土交通大臣により無人航空機に一定の表示を付すか、または無人航空機が機体認証を受けたことを識別するための措置が講じられる必要があります（新132条の13第8項）。表示や措置の詳細は、今後、国土交通省令により定められます。機体認証の有効期間は、国土交通大臣が定めるとされており、航空法上、具体的な年数は規定されていません（新132条の13第10項）。

　機体認証の際に、国土交通大臣は、無人航空機の使用の条件を指定し（新132条の13第3項）、当該無人航空機を用いて特定飛行をする場合には、原則として、その使用条件の指定範囲内で行う義務があります（新132条の14第1項）。使用の条件の詳細は、今後、国土交通省令で定められることになります。また、機体認証を受けた無人航空機の使用者は、必要な整備をすることにより、当該無人航空機を安全基準に適合するように維持する義務を負います（新132条の14第2項）。国土交通大臣は、機体認証を受けた無人航空機が安全基準に適合しない場合または適合しなくなるおそれがある場合には、当該無人航空機の使用者に対して、必要な整備

その他の措置を命じることができます（新132条の15）。

2 型式認証

　機体認証は、原則として無人航空機の機体毎に行うものですが、無人航空機を量産するような場合に、同一の設計・製造過程を経る大量の機体について、一機毎にすべて検査をして機体認証を行うことは非常に煩雑となります。そこで、同じ型式の無人航空機について、設計および製造過程についてあらかじめ設計者や製造者において型式認証を受けておき、製造した個々の無人航空機について型式認証に適合するかを製造者において検査した場合には、当該無人航空機について国土交通大臣が機体認証をするに際して検査の全部または一部を省略することができる型式認証制度を導入することとしています（図表1-5）。

　型式認証は、申請により無人航空機の型式の設計および製造過程について国土交通大臣により行われます（新132条の16第1項）。上記のとおり、型式認証は主に量産機を念頭においており、無人航空機の設計・製造者による申請が想定されています。型式認証においては、申請を受けた型式の無人航空機が、安全基準および均一性を確保するために必要な基準（均一性基準）に適合するかが検査されます（新132条の16第3項）。均一性基準の詳細は、今後、国土交通省令で定められることになります。

　型式認証を受けた型式の無人航空機を製造した場合、型式認証を受けた者（製造者、設計者等）が、当該無人航空機が型式認証に係る型式に適合するようにする責任を負い、検査も自ら行う必要があります（新132条の18）。そして、型式認証を受けた型式の無人航空機については、機体認証の際の検査の全部または一部（第一種機体認証に係る検査については一部のみ）を省略することが可能です（新132条の13第5項・第6項）。型式認証を受けた型式の無人航空機が機体認証を受ける場合には、設計および製造過程における安全性については既に安全基準への適合性が認められており、改めて検査を行う必要がないため、国による検査手続を簡略

化することを可能としたものです。

図表 1 - 5 　型式認証機体認証制度のイメージ

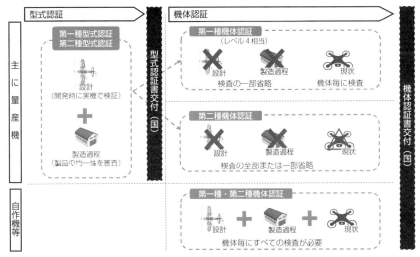

出所：官民協議会第16回　資料 1

　型式認証も、機体認証と同様に第一種と第二種に区分され、カテゴリーⅢ（レベル 4 相当）の飛行（立入管理措置を講じない特定飛行）を行う機体には第一種型式認証が必要です（新132条の16第 2 項）（図表 1 - 6 ）。

図表 1 - 6 　機体認証と型式認証の種類

	第三者上空を飛行する	第三者上空を飛行しない
機体認証	第一種機体認証	第二種機体認証
型式認証	第一種型式認証	第二種型式認証

出所：「中間とりまとめ」

　型式認証を受けた者は、無人航空機に表示を付す義務、無人航空機の使用者に対して整備に必要な技術上の情報を提供する義務、安全基準不適合またはそのおそれがある事態に関する情報の収集・報告義務など様々な義務を負います（新132条の17から新132条の21まで）。

国土交通大臣は、型式認証を受けた型式の無人航空機が安全基準または均一性基準に適合しない場合には、型式認証を受けた者に対して、必要な設計または製造過程の変更を命じることができます（新132条の22）。

3 登録検査機関

　無人航空機は既に相当数流通しており、今後も増加が見込まれます。そのような中、無人航空機の機体認証および型式認証に係る検査事務を国のみで実施しようとすると、検査に時間がかかってしまい、無人航空機の円滑な利活用を阻害するおそれがあるため、国の登録を受けた民間機関（登録検査機関）が機体認証・型式認証のための検査を実施できるようにしました。

　登録検査機関は、機体認証・型式認証制度に関して、無人航空機が安全基準に適合するかどうかの検査、型式認証を受けようとする型式の無人航空機が均一性基準に適合するかどうかの検査（無人航空機検査）の実施に関する事務を行うことができます（新132条の24）。

　登録は申請によって行われ（新132条の25）、国土交通大臣は、申請者が一定の要件（大学または高等専門学校において工学等所定の学科を修得し、一定の実務経験を有する者が検査を実施すること、登録申請者が無人航空機の製造又は輸入を業とする者に支配されておらず公正な立場から検査ができること等）に適合しているときは、登録をします（新132条の26第1項）。なお、航空法違反により刑罰に処せられていない等の一定の欠格事由があります（同条第2項）。

　登録検査機関は、正当な理由がない限りは、無人航空機検査の実施を求められたときにこれを実施する必要がある（新132条の28）などの義務を負い、義務に違反した場合には業務改善命令や登録の取消しが行われます（新132条の35、新132条の36）。

　2021年6月28日開催の第16回官民協議会によれば、第一種の機体認証・型式認証に関する検査は当面国が行い、第二種の機体認証・型式認

証に関する検査については基本的に登録検査機関が検査事務を行うとされています。また、登録検査機関の登録の申請は、2022年12月予定の施行日より前に、公布日（2021年6月11日）から1年3月以内（2022年9月10日まで）において政令で定める日から行うことができるとされており（2021年航空法改正附則3条1項、1条3号）、2022年9月に登録検査機関の登録受付開始を目指して、2021年度中に登録要件の方向性を示すことが予定されています。

操縦ライセンス制度

1 操縦者技能証明とは

　2021年航空法改正では、機体認証とともに、操縦ライセンスとして「無人航空機操縦者技能証明」の制度が導入されます。機体証明と同様に、カテゴリーⅢでは必ず技能証明が必要であり、またカテゴリーⅡで個別の許可・承認を得ずに飛行させる場合にも技能証明が必要となります。

　無人航空機操縦者技能証明（技能証明）は、無人航空機を飛行させるために必要な技能について、申請により国土交通大臣が行います（新132条の40）。2021年6月28日開催の第16回官民協議会によれば、2022年12月頃の新制度施行を目指し、2021年度中に学科試験および実地試験の全体像を示すことが予定されています。

　機体認証と同様に、技能証明も、一等無人航空機操縦士と二等無人航空機操縦士に区分されます（新132条の42）。一等無人航空機操縦士は、カテゴリーⅢ（レベル4相当）の飛行（立入管理措置を講じない特定飛行）に必要な技能を対象とします（同項1号）。これに対して、二等無人航空機操縦士は、カテゴリーⅡの飛行（立入管理措置を講じた上で行う特定飛行）に必要な技能を対象とします（同項2号）。機体認証と同様に、立入管理措置を講じない飛行（第三者上空を飛行する）か否かによって、当

該飛行に求められる技能のレベルが異なることがその理由です。

16歳未満の人は技能証明を受けることができないなど、2021年改正航空法では、技能証明の申請ができない欠格事由が定められています（新132条の45）。16歳未満の場合、技能証明を受けることはできませんが、カテゴリーⅡの飛行であれば、個別に国土交通大臣の許可・承認を得て行うことができます。

2　技能証明の内容

国土交通大臣は、申請をした者が、申請した資格（一等または二等）について無人航空機を飛行させるために必要な知識および能力を有するかどうかを判定するために、身体検査、学科試験および実地試験を行い（新132条の47）、試験の合格者に対して技能証明を行います（新132条の46）。ただし、国土交通大臣は、幻覚の症状を伴う一定の精神病患者やアルコールや麻薬等の中毒者、航空法に違反した者、無人航空機を飛行させるにあたり非行または重大な過失があった者などに対して、技能証明を与えないことができ、また一度与えた技能証明の取消や効力停止を行うことができます（新132条の46、新132条の53）。

技能証明は、申請者に無人航空機操縦者技能証明書（技能証明書）を交付することによって行われます（新132条の41）。技能証明を受けた者が「特定飛行」を行う場合には、技能証明書の携帯が義務付けられています（新132条の54）。

技能証明の有効期間は3年で、申請により更新することができます（新132条の51第1項・第2項）。更新のためには、申請者が「国土交通省令で定める身体適性に関する基準」を満たすこと、および、各資格（一等・二等）に応じ無人航空機を飛行させるのに必要な事項に関する最新の知識および能力を習得させるための講習（無人航空機更新講習）を、国が登録した機関（登録更新講習機関）で修了することが必要です（同条3項）。

技能証明の際に、国土交通大臣は、当該技能証明につき、無人航空機の種類または飛行方法についての限定をすることができ（新132条の43第1項）、当該限定をされた技能証明を受けた者は、原則として、その限定された種類の無人航空機または飛行方法で「特定飛行」を行う義務があります（同条2項）。限定に関する詳細は、今後、国土交通省令で定められることになりますが、中間とりまとめによれば、当初予定されているのは、(i)固定翼・回転翼（シングルローター）、回転翼（マルチローター）等の無人航空機の機体の種類（型式を含む）、(ii)目視内飛行・日中飛行・物件を投下しない飛行の3種類の飛行方法に応じた限定であり、必要に応じて見直しを行うこととされています。

　また、無人航空機の安全な飛行確保のために必要な視力・色覚・聴力・運動能力等の身体基準に満たない場合であっても、補助者の配置や機体に特殊な設備・機能を設けること等によって飛行の安全確保ができると認められる場合には、条件を付すことによって、技能証明を付与できることになっています（新132条の44）。

3　指定試験機関・登録講習機関

　国土交通大臣は、国土交通大臣の指定を受けた民間の機関（指定試験機関）に、試験の実施に関する事務（試験事務）を行わせることができます（新132条の56）。これは、無人航空機の利活用が今後急速に進んでいくことが見込まれ、技能証明（操縦ライセンス）を取得する者も増加することが想定されることから、技能証明に係る試験事務等を国のみで実施しようとすると、実施体制等の制約から審査等に時間を要し、利活用を阻害するおそれがあるため、国が指定する民間機関（指定試験機関）が試験事務および身体状態の確認を行うことができるようにしたものです。指定試験機関は、全国で1社のみを指定することが予定されています。

　また、国土交通大臣は、国土交通大臣の登録を受けた機関（登録講習

機関）が行う、無人航空機を飛行させる者に対する講習（無人航空機講習）を修了した者については、技能証明を与えるための試験のうち、学科試験または実地試験の全部または一部を行わないことができます（新132条の50）。これは、既に存在する民間のドローンスクールのノウハウとリソースを有効に活用し、多数かつ今後増加が見込まれる操縦ライセンスの発行を円滑に行うため、国が登録する民間機関（登録講習機関）が学科および実地に関する講習を行うことができるようにし、一定水準以上の講習を実施する民間機関（登録講習機関）の講習過程を修了した者については、試験の全部または一部を免除できるようにしたものです。技能証明の更新に必要な講習についても、同様に国が登録した講習機関（登録更新講習機関）によって行われることが予定されています（新132条の82、新132条の51第3項）。

　登録講習機関・登録更新講習機関として登録を受けるためには申請が必要であり（新132条の69、新132条の82）、機関運営や講習内容の水準を確保するため、施設および設備等の要件（実習空域、実習用無人航空機、講習を行うため必要な建物その他の設備、講習に必要な書籍その他の教材）、講師の条件（18歳以上であること、過去2年間に航空法違反で処罰されたことがないこと等、講習の対象となる資格に応じて一等または二等の技能証明を有すること等）をクリアする必要があります（新132条の70、新132条の83）。

　登録講習機関の登録の申請は、2022年12月予定の施行日より前に、公布日（2021年6月11日）から1年3月以内（2022年9月10日まで）において政令で定める日から行うことができるとされており（2021年航空法改正附則7条1項、1条3号）、2021年6月28日開催の第16回官民協議会によれば、2022年9月の登録受付開始を目指し、2021年度中に登録要件の方向性を示すことが予定されています。(i)一等（レベル4相当）までの講習が可能な機関、(ii)二等のみの講習が可能な機関、(iii)技能証明の更新に必要な講習が可能な機関の3つのレベルの異なる機関があり、既存のド

3　2021年航空法改正

図表 1-7　操縦ライセンス制度のイメージ

	スクールを活用	直接試験

講習〈登録講習機関が実施〉

ドローンの飛行に関する知識や操縦方法等の講習

学科　＋　実地

○民間のドローンスクール（約1,000程度）のうち、要件を満たすものを登録
○資格区分に応じ、1等（レベル4相当）および2等の2種類の登録

試験〈指定試験機関が実施〉

学科および実地試験の全部または一部免除　　すべての試験を実施

身体検査　　学科試験　　実地試験　　　身体検査　　　学科試験　　実地試験
（医師の診断書）　　　　　　　　　　　（医師の診断書）

全国で1法人を指定することを想定

技能証明書交付（国）

更新（3年毎）〈登録更新講習機関が実施〉

ドローンの飛行に関する最新の知識等の講習　　ドローンの飛行に関する最新の知識等の講習

身体検査　　最新の知識等　　　　身体検査　　最新の知識等
（医師の診断書）　　　　　　　　（医師の診断書）

出所：官民協議会第16回　資料1

ローンスクール（約1000程度）が、それぞれの能力に応じた登録を受けられるようにすることが想定されています。また、登録講習機関の教材作成や教員研修等を既存のドローンスクールの管理団体が支援することを予定しています（図表1-8）。

登録の有効期間は3年以内において政令で定める期間であり、その期間ごとに更新を受ける必要があります（新132条の71）。

図表1-8　登録講習機関等のイメージ

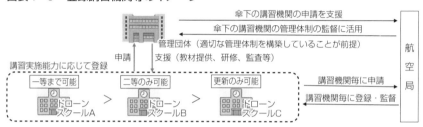

出所：官民協議会第16回 資料1

登録講習機関は、無人航空機講習実施の義務（新132条の72）、無人航空機講習事務の実施に関する規程（無人航空機講習事務規程）を定め、国土交通大臣に届出を行う義務（新132条の74）、財務諸表等の作成・備置義務（新132条の76）などの義務を負います。国は必要に応じて、登録検査機関に対し、業務の改善命令や登録の取消しを行うことができます（新132条の77～新132条の79）。登録更新講習機関についても同様です（新132条の83）。

5 運航管理

1 運航管理におけるカテゴリーの区分

2021年改正航空法は、飛行禁止空域における飛行または定められた飛行方法によらない飛行（夜間飛行、目視外飛行、人・物件との距離が30m未満の飛行、イベント上空の飛行、危険物輸送、物件投下）の飛行を「特

定飛行」と定義しました（新132条の87第1項）。現行の航空法において、飛行毎に国土交通大臣の許可・承認を得なければならない飛行が特定飛行に相当します。

中間とりまとめが示す、飛行のリスクの程度に応じた3つのカテゴリー（リスクの高いものからカテゴリーⅢ、Ⅱ、Ⅰ）は、特定飛行か否かや立入管理措置の有無といった要素に基づいて決定されます（図表1-9参照）。

図表1-9　カテゴリーの決定フロー

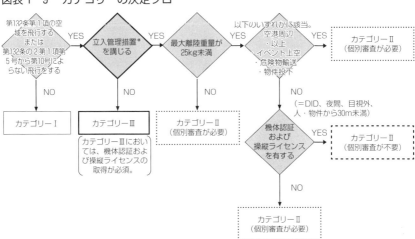

出所：「中間とりまとめ」

2　カテゴリーⅢの飛行

特定飛行に該当する飛行であって、立入管理措置を講じない飛行は、カテゴリーⅢと分類されます（図表1-9のうち、太線で囲われている箇所）。立入管理措置を講じない飛行ですので、第三者上空を飛行することが前提となり、レベル4の飛行に相当するものです。

カテゴリーⅢの飛行の場合には、一等無人航空機操縦士のライセンスを受けた者が第一種機体認証を受けた機体を飛行させる必要があります

(新132条の85第1項括弧書き、新132条の86第2項括弧書き)。加えて、第三者上空を飛行するため特に厳格に安全を担保する必要があるので、飛行毎に、国土交通大臣が運航の管理が適切に行われるものと認めた許可(新132条の85第2項)または承認(新132条の86第3項)が必要です。

このように飛行毎に許可・承認が必要とされていますが、今後のレベル4等の飛行を行う事業の拡大・定着を図る観点から、運航管理体制が確立されている事業者等については、包括許可等の柔軟な運用を行うことについて検討を進めることが予定されています。

3 カテゴリーⅡの飛行

特定飛行に該当する飛行であって、立入管理措置を講じる飛行は、カテゴリーⅡと分類されます。カテゴリーⅡの飛行には、機体認証・操縦者技能証明があれば飛行毎の国土交通大臣の許可・承認を得ずに飛行できる場合(図表1-9のうち、破線で囲われている1箇所)と、飛行毎に国土交通大臣の許可・承認を得なければ飛行できない場合(図表1-9のうち、点線で囲われている3箇所)があります。

機体認証・操縦者技能証明があれば飛行毎の国土交通大臣の許可・承認がなくとも飛行できるためには、以下の要件をすべて充足する必要があります(新132条の85第3項、新132条の86第4項)。

❶ 無人航空機が国土交通省令で定める総重量を超えるものではないこと

一定の総重量を超える無人航空機の場合は、飛行毎の国土交通大臣による許可・承認を不要とすることはできません。「総重量」は、今後、国土交通省令(航空法施行規則)で定められることになりますが、25kg以上の無人航空機が許可・承認対象となることが想定されています。

❷ 特定飛行のうち、DID上空の飛行、夜間の飛行、目視外飛行または人・物件との距離30m未満の飛行のいずれかであること

機体認証・操縦者技能証明があれば飛行毎の許可・承認が不要となるのは、特定飛行のうち、上記4種類のみです。それ以外の特定飛行に該

当すべき事由（空港等周辺、緊急用務空域や上空150m以上での飛行、イベント上空での飛行、危険物を輸送する飛行、物件を投下する飛行）にあてはまる場合は、機体認証・操縦者技能証明があっても飛行毎の許可・承認が必要です。

2019年の実績件数によれば、全体約106,000件のうち、上記4種類で合計98,000件と約92.4％を占めています。

❸ 操縦ライセンスを受けた者が機体認証を受けた機体を飛行させること

カテゴリーⅡで求められる機体認証・操縦者技能証明は、カテゴリーⅢと異なり、第二種機体認証、二等無人航空機操縦士技術証明で足ります。

❹ 航空機の航行の安全並びに地上および水上の人および物件の安全を確保するために必要なものとして国土交通省令で定める措置を講じること

安全確保措置の詳細については、今後、国土交通省令（航空法施行規則）で定められることになりますが、現行法における許可・承認の審査要領が定める安全確保のための体制を考慮のうえ、定められると見込まれます。

上記の要件のいずれかを充足しない場合には、機体認証・操縦者技能証明を有している場合であっても、飛行毎に国土交通大臣の許可・承認を得なければ飛行できません。

ただし、機体認証・操縦者技能証明を有しているのであれば、飛行毎の許可・承認の手続において、機体の安全性や操縦者の技能に関する審査は、現行法のもとでの審査に比べて簡略化される見込みです。

カテゴリーⅡの飛行（立入管理措置を講じる特定飛行）であるものの、実際には、飛行経路下に第三者の立ち入り、または、そのおそれが確認された場合には、無人航空機を飛行させる者は、直ちに当該無人航空機の飛行を停止し、飛行経路の変更、安全な場所への着陸等の必要な措置を講じる義務を負います（新132条の87）。

図表1-10は、図表1-9のうち太線・破線・点線で囲われている各箇

所と、立入管理措置の有無（カテゴリーⅡ/Ⅲの別）、飛行禁止空域・飛行方法との対応関係を示しています。

図表1-10　カテゴリーⅡⅢにおける分類

	飛行の空域 132条第1項		飛行の方法 132条の2第1項						
	第1号 空港周辺・150m以上	第2号 DID	第5号 夜間	第6号 目視外	第7号 人・物件 30m未満	第8号 イベント上空	第9号 危険物輸送	第10号 物件投下
第三者上空以外の飛行（＝立入管理措置を講じる飛行）			カテゴリーⅡのうち、機体認証、操縦ライセンスを有する場合に個別審査不要なもの			カテゴリーⅡのうち、機体認証、操縦ライセンスを有する場合であっても個別審査を要するもの		
第三者上空の飛行（＝立入管理措置を講じない飛行）			カテゴリーⅢ					

　　　：図表Ⅰ-9太線部分に該当　　　：図表Ⅰ-9破線部分に該当　　　：図表Ⅰ-9点線部分に該当

出所：「中間とりまとめ」

4　カテゴリーⅠの飛行

　特定飛行には該当しない飛行は、カテゴリーⅠの飛行と分類されます（図表1-9のうち、最左の箇所）。

　カテゴリーⅠの飛行は、機体認証や操縦ライセンスを有することなく、かつ、飛行毎に国土交通大臣の許可・承認を得ることなく行うことができます。

　なお、2020年航空法改正で導入された、許可承認の包括的例外（係留することにより無人航空機の飛行の範囲を制限した上で行う飛行の例外）（新132条の85第4項第1号、新132条の86第5項第1号）は、特定飛行に該当するものの、機体認証・操縦ライセンスがなく、かつ、飛行毎の許可・承認がなくとも、飛行することが許容されています（42頁参照）。

5 カテゴリー毎の運航ルール

2021年航空法改正では、様々な運航ルールが導入、整理されており、ルール毎に適用されるカテゴリーが異なります（図表1-11）。

図表1-11　運航ルールとカテゴリー毎の適用範囲

内容	条文	Ⅲ	Ⅱ	Ⅰ
各種飛行方法の規制 ・アルコール等を摂取した状態での飛行禁止 ・飛行に必要な準備が整っていることの確認 ・航空機や他の無人航空機と衝突しそうな場合の降下等の措置 ・不必要な騒音その他他人に迷惑を及ぼす飛行方法の禁止	新132-86 ①	●	●	●
第三者が立ち入った場合の措置	新132-87		●	
飛行計画の提出	新132-88	●	●	
飛行日誌の備置	新132-89	●	●	
事故が発生した場合の措置（飛行中止、負傷者救護、報告等）	新132-90	●	●	●
事故が発生するおそれがあった場合の報告	新132-91	●	●	●
技能証明書の携帯義務	新132-54	●	●	

❶　飛行計画の提出・飛行日誌の備置

　特定飛行を行う場合は、無人航空機を飛行させる者は、あらかじめ飛行計画を提出しなければなりません（新132条の88）。

　飛行計画の提出は、国のシステムを通じての提出が予定されており、他の無人航空機および航空機との衝突の回避等のため、飛行経路や日時等についての情報をほかの操縦者等と事前に共有することが想定されています。

　提出された飛行計画に従って無人航空機を飛行させることが航空機の航行の安全並びに地上・水上の人・物件の安全を損なうおそれがある場合には、国土交通大臣が、無人航空機を飛行させる者に対して、日時・

経路の変更その他必要な措置を講ずべきことを命じることができます。

　また、特定飛行を行う場合は、無人航空機を飛行させる者は、飛行日誌を備える必要があります（新132条の89）。記載すべき事項は、今後、航空法施行規則に定められることになります。

❷　事故時の負傷者救護、報告等の義務

　無人航空機に関する事故が発生した場合は、当該無人航空機を飛行させる者は、直ちに無人航空機の飛行を中止し、負傷者救護その他の危険防止に必要な措置を講じなければなりません（新132条の90第1項）。対象となる事故は、①無人航空機による人の死傷または物件の損壊、②航空機との衝突または接触、③その他国土交通省令で定める無人航空機に関する事故です。

　また、当該事故が発生した日時および場所その他国土交通省令で定める事項を国土交通大臣に報告する必要があります（新132条の90第2項）。

　さらに、これらの事故発生のおそれがあると認められる事態が発生した場合にも、国土交通省令で定めるところにより国土交通大臣に報告する義務を負います（新132条の91）。

　これらの義務は、無人航空機を飛行させる者一般に課せられる義務ですので、特定飛行でなくとも（つまり、カテゴリーⅠの飛行であっても）適用があり、また、国土交通大臣の許可・承認の有無にかかわらず適用されます。

　なお、2021年航空法改正と同時に運輸安全委員会設置法も改正され、「航空事故」の定義に無人航空機の重大な事故が加わりました（改正後運輸安全委員会設置法2条1項2号）。これにより、無人航空機の重大な事故およびその兆候は、運輸安全委員会による事故原因等の調査、調査結果に基づく施策・措置の実施の対象となります。この改正は、2021年改正航空法と同様、2022年12月10日までに施行される予定です。

6 罰則

　機体認証制度、操縦ライセンス制度の創設等に伴って、157条の6から157条の11までに罰則に関する規定が、161条4号から6号までと162条に過料に関する規定がそれぞれ追加されています。追加された罰則の一部については、行為者が法人の代表者等である場合には法人も罰せられます（159条）。

第2章

航空法

1 航空法改正の経緯と概要

1 2015年航空法改正の経緯

1 首相官邸ドローン侵入事件

　第1章でも述べましたが、2015年4月22日、首相官邸にドローンが侵入する事件があり、これが我が国のドローン規制のトリガーとなったことは間違いありません。

　首相官邸ドローン侵入事件の前にも、すでにドローンは普及し始めており、趣味での飛行のみならず様々なビジネスでの活用が注目され始めていました。しかし、当時の航空法は、人が乗ることができる航空機のみを念頭においていたため、ドローンの飛行を明確に規制する法律はありませんでした。

　ドローンに関する規制の必要性は議論されていたものの、具体的な議論はほとんどされていなかった状況で首相官邸ドローン侵入事件が起きたため、一気にドローン規制の議論が盛り上がり、法規制が急ピッチで進められたのです。

2 小型無人機に関する関係府省庁連絡会議

　まず、首相官邸ドローン侵入事件のわずか2日後の2015年4月24日、「小型無人機に関する関係府省庁連絡会議」の第1回が開催されました。

　そして、首相官邸ドローン侵入事件から1か月強を経た2015年6月2日付で同連絡会義は、「小型無人機に関する安全・安心な運航の確保等に向けたルールの骨子」を作成しました。

第2章　航空法

　同骨子では、小型無人機の運行方法について具体的に定めたルールが存在しないことから、諸外国における規制等についての調査結果も踏まえ、まずは小型無人機全体についての具体的な運航方法に関する規制を早急に導入するとしました。

3　2015年航空法改正の成立

　その後、同年7月14日には「航空法の一部を改正する法律案」が閣議決定されて国会に提出、同年9月4日には国会で可決し、成立しました。

　その後、同年11月17日に改正省令等の公表、同年12月10日に2015年改正航空法が施行されました。

図表2-1　2015年航空法改正の経緯

時期	改正の経緯
2015年4月22日	首相官邸の屋上でドローンを発見
4月24日	小型無人機に関する関係府省庁連絡会議　第1回開催
5月12日	小型無人機に関する当面の取組方針の公表
6月2日	小型無人機に関する安全・安心な運航の確保等に向けたルールの骨子の作成
7月14日	航空法の一部を改正する法律案　国会提出
9月11日	航空法の一部を改正する法律案　公布
11月17日	改正省令等の公表
12月10日	改正航空法　施行

2 2015年より後の改正

1 審査要領の改正

2015年航空法改正後、航空法、航空法施行規則および審査要領が逐次改正されてきました。例えば、大垣ドローン落下事件（263頁参照）を受けて行われた立ち入り禁止範囲の明確化のための審査要領改正（2018年1月31日適用）、飛行情報共有システムに飛行予定の情報入力を義務付けた審査要領改正（2019年7月26日適用）、ドローンの所有者情報を申請書に記載することを義務付ける審査要領改正（2020年3月19日適用）などがあります。

審査要領の改正で重要なものの一つは、レベル3の実現（9頁参照）のために行われた、ドローンの目視外飛行のための要件を定める審査要領の改正です（2018年9月14日）。補助者を配置せずに目視外飛行を行う場合に必要な要件として、飛行経路に第三者の存在する可能性が低い場所を設定すること、立入管理区画の設定・周知、無人航空機の仕様などについて定めました（121頁参照）。

2 2019年航空法改正

2015年航空法改正は非常に急ピッチに準備され成立したものであったこと、またドローンが急速に普及し、墜落事故や航空機との接近事案が発生したことなどにより、ドローンのより安全な飛行を求める航空法改正が行われました。

具体的には、ドローンの飛行方法について、新たに①飲酒時の飛行禁止、②飛行前確認、③衝突予防、および④危険な飛行の禁止が定められました。

このような航空法改正法案は、2019年3月8日に閣議決定され、同年6月13日に国会で可決、承認され、6月19日に公布され、9月18日に施行さ

れました。

3　2020年航空法改正

　政府は2022年度を目途にレベル4（有人地帯での目視外飛行）を可能にするとの方針を打ち出しています。レベル4の実現に向けて、官民協議会が作成した基本方針では、所有者情報把握（機体の登録・識別）制度の創設と、個別の許可・承認を要しない飛行について提案されています（10頁参照）。

　そこで、2020年2月28日に、①無人航空機の登録制度の創設と、②個別の許可・承認の対象から包括的に除外できる場合を省令で定めることができるようにする航空法改正案が国会に提出され、同年6月17日に国会で可決され、6月24日に公布されています。

　無人航空機の登録制度（①）は、2022年6月20日に施行するとされています。これに先立ち、事前登録の受付は2021年12月20日に開始されています。他方、個別の許可・承認の対象から包括的に除外できる場合を定めることができる改正（②）については、2020年9月23日に施行されました。その具体的な内容を定める航空法施行規則は、2021年9月24日に公布・施行されています。

4　2021年航空法改正

　さらに官民協議会が作成した基本方針に基づいた具体的な制度を審議するため、2020年5月22日に国交省交通政策審議会技術・安全部会のもと「無人航空機の有人地帯における目視外飛行（レベル4）の実現に向けた検討小委員会」が設置され、この小委員会は2021年3月8日に「中間とりまとめ」を公表しました。

　中間とりまとめは、機体の安全性に関する認証（機体認証）、操縦者の技能に関する証明（操縦ライセンス）の各制度を創設し、機体認証を受けた機体を操縦ライセンスを有する者が操縦することを前提に、国土

交通大臣の許可・承認を受けた場合にはレベル4の飛行を可能とするとしています。

中間とりまとめに基づき、2021年航空法改正が行われ、機体認証と操縦ライセンスが導入されるとともに、飛行禁止空域や飛行方法についても整備されました。2021年航空法改正は、公布日（2021年6月11日）から1年6月以内に施行されることとなっており、2022年12月頃の施行が見込まれています。2021年航空法改正の詳細は、13頁以下を参照してください。

３ 航空法の概要

現行の（2021年改正が施行される前の）航空法の概要は**図表２-２**のとおりです。その詳細な説明は後述します。

図表２-２　航空法の概要

無人航空機の定義	航空の用に供することができる飛行機、回転翼航空機、滑空機、飛行船その他政令で定める機器であって構造上人が乗ることができないもののうち、遠隔操作または自動操縦（プログラムにより自動的に操縦を行うことをいう）により飛行させることができるもの
登録	無人航空機は、国土交通大臣により無人航空機登録原簿に登録されなければ、飛行させてはならない。 （2022年6月20日に施行）
許可を必要とする空域	①　航空機の航行の安全に影響を及ぼすおそれがある空域 　・空港周辺の空域 　・一定の高度以上の空域 ②　人または家屋の密集している地域の上空
飛行方法のルール	①　アルコール・薬物の影響により正常な飛行ができないおそれがある状態で飛行をしないこと ②　飛行前に、飛行に支障がないかなど飛行に必要な準備が整っていることを確認すること

	③ 航空機や他の無人航空機との衝突を予防するため、必要に応じて地上への降下、安全な間隔の確保などをすること ④ 飛行上の必要がないのに、高調音、急降下その他他人に迷惑を及ぼすような方法で飛行させないこと ⑤ 日中（日出から日没まで）に飛行させること ⑥ 目視（直接肉眼による）範囲内で無人航空機とその周囲を常時監視して飛行させること ⑦ 人（第三者）または物件（第三者の建物、自動車等）との間に30m以上の距離を保って飛行させること ⑧ 祭礼、縁日など多数の人が集まる催しの上空で飛行させないこと ⑨ 爆発物など危険物を輸送しないこと ⑩ 無人航空機から物を投下しないこと
罰則	① 登録せずに無人航空機を飛行させた場合は、1年以下の懲役又は50万円以下の罰金 ② アルコール・薬物の影響により正常な飛行ができないおそれがある状態で公共の場所の上空で無人航空機を飛行させた場合は、1年以下の懲役又は30万円以下の罰金 ③ その他の無人航空機の飛行に関する違反は、50万円以下の罰金　等

② 無人航空機の定義

① 2015年改正前航空法

　2015年の改正前、航空法は、あくまでも「航空機」および「航空機の飛行」を阻害するような行為を規制する法律であり、ドローンの飛行方法を具体的に規制するルールはありませんでした。

　航空機とは、「人が乗って航空の用に供することができる飛行機、回転翼航空機、滑空機、飛行船その他政令で定める機器」(航空法2条1項)と定義されているので、人が乗ることを想定していないドローンは、航空機ではなかったのです。

　2015年改正前の航空法にも、操縦者が乗り込まないで飛行することができる装置を有する航空機である「無操縦者航空機」に関する規定はありました(航空法87条)。しかし、無操縦者航空機は、あくまでも人が乗ることができるような機器である航空機であることが前提であるため、ドローンは無操縦者航空機にはあたらないというのが国交省の見解でした。

　実は2015年改正前の航空法でも、ドローンは「模型航空機」にあたり、航空法の規制対象にはなっていました。しかし、模型航空機に関する規制は、あくまでも航空機の飛行を阻害したり、航空機の飛行に危険を及ぼすようなものを排除するという観点からのみの規制でした。

　具体的には、「航空機の飛行に影響を及ぼすおそれのある行為」として、空港やその周辺、航空路内で地表または水面から150m以上の空域、および航空路外で地表または水面から250m以上の空域での飛行は禁止されていました。しかし、空港周辺以外の地域であれば、通常、ドロー

ンが飛行するような高さの飛行は特に制限されておらず、ほとんど自由に飛行することができる状態でした。

２ ドローンを規制対象にした2015年航空法改正

そこでまずは、ドローンを規制の対象にするように航空法を改正する必要がありました。ドローンを規制の対象とするために追加されたのが「無人航空機」という類型です。航空法は無人航空機を以下のように定義しました（航空法２条22項）。

①航空の用に供することができる飛行機、回転翼航空機、滑空機、飛行船その他政令で定める機器であって、②構造上人が乗ることができないもののうち、③遠隔操作または自動操縦により飛行させることができるもので、④重量200g以上のもの。

この規定により、一般的にドローンといわれるものは、無人航空機として航空法の規制対象となったのです。

❶　航空の用に供することができる飛行機、回転翼航空機、滑空機、飛行船その他政令で定める機器

現在、「政令で定める機器」として定められているものはありませんので、「航空の用に供することができる飛行機、回転翼航空機、滑空機、飛行船」以外に規制対象の機器はありません。

❷　構造上人が乗ることができないもの

「構造上人が乗ることができないもの」とは、単純に大きさのみで判断するのではなく、その機器の概括的な大きさや、潜在的能力を含めた構造・性能等によって、人が乗ることができるかどうかで判断されます。

❸　遠隔操作または自動操縦により飛行させることができるもの

「遠隔操作」とは、プロポ等の操縦装置を活用して、空中での上昇、ホバリング、水平飛行、下降等の操作を行うことをいいます。

「自動操縦」とは、当該機器に組み込まれたプログラムにより自動的

に操縦を行うことをいいます。具体的には、事前に設定した飛行経路に沿って飛行させることができるものや、飛行途中に人が操作介入することができず、離陸から着陸まで完全に自律的に飛行するものをいいます。

❹ **重量200g以上のもの**

　航空法における「無人航空機」の定義では、「その重量その他の事由を勘案してその飛行により航空機の航空の安全並びに地上及び水上の人及び物件の安全が損なわれるおそれがないものとして国土交通省令で定めるものを除く」と規定されています。この法律上の規定を受けて航空法施行規則により、重量200g未満を除く旨が定められています。これは、重量200g未満の無人航空機はその機能や性能が限定されることから、主に屋内等の狭い範囲内での飛行となることが想定されるため、仮に人や物件に衝突しても被害が限定的であることから除外されることになりました。

　なお、ここでいう「重量」とは、無人航空機本体の重量とバッテリーの重量の合計をいい、バッテリー以外の取り外し可能な付属品の重量は含まないこととされています。

　また、2022年6月20日に無人航空機の登録制度が施行されるタイミングに合わせて、除外される無人航空機の重量が100g未満に変更されます。近年の機体の飛行速度の向上により最大飛行速度で飛行中に落下する事象が発生した場合には人に危害が生じるおそれがあること等から、登録制度の対象となる機体をできるだけ広く対象とすることが適当とされたものです。

③ 無人航空機の登録制度

１ 登録制度の導入

　近年、無人航空機の利用が進む一方で、事故も頻発し、所有者がわからず原因究明や安全確保のための措置を講じさせることができない場合があることが課題になりました。そこで、無人航空機の飛行の安全を確保するため、さらにレベル４の実現に向けて、2020年航空法改正により、無人航空機の登録制度が創設されました。2022年６月20日から、この登録制度に基づき、登録の義務化が行われます。また、義務化に先立ち、2021年12月20日から事前登録が開始されます。この登録制度に関する詳細を定めた航空法施行規則の改正も、2021年11月25日に公布され、2020年航空法改正と同時に施行されます。

　なお、以下の登録制度に関する説明では、2022年６月20日に施行される2020年航空法改正後の条文番号を記載しています。

２ 登録の要件

　登録制度の下では、無人航空機を飛行させるためには、原則として、所有者および使用者の氏名・住所等や機体の情報を国土交通省に申請し、無人航空機登録原簿に登録を受ける必要があります（航空法131条の４）。無人航空機登録原簿に登録を受けずに飛行をさせた場合には、罰則の対象となります（航空法157条の４。78頁参照）。

　また、申請をすれば無条件に無人航空機登録原簿に登録されるわけではなく、安全を著しく損なうおそれがあるものとして定められた一定の要件に該当する場合は、登録を受けることができません（航空法131条の

5)。具体的には、以下の無人航空機は登録を受けることができません（航空法施行規則236条の2第1項）。

① その飛行による事故の発生その他の事情を勘案し、航空機の航行の安全または地上もしくは水上の人もしくは物件の安全が著しく損なわれるおそれがあると認められるものとして、あらかじめ国土交通大臣が指定した無人航空機や装備品を装備した無人航空機
② 突起物（飛行に必要なものを除く）その他の航行中の航空機または地上もしくは水上の人もしくは物件の安全が著しく損なわれるおそれがある構造を有する無人航空機
③ 遠隔操作または自動操縦が著しく困難な無人航空機

一方で、補助者の配置等、飛行させる区域の周辺の安全確保措置を講じた上で行う研究開発目的の飛行および製造過程において行う飛行などの試験飛行については、あらかじめ国土交通大臣に届出をしていることなどを要件として、登録義務が免除されます（航空法131条の4ただし書、航空法施行規則236条1項）。

無人航空機の製造過程および研究開発を目的とした飛行の届出方法や、補助者の配置等の措置の詳細については、「試験飛行届出要領」に定められる予定です。

3 登録すべき事項と手続

登録は、無人航空機登録原簿に以下の事項を記載し、かつ、登録記号を定めて無人航空機登録原簿に記載することとなります（航空法131条の6、航空法施行規則236条の3第1項）。なお、下記で「使用者」とは、単に無人航空機を飛行させる者ではなく、無人航空機の使用責任・管理責任を有する者（個人または法人・団体）をいいます（登録要領4-1（3））。

① 無人航空機の種類
② 無人航空機の型式
③ 無人航空機の製造者

④ 無人航空機の製造番号
⑤ 所有者の氏名または名称および住所
⑥ 代理人により申請をするときは、その氏名または名称および住所
⑦ 使用者の氏名または名称および住所
⑧ 申請の年月日
⑨ 無人航空機の重量の区分（25kg未満か25kg以上か）の別
⑩ 無人航空機の改造（一定の範囲内の改造を除く）の有無
⑪ 所有者および使用者の連絡先
⑫ リモートID機能の有無（リモートID機器を外付けする場合は当該機器の製造者、型式および製造番号）

無人航空機の登録、更新および抹消手続や提出書類などの詳細については、「登録要領」に定められています。

登録に際しては、登録方法に応じて、以下に定める手数料を支払う必要があります（航空法関連手数料令8条）。

申請方法	1機目	2機目以上 （1機目と同時申請の場合）
個人番号カードまたはgBizIDを用いたオンラインによる申請	900円	890円/機
個人番号カードまたはgBizID以外を用いたオンラインによる申請	1,450円	1,050円/機
紙媒体による申請	2,400円	2,000円/機

登録が完了した場合、国土交通省から登録記号その他の登録事項が申請者に通知されます（航空法131条の6第3項）。

④ 登録記号を識別するための措置（リモートIDなど）

無人航空機を飛行させるためには、無人航空機の所有者が、その登録記号を当該無人航空機に表示するなど、登録記号が識別できるような措

置を講じる必要があります（航空法131条の7）。具体的には、①機体表面への物理的な表示と、②リモートID機能の搭載の両方の措置を講じることが原則として求められます（航空法施行規則236条の6第1項）。

リモートIDとは、登録記号を識別するための信号を、電波を利用して送信することにより、遠隔で無人航空機の識別をその飛行中常時可能とする機能をいいます（航空法施行規則236条の3第1項13号）。リモートID機能による遠隔識別を確実に行うため、リモートID機器の製造・開発に当たり従うべき要件が「リモートID技術規格書」に定められています。技術規格書には、たとえば、登録記号、製造番号、無人航空機の位置・速度・時刻および認証情報を含む信号を1秒に1回以上発信することや、そのデータ形式・通信方式などの詳細な要件が定められています。

ただし、あらかじめ国土交通大臣に届け出たところにより、補助者の配置や飛行区域の明示をしたうえで限られた区域の上空において行う無人航空機の飛行や、十分な強度を有する長さ30m以下の紐等により係留して行う飛行、警察庁、都道府県警察や海上保安庁などが警備その他の特に秘匿を必要とするもののために行う飛行においては、リモートID機能の搭載は不要となります（航空法施行規則236条の6第2項）。

リモートIDを搭載しなくてもよい限られた区域の上空（特定空域）での飛行については、「リモートID特定空域届出要領」に、届出方法（飛行が行われる日時、区域等の飛行情報等）や必要となる措置（補助者の配置や飛行区域の明示）の詳細が定められる予定です。

また、2020年航空法改正の施行日（2022年6月20日）より前に製造され、登録の申請がなされた無人航空機については、リモートIDの搭載を不要とする経過措置が定められています（航空法施行規則改正附則3条、国交省告示令和3年第1465号）。

表示等の義務に違反し、表示等の措置を講じずに無人航空機を飛行させた場合には、罰金の対象となります（航空法157条の6第1号）。

5 登録の変更・更新・抹消等

　登録事項に変更があった場合には、変更届出をする必要があります（航空法131条の10）。さらに、登録は3年毎に更新をする必要があります（航空法131条の8、航空法施行規則236条の8第1項）。

　無人航空機が、①滅失・解体した場合、②2か月間行方不明になった場合、③無人航空機でなくなったときは、15日以内に登録の抹消申請をする必要があります（航空法131条の13）。

　無人航空機の使用者は、登録無人航空機が、整備・改造により、登録拒否要件に該当するような状態または登録記号の表示等がされていない状態にならないように維持する義務が課されています（航空法131条の9）。さらに、登録要件を満たさなくなった場合および表示等の措置には国土交通大臣により登録無人航空機の所有者または使用者に対して是正命令が出されることがあります（航空法131条の11）。そして、是正命令に違反した場合や、不正の手段により登録または登録更新を行った場合には、登録の取消しが行われることもあります（航空法131条の12）。

4 飛行空域の制限

① 規制対象の空域

　航空法132条は、次の空域について無人航空機の飛行を制限しています。逆にいうと次の空域以外の空域であれば自由に飛行可能ということになります（図表2-3参照）。
　①　航空機の航行の安全に影響を及ぼすおそれがある空域
　　・空港周辺の空域
　　・一定の高度以上の空域
　　・緊急用務空域
　②　人または家屋の密集している地域の上空

　ドローンをこれらの規制空域で飛ばす場合には、国土交通大臣による許可が必要となります（航空法132条2項2号）。
　なお、空港周辺、150m以上の空域、DID上空等の飛行許可があっても、緊急用務空域の飛行はすることができません（58頁参照）。
　また、2020年航空法改正により、航空法施行規則で定める飛行を行う場合は、個別の許可を得ずにこれらの規制空域でドローンを飛ばすことができることとなりました（航空法132条2項1号）。
　この具体的な要件については、2021年9月24日に航空法施行規則改正により定められました。具体的には、十分な強度を有する長さ30m以内の紐等で係留した飛行で、無人航空機が飛行できる範囲に地上または水上の物件が存せず、飛行できる範囲内への第三者の立入りを制限する旨の表示をしたり補助者による監視や口頭警告をするなどの立入管理を行った場合には、規制対象の空域のうち、人または家屋の密集している

図表 2-3　規制対象の空域

[A] [B] [C] …航空機の航行の安全に影響をおよぼすおそれがある空域（法132条第１項第１号）
[D] …人または家屋の密集している地域の上空（法132条第１項第２号）

※空港等の周辺、150m以上の空域、人口集中地区（DID）上空の飛行許可（包括許可含む。）があっても、緊急用務空域を飛行させることはできません。無人航空機の飛行をする前には、飛行させる空域が緊急用務空域に設定されていないことを確認してください。（令和３年６月１日施行）

出所：国交省ホームページ「無人航空機の飛行禁止空域」

地域の上空の飛行（②）について許可が不要となりました（航空法施行規則236条の３（236条の14））。また、このような係留を行った場合には、追って記載する飛行方法の規制（65頁以下）のうち、夜間飛行、目視外飛行、第三者から30m以内の飛行および物件投下については、承認が不要となりました（航空法施行規則236条の９（236条の20））。

　この改正は、係留によって飛行範囲を物理的に制限した状態で飛行する場合には、地上の人等の安全を損なうおそれがないといえるため、許可・承認を不要としたものです。

❷ 航空機の航行の安全に影響を及ぼすおそれがある空域

1　空港等の周辺の空域

　航空法は、航空機の航行の安全に影響を及ぼすおそれがある空域として、空港等の周辺の空域では無人航空機の飛行を規制しています。

4 飛行空域の制限

図表 2-4 空港における侵入表面等の例

① 東京・成田・中部・関西国際空港および政令空港（3,000mで精密進入の空港の場合）

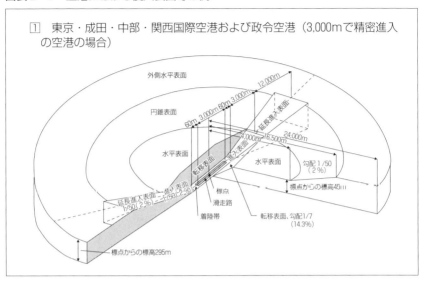

② 他の空港（滑走路長3,000mで精密進入の空港の場合）

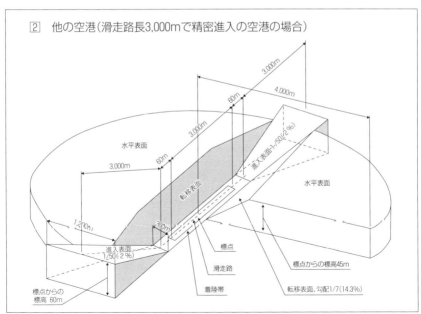

出所：国交省ホームページ「侵入表面等について（概要）」

第2章 航空法

図表2-5 東京国際空港の進入表面等

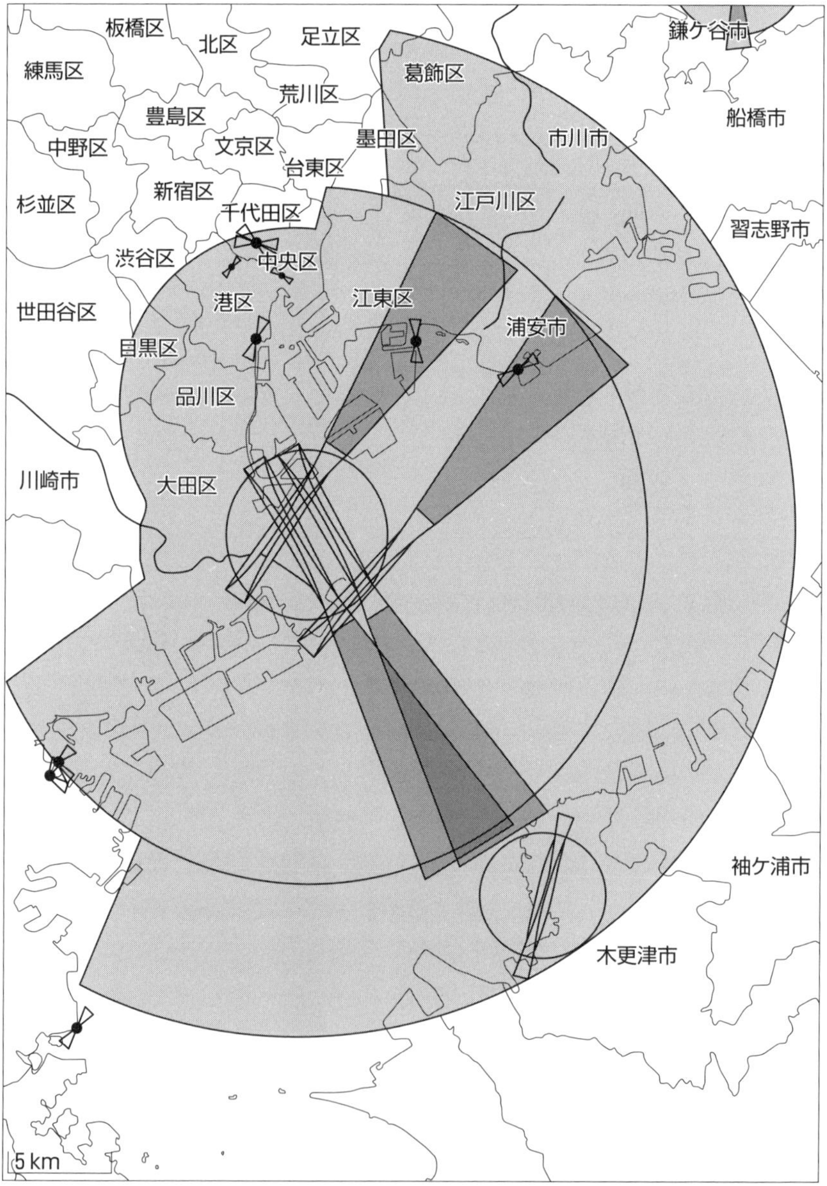

出所：国土地理院ホームページ「国土地理院地図」

具体的には、空港やヘリポート等の周辺に設定されている次の空域では、ドローンの飛行には規制がかかっています。
① 航空機の離陸および着陸が頻繁に実施される空港（新千歳空港、成田国際空港、東京国際空港、中部国際空港、関西国際空港、大阪国際空港、福岡空港、那覇空港）
  (1) 進入表面、転移表面または水平表面の上空の空域
  (2) 延長進入表面、円錐表面または外側水平表面の上空の空域（新千歳空港を除く）
  (3) 進入表面または転移表面の下の空域
  (4) 空港の敷地の上空の空域
② ①以外の空港等
  (1) 進入表面、転移表面または水平表面の上空の空域
  (2) 延長進入表面、円錐表面または外側水平表面の上空の空域（政令空港のみ）
③ （侵入表面等がない）飛行場周辺の、航空機の離陸および着陸の安全を確保するために必要なものとして国土交通大臣が告示で定める空域

このうち③については、三沢飛行場、木更津飛行場および岩田飛行場周辺が告示により定められています。

なお、①の空港については、航空法とは別に、2020年改正後の無人機規制法によって、その周辺地域での小型無人機等の飛行が原則禁止となっています（136頁参照）。

2 一定の高度以上の空域

空港周辺以外の空域であっても、航空機の航行の安全に影響を及ぼすおそれがある空域があります。それは、航空機が飛んでいる高度の空域です。具体的には、航空機の最低飛行空域である地表または水面から150m以上の高さの空域が、「航空機の航行の安全に影響を及ぼすおそれ

がある空域」として規制されています。

なお、2021年9月24日に航空法施行規則が改正され、地表または水面から150m以上の高さの空域であっても、地上または水上の物件から30m以内の空域であれば、許可が不要となりました。送電線や風力発電機などの高い物件（高構造物）については、その周辺で有人航空機の飛行が想定されないことから、許可が必要な空域から除外したものです。

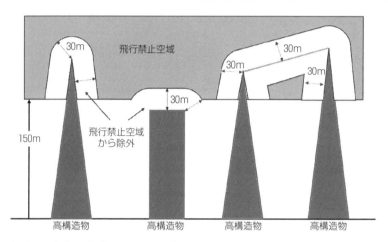

出所：国土交通省「無人航空機（ドローン、ラジコン機等）の安全な飛行のためのガイドライン」

3 緊急用務空域

2021年2月に足利市で発生した林野火災の消火活動中に、ドローンが飛んでいたことから、消防防災ヘリの活動が一時中断したという問題が起こったことをきっかけに、消防、救助、警察業務その他の緊急用務を行うための航空機の飛行が想定される場合に、ドローン等の飛行が原則禁止される「緊急用務空域」の指定ができるよう航空法施行規則が改正され、2021年6月1日に施行されました。

災害等により捜索、救助等活動のため緊急用務を行う航空機の飛行が想定される場合には、当該災害等の規模に応じ、国土交通大臣がその都

度、緊急用務空域を指定し、航空局ホームページやTwitterで周知が行われます（航空法施行規則236条1項4号、同条2項（236条の12第1項4号、同条2項））。

　緊急用務空域が指定された場合には、空港周辺、150m以上の空域、DID上空等の飛行許可があっても、緊急用務空域の飛行はすることができず、飛行エリアに新たに緊急飛行空域が指定された場合には、速やかに飛行を中止させる必要があります。また、無人航空機を飛行させる者は、その飛行を開始する前に、飛行させる空域が緊急用務空域に該当するか否かの確認をしなければなりません（航空法施行規則236条4項（236条の12第4項））。

　緊急用務空域の指定は、国土交通大臣によりインターネットなどで公示されます。具体的には、国土交通省の「無人航空機（ドローン・ラジコン機等）の飛行ルール」というウェブサイトとTwitterで知らせることとされています。

　緊急用務空域で飛行させるためには、捜索・救助のための航空法の特例（航空法132条）により飛行する場合（74頁参照）を除き、新たに国土交通大臣の飛行許可を取得する必要があります。審査要領において、当該飛行許可を取得するためには、飛行の目的が災害等の報道取材やインフラ点検・保守など、緊急用務空域の指定の変更または解除を待たずして飛行させることが真に必要と認められる飛行であることが必要であるとされています。

3 人口集中地区の上空

1 人口集中地区の上空の規制

　前項で説明した2つの空域については、航空機の航行の安全という観点からの規制でしたが、もう1つ、少し異なる観点からの規制範囲があります。それが「人または家屋の密集している地域の上空」に対する規

第2章　航空法

図表2-6　人口集中地区の全国図

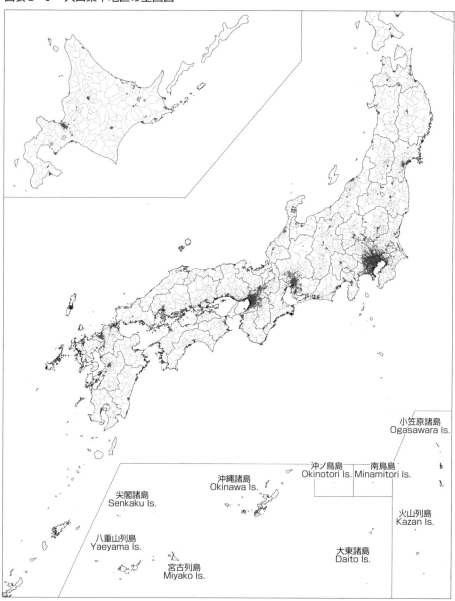

出所：総務省統計局ホームページ「平成27年度国勢調査人口集中地区境界図」

制です。これは航空機の安全という観点ではなく、人や物件の安全の確保という観点から規制されており、前述した3つの空域よりも実際にドローンを飛ばす際に問題になることが多いものです。

具体的に、「人または家屋の密集している地域の上空」とは、国勢調査の結果による人口集中地区の上空とされています。人口集中地区は、英語で「Densely Inhabited District」、略して「DID」と呼ばれています。

人口集中地区は、原則として次の2つの条件にあてはまる地域となります。

① 人口密度が1平方kmあたり4,000人以上の基本単位区等が市区町村の境界内で互いに隣接していること
② ①の隣接した地域の人口が国勢調査時に5,000人以上を有すること

人口集中地区の範囲は、国土地理院のウェブサイトで確認することができます。実際にドローンを飛行させたい場所が人口集中地区に該当するかどうかをより具体的に知りたい場合は、国交省航空局への問い合わせのほか、政府統計の総合窓口が提供している「地図による小地域分析（jSTAT MAP）」を利用して確認することができます。

なお、人口集中地区の全国図は図表2-6のとおりです。この図からわかるように、都市部ではほとんどが人口集中地区になっています。

東京周辺の人口集中地区は図表2-7のとおりです。23区内は全域で人口集中地区となっているほか、東京都のほとんどが人口集中地区となっていることがわかります。

なお、人口集中地区内であっても、地域の実情やドローンに対する様々なニーズがあることを踏まえ、航空法施行規則236条の2（236条の13）では、「地上および水上の人および物件の安全が損なわれるおそれがない」と認められる場合には、国土交通大臣が告示で地域を定め、人または家屋の密集している地域から除外することとされています。

図表2-7　東京周辺の人口集中地区

出所：総務省統計局ホームページ「平成27年度国勢調査人口集中地区境界図」

しかし、現時点では国土交通大臣の告示で除外が定められた地域はありませんので、除外されている地域はありません。

2　具体的事例

人口集中地区はかなり広い範囲で規制されていますが、この範囲内で飛行させたいと思う場合は多いでしょう。人口集中地区内での飛行をする場合には、およそすべての場合に国土交通大臣の許可が必要なのでしょうか。

以下では、人口集中地区でドローンを飛行させることを前提に、許可が必要か否かを具体的な事例で見ていきます。

> Q1　自分の所有する土地の上空でドローンを飛行させる場合でも、人口集中地区であれば許可は必要でしょうか？

A　自分の所有する土地の上空でドローンを飛行させる場合であっても、人口集中地区である以上、許可は必要です。これは、操作を

誤って自分の所有する土地の外に飛んでいってしまったり、強風等により予期しない場所に飛ばされてしまう可能性があり、近隣の人や物件に危害を加える可能性があるからです。

Q2　人口集中地区でも河川敷など人がいない場所がありますが、そのような人がいない場所で飛行させる場合でも許可は必要でしょうか？

A　河川敷など実際に人がいない場所であっても、人口集中地区である以上、許可は必要です。これは、自分の所有する土地の上空の場合と同様に操作を誤るなどして人のいる場所に飛んでいってしまう可能性があり、近隣の人や物件に危害を加える可能性があるからです。

Q3　屋内で飛行させる場合でも、人口集中地区であれば許可は必要でしょうか？

A　屋内の飛行は航空法の規制対象外なので許可は不要です。屋内であれば操作を誤っても屋外に飛んでいってしまう可能性は極めて低いことから、自分の所有する土地や河川敷等の場合とは異なり許可は不要となっています。

Q4　ゴルフ練習場のようにネットで囲われた場所で飛行させる場合でも、人口集中地区であれば許可は必要でしょうか？

A　この場合は、ネットでどのように囲われているのかによって結論が異なります。ドローンが飛行範囲を逸脱することがないように、四方や上部がネット等で囲われている場合には、屋内とみなすこと

ができ、航空法の規制対象外となるため、許可が不要となります。一方で、操作を誤ってしまったときに、ドローンがネットの外に飛び出してしまう可能性がある場合には、屋内とはみなすことができませんので許可が必要になります。

> Q5　ドローンが地上とワイヤー等でつながっている場合でも、人口集中地区であれば許可は必要でしょうか？

A　ドローンが地上とワイヤー等でつながっている場合であっても「無人航空機」には含まれ、航空法のルールが適用されます。ただし、2021年9月24日の航空法施行規則改正により、以下の要件をすべて満たせば、許可なくDIDで無人航空機を飛行させることが可能となりました。
① DIDにおいて飛行させること
② 十分な強度を有する紐等（長さが30m以下のものに限る）で係留することにより無人航空機の飛行の範囲を制限した上で行うものであること
③ 前②の飛行範囲内に地上または水上の物件が存しない場合に行うものであること
④ 補助者の配置その他の上記②の飛行範囲内において無人航空機を飛行させる者およびこれを補助する者以外の者の立入りを管理する措置を講じて行うものであること

5 飛行方法の規制

1 規制の概要

　無人航空機を飛行させる場合には、飛行させる空域にかかわらず、飛行方法に関するルール（航空法132条の2）に従って飛行させなければなりません（図表2-8参照）。

　2019年航空法改正により、①飲酒時の飛行禁止（1号）、②飛行前確認（2号）、③衝突予防（3号）および④危険な飛行の禁止（4号）の4つの場合が禁止される飛行方法に加えられました。

図表2-8　飛行方法のルール（航空法132条の2）

1号	アルコールまたは薬物等の影響下で飛行させないこと
2号	飛行前確認を行うこと
3号	航空機または他の無人航空機との衝突を予防するよう飛行させること
4号	他人に迷惑を及ぼすような方法で飛行させないこと
5号	日中（日出から日没まで）に飛行させること
6号	目視（直接肉眼による）範囲内で無人航空機とその周囲を常時監視して飛行させること
7号	人（第三者）または物件（第三者の建物、自動車等）との間に30m以上の距離を保って飛行させること
8号	祭礼、縁日、展示会など多数の人が集まる催し場所の上空で飛行させないこと
9号	爆発物など危険物を輸送しないこと
10号	無人航空機から物件を投下しないこと

これらのうち、5号から10号までについては、航空機の航行の安全ならびに地上および水上の人および物件の安全を損なうおそれがないことについて国土交通大臣の承認を受けることによって、5号から10号までの飛行方法によらずに無人航空機を飛行させることができます。しかし、1号から4号までについては、このような国土交通大臣の承認による例外は認められていません。

　また、2020年航空法改正により、航空法施行規則で定める場合には、個別の承認を得ずに5号から10号までの飛行方法によらずに無人航空機を飛行させることができることとなりました（航空法132条の2第2項1号）。

　具体的には、53頁で記載したとおり、2021年9月24日の航空法規則改正により、係留を行う飛行の場合には、個別の承認を得ずに、5号〜7号および10号の飛行方法によらずに無人航空機を飛行させることができるようになりました（航空法施行規則236条の9（236条の20））。

❷ 飛行方法のルール

1 アルコールまたは薬物等の影響下で飛行させないこと

　無人航空機は、アルコールまたは薬物の影響により、正常な飛行ができないおそれがある間において、飛行させてはいけません（航空法132条の2第1項第1号）。ここでいう「アルコール」には、アルコール飲料のみならずアルコールを含む食べ物も含まれます。アルコール濃度の制限等の規定はなく、体内に保有するアルコール濃度の程度にかかわらず体内にアルコールを保有する状態では無人航空機の飛行は行わないようにとされています（国交省Q&A〈Q 6-1〉）。

　また、「薬物」とは、麻薬や覚せい剤等の規制薬物に限らず、医薬品も含まれます（国交省Q&A〈Q 6-1〉）。

2　飛行前確認を行うこと

安全な飛行を確保するため、無人航空機を飛行する前に、無人航空機が飛行に支障がないことその他飛行に必要な準備が整っていることを確認する必要があります（航空法132条の2第1項第2号）。具体的には、**図表2-9**の①から④までの事項を行う必要があり（航空法施行規則236条の5（236条の16））、その具体例は**図表2-9**のとおりです（国交省Q&A〈Q7-1〉）。

図表2-9　飛行前確認の内容

確認事項	具体例
①　無人航空機の状況についての外部点検および作動点検	・各機器（バッテリー、プロペラ、カメラ等）が確実に取り付けられていることの確認 ・機体（プロペラ、フレーム等）に損傷や故障がないことの確認 ・通信系統および推進系統が正常に作動することの確認
②　無人航空機を飛行させる空域およびその周囲の状況の確認	・飛行経路に航空機や他の無人航空機が飛行していないことの確認 ・飛行経路下に第三者がいないことの確認
③　飛行に必要な気象情報の確認	・仕様上設定された飛行可能な風速の範囲内であることの確認 ・仕様上設定された飛行可能な雨量の範囲内であることの確認 ・十分な視程が確保されていることの確認
④　燃料の搭載量またはバッテリーの残量の確認	・十分な燃料またはバッテリーを有していることの確認

さらに、2021年6月1日からは、上記のほかに、飛行させる空域が緊急用務空域に該当するか否かの確認をしなければならないことになりました（航空法施行規則236条4項（236条の12第4項））（58頁参照）。

また、2022年6月20日からは、リモートID機能の作動状況が確認事

項に追加されます。

3 航空機または他の無人航空機との衝突を予防するよう飛行させること

　無人航空機を飛行させる場合には、航空機または他の無人航空機との衝突を予防するように飛行させる必要があります（航空法132条の2第1項第3号）。

　具体的には、以下の方法で飛行させる必要があります（航空法施行規則236条の6（236条の17））。

① 無人航空機の飛行経路上およびその周辺の空域において飛行中の航空機を確認し、衝突のおそれがあると認められる場合は、当該無人航空機を地上に降下させるなど適当な方法を講じること
② 無人航空機の飛行経路上およびその周辺の空域において飛行中の他の無人航空機を確認したときは、(1)他の無人航空機との間に安全な間隔を確保して飛行させ、または、(2)衝突のおそれがあると認められる場合は、無人航空機を地上に降下させるなど適当な方法を講じること

4 他人に迷惑を及ぼすような方法で飛行させないこと

　無人航空機は、他人に迷惑を及ぼすような方法で飛行することが禁止されています（航空法132条の2第1項第4号）。

　具体的には、不必要に騒音を発したり急降下させたりする行為や、人に向かって無人航空機を急接近させることなどがこれにあたるとされています（国交省Q&A〈Q 9-1〉）。

5 日中に飛行させること

　無人航空機の飛行は、日出から日没までの間の日中でなければならず、夜間に飛行するためには国土交通大臣の承認が必要です（航空法132条の2第1項5号）。夜間における無人航空機の飛行は無人航空機の位置

や姿勢だけでなく、周囲の障害物等の把握が困難になり、無人航空機の適切な制御ができないことから墜落等の事故発生のおそれが高まるためです。

「日出から日没までの間」とは、国立天文台が発表する日出の時刻から日の入りの時刻までの間をいいます。そのため、地域や季節によって、承認がなくても無人航空機を飛行させることができる時刻は異なります（国交省Q&A〈Q10-1〉）。

出所：国交省

6 目視の範囲内で飛行させること

　無人航空機は、無人航空機およびその周囲の状況を目視により常時監視して飛行させる必要があります（航空法132条の2第1項6号）。無人航空機の位置や姿勢を把握するとともに、その周辺の障害物等の有無等の確認が確実に行えることを確保することが、安全な航行に必要なためです。

　「目視」による常時監視とは、無人航空機を飛行させる者本人が自分の目で見ることをいい、補助者による監視は該当しません。また、モニターを活用して見ること、双眼鏡またはカメラ等を通じて見ることは、視野が限定されることから、目視には含まれません。なお、眼鏡やコンタクトレ

出所：国交省

ンズによるものは目視に含まれますが、これらを常用する者は、無人航空機を飛行させる際にも必要に応じて使用することが求められています（国交省Q&A〈Q11-1〉）。

7 人または物件との間に30m以上の距離を保って飛行させること

　飛行させる無人航空機が地上または水上の人または物件と衝突することを防止するため、原則として地上または水上の人または物件との間に直線距離で30m（航空法施行規則236条の7（236条の18））を保って無人航空

機を飛行させなければなりません（航空法132条の2第1項7号）。これは無人航空機の衝突から人または物件を保護するためです。ここでいう30mとは、人または物件からの直線距離をいうので、概念的には無人航空機から30mの球状の範囲に人または物件があってはならないということになります（国交省Q&A〈Q12-3〉）。

出所：国交省

　距離を保つべき「人」には無人航空機を飛行させる者およびその関係者は含まれません。例えば、イベントのエキストラ、競技大会の大会関係者など無人航空機の飛行に直接的または間接的に関与している者は当該条文における「人」には含まれません（国交省Q&A〈Q12-1〉）。

　また、「物件」には次のものが該当します。それぞれの例は**図表2-10**のとおりです。

①　中に人が存在することが想定される機器（車両等）
②　建築物その他の相当の大きさを有する工作物等

　なお、飛行させる者またはその関係者が管理する物件は「物件」には含まれません。また、無人航空機の飛行を委託した者など、法令で定める距離（30m）内に無人航空機が飛行することを了承している者が管理する物件も「物件」には含まれません（国交省Q&A〈Q12-1、12-2〉）。

図表2-10　物件に該当する車両等、工作物

①	車両等	自動車、鉄道車両、軌道車両、船舶、航空機、建設機械、港湾のクレーン　等
②	工作物	ビル、住居、工場、倉庫、橋梁、高架、水門、変電所、鉄塔、電柱、電線、信号機、街灯　等

（注）　なお、土地や自然物（樹木、雑草等）は保護すべき「物件」には含まれません。「土地」には、田畑用地および塗装された土地（道路の側面等）、堤防、鉄道の線路等であって、土地と一体となっているものが含まれます。
出所：国交省航空局次世代航空モビリティ企画室長「無人航空機に係る規制の運用における解釈について」（令和3年9月30日改正（国官参次第87号））

8 催し場所の上空で飛行させないこと

　祭礼、縁日、展示会その他の一時的に多数の者の集合する催しが行われている場所の上空において、原則として無人航空機を飛行させることはできません（航空第132条の2第1項8号）。それは、無人航空機を飛行させた場合、故障等により落下すれば人の生命・身体等に危害を及ぼす可能性が高いためです。

　「多数の者の集合する催し」とは、特定の場所や日時に開催される多数の者の集まる催しを指します。「多数の者の集合する」に該当するか否かは、集合する者の人数、規模や密度だけでなく、特定の場所や日時に開催されるものなのかどうか、また、主催者の意図等も勘案して総合的に判断されます。

出所：国交省

　国交省は、「多数の者の集合する催し」に該当するもの、該当しないものとして、図表2-11のような具体例をあげています。また、それらに該当しない場合にも、特定の時間・場所に数十人が集合していれば、「多数の者の集合する催し」に該当する可能性があります（国交省Q&A〈Q13-1〉）。

図表2-11　「多数の者の集合する催し」の具体例

該当する例	航空法132条の2第1項第8号に明示されている祭礼、縁日、展示会のほか、プロスポーツの試合、スポーツ大会、運動会、屋外で開催されるコンサート、町内会の盆踊り大会、デモ（示威行為）　等
該当しない例	自然発生的なもの（例えば、混雑による人混み、信号待ち　等）

出所：国交省航空局次世代航空モビリティ企画室長「無人航空機に係る規制の運用における解釈について」（令和3年9月30日改正（国官参次第87号））

　催しが実際に行われている間だけでなく、コンサートの開演前やスポーツの試合開始前などの開場から、これらの観客の退場後の閉場まで

は、当該場所に多数の者が集まる可能性があるため、「催しが行われている」時間に含まれます。開場や閉場が行われない催しの前後で飛行させる場合には、個別の状況に応じて判断する必要があります（国交省Q＆A〈Q13-2〉）。

9 危険物を輸送しないこと

無人航空機による危険物の輸送は原則として禁止されています（航空法132条の2第1項9号）。

禁止される危険物には、航空機と同様、火薬類、高圧ガス、引火性液体、可燃性物質類等が該当します。詳細は航空法施行規則236条の8（236条の19）および「無人航空機による輸送を禁止する物件等を定める告示」（平成27年11月17日付国土交通省告示第1142号）において定められています。

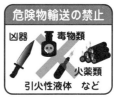

出所：国交省

その理由は、輸送する無人航空機が墜落等した場合、または輸送中にこれらの物件が漏出した場合、周囲に危険物質が飛散したり、機体が爆発することにより、人への危害や他の物件への損傷が発生するおそれがあるからです。

ただし、「無人航空機の飛行のため当該無人航空機で輸送する物件」は無人航空機による輸送が許容されています（航空法施行規則236条の8第2項（236条の19第2項））。これは、飛行に必要不可欠であり、飛行中、常に機体と一体となって輸送される物件等をいい、具体的には、無人航空機の飛行のために必要な燃料や電池、安全装備としてのパラシュートを開傘するための火薬類や高圧ガス、業務用機器（カメラ等）に用いられる電池等がこれに該当します（国交省Q＆A〈Q14-2〉）。

10 物件を投下しないこと

無人航空機からの物件の投下は原則として禁止されています（航空法

132条の2第1項10号)。無人航空機から物件を投下した場合には、投下先の地上の人等に危害をもたらすおそれがあるとともに、物件投下により機体のバランスが崩れるなどして無人航空機の適切な制御に支障をきたすおそれがあるためです。

出所：国交省

　水や農薬等の液体を散布する行為も「物件を投下する」に該当します（国交省Q&A〈Q15-2〉）。したがって、農薬の散布も物件の投下に該当し、国土交通大臣による承認が必要です。

　他方、無人航空機によって輸送した物件を置く、または設置する行為は、物件投下には該当せず、禁止されていません（国交省Q&A〈Q15-3〉）。したがって、無人航空機による宅配等により物件を輸送して目的地に置く行為は、物件投下の禁止による規制は受けません。

　なお、航空法132条の2第1項第10号では、「地上又は水上の人又は物件に危害を与え、又は損傷を及ぼすおそれがないもの」として国土交通省令で定める場合であれば国交省の承認は不要と定めています。しかし、現時点で国土交通省令では定められていませんので、上記の例外が適用される場面はありません。

6 捜索・救助のための航空法の特例

① 特例の概要

1 事故や災害等の発生時における航空法の特例

　ドローンは、飛行機と比べて小回りが利くことや捜索や救助における二次災害のリスクを減らすことができることなどから、事故や災害等の発生時における人命の捜索・救助等の場面での活躍が期待されています。

　例えば、2016年4月14日に発生した熊本地震では、地上からでは困難な場所の捜索や現場の被害確認に無人航空機が用いられています。また、プロドローンは、KDDIと共同で、2018年10月に富士登山の遭難者

図表2-12　水難事故におけるドローンオペレーション訓練

提供：株式会社プロドローン

救助を目的としたドローン山岳救助支援システムの実証実験を行いました。さらに、豊田市消防本部は、水難事故に対応するために2020年2月にドローンを配備することとしました。このように、捜索・救助の場面におけるドローン導入の検討が進んでいます。

そこで航空法132条の3は、事故や災害等の発生時における人命の捜索・救助等に支障が出ないように航空法の特例を設けています。

具体的には、国、地方公共団体またはこれらの依頼を受けた者が、事故や災害等の発生時に捜索・救助を行うために無人航空機を飛行させる場合には、航空法132条の「飛行の禁止空域」に関する規定や同法132条の2の「飛行の方法」（同条1項1号から4号までを除く）に関する規定が適用されず、許可・承認を得ることなく飛行禁止区域や夜間での飛行など禁止された飛行方法での飛行を行うことができます。

2 特例が適用される範囲

この特例は、国、地方公共団体またはこれらの依頼を受けた者にしか適用されません（航空法施行規則236条の11（236条の22））。よって、国や地方公共団体と直接関係のない事業者が自主的に災害に対応する際には、この特例の適用はなく、飛行空域や飛行方法の制限を受けることになります（国交省 Q&A〈Q16-2〉）。

また、「捜索または救助」とは、事故や災害の発生等に際して人命や財産に急迫した危難のおそれがある場合における、人命の危機または財産の損傷を回避するための措置（調査・点検、捜査等の実施を含む）を指します。

❷ 飛行の安全確保の方法

航空法の特例が適用され、許可・承認を得る必要がない場合でも、無人航空機の飛行により航空機の航行の安全ならびに地上および水上の人および物件の安全が損なわれないよう、安全確保を自主的に行う必要が

あります。

　特例が適用された場合の安全確保の方法については、国交省航空局から「航空法第132条の3の適用を受け無人航空機を飛行させる場合の運用ガイドライン」（令和3年5月31日改正（国官参次第29号））が出されており、以下のように安全確保の方法について示されています。

❶　航空情報の発行手続

　空港等の周辺、緊急用務空域および地上または水上から150m以上の高さ（航空法132条1項1号の空域）において無人航空機を飛行させる場合には、空港等の管理者または空域を管轄する関係機関と調整した後、当該空域の場所を管轄する空港事務所に**図表2-13**に掲げた通知すべき情報を電話したうえで、電子メールまたはファクシミリによって通知する必要があります。

図表2-13　通知すべき情報

通知事項	例
飛行目的	山岳救助（滑落者の捜索）
飛行範囲（地域名または都道府県名および市区町村名、緯度経度（世界測地系）による飛行範囲）	○○山（北緯○度○分○秒、東経△度△分△秒）を中心に半径500m以内
最大の飛行高度（地上高および海抜高）	地上高○○○m、海抜高△△△△m
飛行日時（終了時刻が未定の場合はその旨を連絡）	現在から終了時刻未定（追って連絡する）
機体数（同時に飛行させる無人航空機の最大機数）	2機
機体諸元（無人航空機の種類、重量、寸法、色等）	飛行機／ヘリコプター／マルチコプター等、10kg、縦1m×横1m×高さ0.5m、白
飛行の主体者の連絡先	○○株式会社、担当○○　090-××××-××××
飛行の依頼元（依頼に基づく場合）	○○県△△消防局

この通知に基づき、航空局が航空情報（航空法99条に基づき国土交通大臣が航空機乗組員に対して提供する航空機の運航のための必要な情報）を発行し、空港等の管理者において航行する航空機に対し、安全を確保するために必要な措置が講じられます。

❷ 航空機の航行の安全確保

捜索・救助のために無人航空機を飛行させる状況においては、当該空域にその他にも救助等を目的とした航空機が飛行していることが想定されます。無人航空機を飛行させる者は、航空機の飛行を確認した場合には、当該航空機の航行の安全を害さないように無人航空機を飛行させなければなりません。

❸ 飛行マニュアル作成による安全確保

上記の他に、あらかじめ審査要領を参考に、捜索・救助等の目的に応じた無人航空機の運用方法をマニュアルに定め、当該マニュアルに基づき安全な飛行を行うことが望ましいとされており、マニュアル作成にあたっては、状況に応じた無人航空機を飛行させる際の安全管理体制等を規定することが期待されています。

❹ 大規模災害発生時の調整

また、大規模災害が発生した場合には、航空機の航行の安全の確保および無人航空機に起因する事故等の防止のため、現地災害対策本部等を通じて無人航空機の飛行の方法（日時、飛行場所等）を調整することが望ましいとされています。

大規模災害の場合、捜索・救助活動等のために有人機が多く飛行することから、無人航空機を飛行させる際には事前に国交省まで連絡するよう、国交省のウェブサイト等で要請されることがあります。そのため、許可・承認が不要な場合であっても、大規模災害の発生した地域で無人航空機を飛行させる場合は、国交省のウェブサイトを一度確認したほうがよいでしょう。

航空法違反による罰則

1 罰則の適用

　無人航空機を飛行させた者で罰則を受けることになるのは**図表2-14**に該当した者で、それぞれ**図表2-14**のとおりの罰則に処されます。

図表2-14　航空法違反行為と罰則

行為	罰則
①　登録義務の例外にあたらないのに、無人航空機登録原簿に登録せずに、無人航空機を航空の用に供したとき	1年以下の懲役または50万円以下の罰金（航空法157条の4）
②　アルコールまたは薬物の影響下で、道路、公園、広場その他の公共の場所の上空において無人航空機を飛行させた者	1年以下の懲役または30万円以下の罰金（航空法157条の5）
③　国土交通大臣から報告を求められたにもかかわらず、報告をせずまたは虚偽の報告をした者	100万円以下の罰金（航空法158条）
④　飛行の空域や飛行方法に違反した者（53、65頁参照）、登録記号の表示をせずに飛行させた者（52頁参照）、国土交通大臣からの是正命令に違反して飛行させた者（52頁参照）	50万円以下の罰金（航空法157条の6）
⑤　登録無人航空機の登録変更届出をしなかった者または虚偽の届出をした者、登録抹消の申請をしなかった者（52頁参照）	30万円以下の過料（航空法161条）

※上記②の「公共の場所」とは、公衆すなわち不特定多数のものが自由に利用し出入りすることができる場所をいい、道路、公園、広場のほか駅等がこれに含まれます（国交省Q&A〈Q17-2〉）。

法人等の業務または財産に関して法人等の従業者等が上記の行為（上記②および⑤を除く）をした場合は、無人航空機を操縦した個人のみならず当該法人等も、上記にそれぞれ記載された罰金刑の対象となります（航空法159条2号）。

② 罰則適用の判断

　上記罰則のうち100万円以下の罰金の対象となるのは、被疑者に異議がなければ略式手続により簡易裁判所で裁判が行われ、略式命令（刑事訴訟法461条以下）が出されることが実務上はあります。

　なお、国土交通省の発表によれば、無人航空機の航空法違反による検挙数は、無人航空機に関する航空法の規制が導入された直後の2016年には36件だったところ、2018年には82件に増加したとのことです。

　さらに、報道によれば、2019年には、無人航空機を違法で飛行させ航空法違反で警察に摘発された数は111件で、115人が逮捕または書類送検されているとのことです。115人のうち逮捕されたのは2019年5月に公園で無許可で無人航空機を飛行させた疑いの1人のみでした。当該被疑者は、上申書に偽名を使用した等のことから、証拠隠滅や逃亡のおそれありとして逮捕されたと報道されています。

8 許可・承認の申請方法

　航空法132条で禁止されている「飛行禁止空域」において無人航空機を飛行させる場合には、国土交通大臣による「許可」を、また、夜間飛行や目視外飛行等同法132条の2第5号から第10号までに定められている「飛行方法」によらない飛行を行う場合には、原則として、国土交通大臣による「承認」をそれぞれ受ける必要があります。

　国交省が公表している「無人航空機の飛行に関する許可・承認の審査要領」によれば、無人航空機を飛行させるためには、飛行開始予定日の少なくとも10開庁日前に所定の提出先に申請書類を不備等のない状態で提出する必要があります。

　ただし、申請に不備があった場合には審査に時間を要する場合もあることから、初めて申請する場合等は、10開庁日前からさらに期間に相当の余裕をもって申請するか、事前に相談することが推奨されています。

　なお、許可・承認には一定の条件が付される場合があります。例えば、飛行実績の報告を求めることや必要な訓練を実施することなどの条件が想定されています（国交省Q&A〈Q20-2〉）。

　許可・承認の申請件数は年々増加しており、令和2年度においては、平成28年度の申請件数の4.4倍以上にあたる60,068件の申請がなされています。

1 申請方法

　許可や承認の申請方法としては、通常、①オンラインサービス（ドローン情報基盤システム（Drone/UAS Information Platform System; DIPS））、②郵送、および③持参の3つの方法があります。また、緊急を要する場

合に限って、④電子メール等による申請が可能となっています。その留意点は**図表2-16**のとおりです。

図表2-15　無人航空機に係る許可承認申請件数の推移

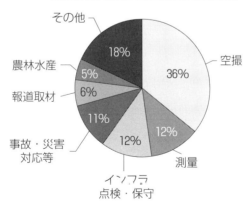

出所：内閣府ホームページ「無人航空機に関する航空法の許可・承認状況と今後の環境整備について」

図表2-16　申請方法と留意点

申請方法	留意点等
① オンラインサービス	下記のURLから申請可能 ドローン情報基盤システム（https://www.dips.mlit.go.jp/）
② 郵送	簡易書留を推奨
③ 持参	申請すべき窓口に直接持参 （受付時間：9:00～17:00）
④ 電子メール等	緊急を要する場合のみ可 ・公共性が高く、かつ人道的な支援等により、無人航空機の飛行の申請を行おうとする場合（事故や災害の報道取材、事故や災害に際して被害者や被災者に対し、薬品や食料品等の物資輸送を行う等の人道支援の場合）には、飛行開始予定日の10開庁日前にかかわらず電子メールまたはファクシミリによる申請が可能 ・災害対策基本法2条1号の「災害」にあたる場合またはこれに類する場合（過去の例：東日本大震災等）には、電話による申請が可能（なお、電話による申請であって夜間等の執務時間外においては、管轄事務所に連絡する） ・電子メール、ファクシミリまたは電話により申請した場合においても、前記①～③の申請方法のいずれかによりあらためて申請書類を提出する必要あり

　また、同一の申請者が一定期間内に反復して飛行を行う場合や異なる複数の場所で飛行を行う場合の申請については「包括申請」が認められています。例えば、報道機関や空撮業者等について、許可期間を1年間、人口集中地区を含めた日本全国で夜間飛行や目視外飛行も可能とする「包括許可」が出されている例もあります。

　さらに、飛行の委託を行っている者が受託者の飛行をまとめて申請する場合や、複数の者が行う飛行をまとめて申請する場合等にも、代表者による「代行申請」が認められています。

　なお、許可の期間は原則として3か月以内ですが、申請内容に変更を生ずることがなく、継続的に無人航空機を飛行させることが明らかな場

合には、1年を限度として許可・承認が行われます。

また、許可・承認にあたっては、機体、操縦者、運航管理体制のそれぞれの要素が確認される一方で、安全が確保されていると総合的に判断される場合には、柔軟に許可・承認が認められています。

② 申請書の様式

オンライン申請の場合は、ドローン情報基盤システム（DIPS）（https://www.dips.mlit.go.jp/）を通じて、専用画面の質問に答えていくと、申請に必要となる各手続書面が自動的にブラウザ上で作成されますので便利です。作成された書面はそのままオンライン上で提出することができます。オンライン申請については、特に不備が多い事項を国交省がまとめた「DIPS 申請の手引き～セルフチェックを行いましょう」（https://www.mlit.go.jp/common/001385300.pdf）も参照してください。

郵送・持参による申請の場合については、申請に必要となる各手続書類の様式およびその記載例は、国交省のホームページの「無人航空機の飛行に関する許可・承認申請書（様式）」からダウンロードすることができます。

具体的に必要となる書類は、**図表2-17**の記載のとおりです。

第2章　航空法

図表2-17　申請手続に必要な書類一覧と申請様式

①	（様式1）無人航空機の飛行に関する許可・承認申請書
②	（様式2）無人航空機の機能・性能に関する基準適合確認書
③	（様式3）無人航空機を飛行させる者に関する飛行経歴・知識・能力確認書
④	（別添資料1）飛行の経路の地図
⑤	（別添資料2）無人航空機の製造者、名称、重量等（無人航空機および操縦装置の仕様が分かる設計図または多方面の写真を含む）
⑥	（別添資料3）無人航空機の運用限界等（無人航空機を飛行させる方法が記載された取扱説明書等の該当部分の写しを含む）
⑦	（別添資料4）無人航空機の追加基準への適合性
⑧	（別添資料5）無人航空機を飛行させる者一覧
⑨	（別添資料6）申請事項に応じた飛行させる者の追加基準への適合性を示した資料
⑩	（別添資料7）飛行マニュアル

※1　国交省のホームページの「無人航空機の飛行に関する許可・承認申請書（様式）」からダウンロード可能。なお、同様の記載事項および様式であれば、独自に作成した申請書でも申請可能（国交省Q&A〈Q18-5〉）。
※2　国交省のホームページの「無人航空機の講習団体および管理団体一覧」に掲載されている講習団体等が当該ホームページに掲載された日以降に発行した技能証明の写しを提出した場合は⑨を省略可能。
※3　自作機を趣味目的で飛行させる場合は上記⑥を省略可能。
※4　飛行させる機体が、国交省のホームページに「資料の一部を省略することができる無人航空機」として掲載された無人航空機に該当する場合は上記⑤および⑥を省略可能。
※5　2020年航空法改正により導入された登録制度の事前申請をし、登録記号を取得している場合は、様式2に登録記号を記載可。

8 許可・承認の申請方法

(様式1)

年　　月　　日

無人航空機の飛行に関する許可・承認申請書

□新規　　□更新※1　　□変更※2

殿

氏 名 又 は 名 称
及 び 住 所
並びに法人の場合は代表者の氏名
(連絡先)

航空法(昭和27年法律第231号)第132条第2項第2号の規定による許可及び同法第132条の2第2項第2号の規定による承認を受けたいので、下記のとおり申請します。

飛行の目的	□業務	□空撮　□報道取材　□警備　□農林水産業 □測量　□環境調査　□設備メンテナンス □インフラ点検・保守　□資材管理　□輸送・宅配 □自然観測　□事故・災害対応等
	□趣味	
	□研究開発	
	□その他（　　　　　　　　　　　　　　　）	
飛行の日時※3		
飛行の経路※4 (飛行の場所)		
飛行の高度	地表等からの高度　　　　　　m	海抜高度　　　　　m
申請事項及び理由	飛行禁止空域の飛行 (第132条関係)	□航空機の離陸及び着陸が頻繁に実施される空港等で安全かつ円滑な航空交通の確保を図る必要があるものとして国土交通大臣が告示で定めるものの周辺の空域であって、当該空港等及びその上空の空域における航空交通の安全を確保するために必要なものとして国土交通大臣が告示で定める空域（空港等名称　　　　　　　　　　） □進入表面、転移表面若しくは水平表面若しくは延長進入表面、円錐表面若しくは外側水平表面の上空の空域又は航空機の離陸及び着陸の安全を確保するために必要なものとして国土交通大臣が告示で定める空域（空港等名称　　　　　　　　　　） □国土交通省，防衛省，警察庁，都道府県警察又は地方公共団体の消防機関その他の関係機関の使用する航空機のうち捜索，救助その他の緊急用務を行う航空機の飛行の安全を確保する必要があるものとして国土交通大臣が指定する空域 □地表又は水面から150m以上の高さの空域 □人又は家屋の密集している地域の上空
		【飛行禁止空域を飛行させる理由】

85

第 2 章　航空法

飛行の方法 (第132条 の2関係)	□夜間飛行　　　□目視外飛行 □人又は物件から 30m 以上の距離が確保できない飛行 □催し場所上空の飛行　　□危険物の輸送　　□物件投下	
	【第 132 条の 2 第 1 項第 5 号から第 10 号までに掲げる方法によらずに飛行させる理由】	
無人航空機の製造者、名称、重量その他の無人航空機を特定するために必要な事項	□別添資料のとおり。 □変更申請であって、かつ、左記事項に変更がない。	
無人航空機の機能及び性能に関する事項	□別添資料のとおり。 □変更申請であって、かつ、左記事項に変更がない。	
無人航空機の飛行経歴並びに無人航空機を飛行させるために必要な知識及び能力に関する事項	□別添資料のとおり[※5]。 □変更申請であって、かつ、左記事項に変更がない。	
無人航空機を飛行させる際の安全を確保するために必要な体制に関する事項	□航空局標準マニュアルを使用する。 □航空局ホームページ掲載されている以下の団体等が定める飛行マニュアルを使用する。 　団体等名称： 　飛行マニュアル名称： □上記以外の飛行マニュアル（別添）を使用する。 □変更申請であって、かつ、左記事項に変更がない。	
その他参考となる事項	【変更又は更新申請に関する現に有効な許可等の情報】 　許可承認番号： 　許可承認日： 　※許可承認書の写しを添付すること。	

その他参考となる事項	【第三者賠償責任保険への加入状況】 □加入している（□対人　□対物） 　　保険会社名： 　　商　品　名： 　　補償金額：（対人）　　　　　（対物） □加入していない
	【空港設置管理者等又は空域を管轄する関係機関との調整結果（航空法第132条第1項第1号に掲げる空域における飛行に限る。）】 □空港設置管理者等 　調整機関名： 　調整結果： □空域を管轄する関係機関 　調整機関名： 　調整結果：
	【催しの主催者等との調整結果（催し場所上空の飛行に限る。）】 　催し名称： 　主催者等名： 　調整結果：
備　　考	【緊急連絡先】 　担当者　： 　電話番号：

※1　更新申請とは、許可等の期間の更新を受けようとする場合の申請。
※2　変更申請とは、許可等を取得した後に「無人航空機の製造者、名称、重量その他の無人航空機を特定するために必要な事項」「無人航空機の機能及び性能に関する事項」、「無人航空機の飛行経歴並びに無人航空機を飛行させるために必要な知識及び能力に関する事項」又は「無人航空機を飛行させる際の安全を確保するために必要な体制に関する事項」の内容の一部を変更する場合の申請。
※3　次の飛行を行う場合は、飛行の日時を特定し記載すること。それ以外の飛行であって飛行の日時が特定できない場合には、期間及び時間帯を記載すること。
　　　・人又は家屋の密集している地域の上空で夜間における目視外飛行

第 2 章　航空法

- ・催し場所の上空における飛行
- ※4　次の飛行を行う場合は、飛行の経路を特定し記載すること。それ以外の飛行であって飛行の経路を特定できない場合には、飛行が想定される範囲を記載すること。
  - ・航空機の離陸及び着陸が頻繁に実施される空港等で安全かつ円滑な航空交通の確保を図る必要があるものとして国土交通大臣が告示で定めるものの周辺の空域であって、当該空港等及びその上空の空域における航空交通の安全を確保するために必要なものとして国土交通大臣が告示で定める空域、その他空港等における進入表面等の上空の空域又は航空機の離陸及び着陸の安全を確保するために必要なものとして国土交通大臣が告示で定める空域における飛行
  - ・国土交通省、防衛省、警察庁、都道府県警察又は地方公共団体の消防機関その他の関係機関の使用する航空機のうち捜索、救助その他の緊急用務を行う航空機の飛行の安全を確保する必要があるものとして国土交通大臣が指定する空域における飛行
  - ・地表又は水面から 150m 以上の高さの空域における飛行
  - ・人又は家屋の密集している地域の上空における夜間飛行
  - ・夜間における目視外飛行
  - ・補助者を配置しない目視外飛行
  - ・催し場所の上空の飛行
  - ・趣味目的での飛行
  - ・研究開発目的での飛行
- ※5　航空局ホームページに掲載されている団体等が技能認証を行う場合は、当該認証を証する書類の写しを添付すること。なお、当該写しは、発行した団体名、操縦者の氏名、技能の確認日、認証された飛行形態、無人航空機の種類が記載されたものであることに留意すること。

(参考様式)
別添資料○

飛行の経路

(詳細図)

(参考様式)
別添資料○

無人航空機の製造者、名称、重量等

無人航空機	製造者名		
	名称		
	重量 (最大離陸重量)		
	製造番号等		
	仕様が分かる資料 (設計図又は写真)		
	所有者	氏名又は名称	
		住所	
		連絡先	
操縦装置	製造者名		
	名称		
	仕様が分かる資料		

(様式2)

無人航空機の機能・性能に関する基準適合確認書

1. 飛行させる無人航空機に関する事項を記載すること。

登録記号			
製造者名		名　　称	
重量※1		製造番号等	

2. ホームページ掲載無人航空機の場合には、改造を行っているかどうかを記載し、「改造している」場合には、3.の項も記載すること。

改造の有無　：　□改造していない　/　□改造している（→改造概要及び3.を記載）

改　造　概　要

3. ホームページ掲載無人航空機に該当しない場合又はホームページ掲載無人航空機であっても改造を行っている場合は、次の内容を確認すること。

	確認事項	確認結果
一般	鋭利な突起物のない構造であること（構造上、必要なものを除く。）。	□適 / □否
	無人航空機の位置及び向きが正確に視認できる灯火又は表示等を有していること。	□適 / □否
	無人航空機を飛行させる者が燃料又はバッテリーの状態を確認できること。	□適 / □否
遠隔操作の機体※2	特別な操作技術又は過度な注意力を要することなく、安定した離陸及び着陸ができること。	□適 / □否 / □該当せず
	特別な操作技術又は過度な注意力を要することなく、安定した飛行（上昇、前後移動、水平方向の飛行、ホバリング（回転翼機）、下降等）ができること。	□適 / □否 / □該当せず
	緊急時に機体が暴走しないよう、操縦装置の主電源の切断又は同等な手段により、モーター又は発動機を停止できること。	□適 / □否 / □該当せず
	操縦装置は、操作の誤りのおそれができる限り少ないようにしたものであること。	□適 / □否 / □該当せず
	操縦装置により適切に無人航空機を制御できること。	□適 / □否 / □該当せず
自動操縦の機体※3	自動操縦システムにより、安定した離陸及び着陸ができること。	□適 / □否 / □該当せず
	自動操縦システムにより、安定した飛行（上昇、前後移動、水平方向の飛行、ホバリング（回転翼機）、下降等）ができること。	□適 / □否 / □該当せず
	あらかじめ設定された飛行プログラムにかかわらず、常時、不具合発生時等において、無人航空機を飛行させる者が機体を安全に着陸させられるよう、強制的に操作介入ができる設計であること。	□適 / □否 / □該当せず

※1　最大離陸重量の形態で確認すること。ただし、それが困難な場合には、確認した際の重量を記載すること。
※2　遠隔操作とは、プロポ等の操縦装置を活用し、空中での上昇、ホバリング、水平飛行、下降等の操作を行うことをいう。遠隔操作を行わない場合には「該当せず」を選択すること。
※3　自動操縦とは、当該機器に組み込まれたプログラムにより自動的に操縦を行うことをいう。自動操縦を行わない場合には「該当せず」を選択すること。

(参考様式)

別添資料〇

無人航空機の運用限界等

(運用限界)

最高速度	
最高到達高度	
電波到達距離	
飛行可能風速	
最大搭載可能重量	
最大使用可能時間	

(飛行させる方法)

別添資料○

無人航空機の追加基準への適合性

※許可や承認を求める事項に応じて、必要な部分を抽出して（不要な部分は削除して）資料を作成してください。
※仮に、基準への適合性が困難な場合には、代替となる安全対策等を記載するなど、安全を損なうおそれがない理由等を記載してください。

○１号告示空域

基　準	適合性
航空機からの視認をできるだけ容易にするため、灯火を装備すること又は飛行時に機体を認識しやすい塗色を行うこと。	
（進入表面若しくは転移表面の下の空域又は空港の敷地の上空の空域であって、人口集中地区の上空に該当する場合）	
第三者及び物件に接触した際の危害を軽減する構造を有すること。	

○進入表面等の上空の空域を飛行
○１５０ｍ以上の高さの空域を飛行

基　準	適合性
航空機からの視認をできるだけ容易にするため、灯火を装備すること又は飛行時に機体を認識しやすい塗色を行うこと。	

○人又は家屋の密集している地域の上空を飛行（第三者上空の飛行以外）
○人及び物件との距離３０ｍを確保できない飛行（第三者上空の飛行以外）

基　準	適合性
第三者及び物件に接触した際の危害を軽減する構造を有すること。	

○催し場所上空での飛行（第三者上空の飛行以外）

基　準	適合性
第三者及び物件に接触した際の危害を軽減する構造を有すること。	
飛行が想定される運用により、10回以上の離陸及び着陸を含む3時間以上の飛行実績を有すること。	

○夜間飛行

基　準	適合性
無人航空機の姿勢及び方向が正確に視認できるよう灯火を有していること。ただし、無人航空機の飛行範囲が照明等で十分照らされている場合はこの限りでない。	

○目視外飛行

基　準	適合性
自動操縦システムを装備し、機体に設置されたカメラ等により機体の外の様子を監視できること。	
地上において、無人航空機の位置及び異常の有無を把握できること（不具合発生時に不時着した場合を含む。）。	
不具合発生時に危機回避機能（フェールセーフ機能）が正常に作動すること。	

○危険物の輸送

基　準	適合性
危険物の輸送に適した装備が備えられていること。	

○物件の投下

基　準	適合性
不用意に物件を投下する機構でないこと。	

別添資料〇

無人航空機を飛行させる者一覧

No	氏　名	住所	飛行させることができる無人航空機	備考

8　許可・承認の申請方法

(様式3)

無人航空機を飛行させる者に関する飛行経歴・知識・能力確認書

無人航空機を飛行させる者　：　○○　○○

確認事項			確認結果
飛行経歴		無人航空機の種類別に、10時間以上の飛行経歴を有すること。	□適 ／ □否
知識		航空法関係法令に関する知識を有すること。	□適 ／ □否
		安全飛行に関する知識を有すること。 ・飛行ルール（飛行の禁止空域、飛行の方法） ・気象に関する知識 ・無人航空機の安全機能（フェールセーフ機能　等） ・取扱説明書等に記載された日常点検項目 ・自動操縦システムを装備している場合には、当該システムの構造及び取扱説明書等に記載された日常点検項目 ・無人航空機を飛行させる際の安全を確保するために必要な体制 ・飛行形態に応じた追加基準	□適 ／ □否
能力	一般	飛行前に、次に掲げる確認が行えること。 ・周囲の安全確認（第三者の立入の有無、風速・風向等の気象　等） ・燃料又はバッテリーの残量確認 ・通信系統及び推進系統の作動確認	□適 ／ □否
	遠隔操作の機体※1	GPS等の機能を利用せず、安定した離陸及び着陸ができること。	□適 ／ □否
		GPS等の機能を利用せず、安定した飛行ができること。 ・上昇 ・一定位置、高度を維持したホバリング（回転翼機） ・ホバリング状態から機首の方向を90°回転（回転翼機） ・前後移動 ・水平方向の飛行（左右移動又は左右旋回） ・下降	□適 ／ □否
	自動操縦の機体※2	自動操縦システムにおいて、適切に飛行経路を設定できること。	□適 ／ □否
		飛行中に不具合が発生した際に、無人航空機を安全に着陸させられるよう、適切に操作介入ができること。	□適 ／ □否

※1　遠隔操作とは、プロポ等の操縦装置を活用し、空中での上昇、ホバリング、水平飛行、下降等の操作を行うことをいう。遠隔操作を行わない場合には「遠隔操作の機体」の欄の確認結果について記載は不要。
※2　自動操縦とは、当該機器に組み込まれたプログラムにより自動的に操縦を行うことをいう。自動操縦を行わない場合には「自動操縦の機体」の欄の確認結果について記載は不要。

上記の確認において、基準に適合していない項目がある場合には、下記の表に代替的な安全対策等を記載し、航空機の航行の安全並びに地上及び水上の人及び物件の安全が損なわれるおそれがないことを説明すること。

項目	代替的な安全対策等及び安全が損なわれるおそれがないことの説明

記載内容が多いときは、別紙として添付すること。

(参考様式)

別添資料○

無人航空機を飛行させる者の追加基準への適合性

以下のとおり、飛行させる者は飛行経験を有しており飛行マニュアルに基づいた飛行訓練を実施している。

飛行させる者：　〇〇　〇〇

総飛行時間：＿＿＿＿＿＿時間

夜間飛行時間：＿＿＿＿＿＿時間

目視外飛行時間：＿＿＿＿＿＿時間

物件投下経験：＿＿＿＿＿＿回

8 　許可・承認の申請方法

別添資料〇

飛行マニュアル

※申請書記載例を参照の上、飛行マニュアルを作成してください。

第2章　航空法

③ 申請書の提出先

　航空法132条1項1号の空域（空港等の周辺、高さ150m以上）における飛行の許可申請の申請先は、当該空域を管轄する各空港事務所長になります。それ以外の許可・承認については、地方航空局長になります。

　ただし、公海上における飛行の許可または承認に係る申請の申請先は国土交通大臣になります。

図表2-18　申請事項ごとの申請書の提出先（審査要領2-1）

申請事項	申請書の提出先
法第132条第1項第1号に掲げる空域における飛行の許可の申請	航空機の離陸及び着陸が頻繁に実施される空港等で安全かつ円滑な航空交通の確保を図る必要があるものとして国土交通大臣が告示で定めるものの周辺の空域であって、当該空港等及びその上空の空域における航空交通の安全を確保するために必要なものとして国土交通大臣が告示で定める空域（以下「1号告示空域」という。）、その他空港等における進入表面等[※]の上空の空域、航空機の離陸及び着陸の安全を確保するために必要なものとして国土交通大臣が告示で定める空域、国土交通省、防衛省、警察庁、都道府県警察又は地方公共団体の消防機関その他の関係機関の使用する航空機のうち捜索、救助その他の緊急用務を行う航空機の飛行の安全を確保する必要があるものとして国土交通大臣が指定する空域（以下「緊急用務空域」という。）又は地表若しくは水面から150m以上の高さの空域（地上又は水上の物件から30m以内の空域を除く。）に係る飛行の許可申請は、当該飛行を行おうとする場所を管轄区域とする空港事務所長（以下「管轄事務所」という）
法第132条第1項第2号に掲げる空域における飛行の許可の申請	当該許可を必要とする行為を行おうとする場所を管轄区域とする地方航空局長

| 法第132条の2第1項第5号から第10号までに掲げる方法によらない飛行の承認の申請 | 当該許可を必要とする行為を行おうとする場所を管轄区域とする地方航空局長 |

※進入表面等とは、進入表面、転移表面もしくは水平表面または航空法56条1項の規定により国土交通大臣が指定した延長進入表面、円錐表面もしくは外側水平表面を指す。

出所：国交省航空局長「無人航空機の飛行に関する許可・承認の審査要領」（令和3年9月24日最終改正（国官参次第79号））（以下、図表2-17～31は出所同様）

　空港事務所長が申請先である場合について、2021年10月1日から、申請を必要とする飛行を行おうとする場所が新潟県、長野県、静岡県から東の場合には東京空港事務所長、富山県、岐阜県、愛知県から西の場合には関西空港事務所長に申請することになりました。

　地方航空局長が申請先である場合、無人航空機を飛行させる場所を管轄する地方航空局長に申請することになります。具体的には、新潟県、長野県、静岡県より東は東京航空局、富山県、岐阜県、愛知県より西は大阪航空局の管轄区域であり、その詳細は、**図表2-19**のとおりです。なお、飛行させる場所が両局の管轄にまたがる場合には申請者の住所を管轄する地方航空局長に申請することになります。

図表2-19　地方航空局の管轄区域

東京航空局	大阪航空局
北海道 青森県 岩手県 宮城県 秋田県 山形県 福島県 茨城県 栃木県 群馬県 埼玉県 千葉県 東京都 神奈川県 新潟県 山梨県 長野県 静岡県	富山県 石川県 福井県 岐阜県 愛知県 三重県 滋賀県 京都府 大阪府 兵庫県 奈良県 和歌山県 鳥取県 島根県 岡山県 広島県 山口県 徳島県 香川県 愛媛県 高知県 福岡県 佐賀県 長崎県 熊本県 大分県 宮崎県 鹿児島県 沖縄県

　なお、すでに得ている許可については、その期間内は有効であり、飛

行ごとに再申請の必要はありません。許可等の期間の更新を受けようとする場合は、期間の満了日の40開庁日前から10開庁日前までに行います。

　また、目視外飛行と夜間飛行を同時に行う場合など、1個の飛行について複数事項の許可や承認が必要となる場合は、当該申請は一括して行うことができます（国交省 Q&A〈Q18-7〉）。同じ場所で何度も飛行させる場合や、同じ飛行形態で異なる複数の場所で飛行させる場合は、包括申請が可能であり、都度に申請する必要はありません（国交省 Q&A〈Q18-11〉）。

　なお、申請先が複数にまたがる場合は、それぞれの提出先に申請書を提出する必要がありますが、その後の審査過程における質疑応答等については、窓口を一元化できる場合があります（国交省 Q&A〈Q18-8〉）。

⑨ 許可・承認の審査基準

① 審査基準の概要

　無人航空機の飛行に関する許可・承認の審査に係る基準の詳細は、国交省が公表している「無人航空機の飛行に関する許可・承認の審査要領」に定められています。

　この審査要領によれば、次の3つの観点から「基本的な基準」と「飛行形態に応じた追加基準」に従って、許可・承認の判断がなされます。
　① 機体の機能および性能
　② 無人航空機を飛行させる者の飛行経歴・知識・能力
　③ 安全を確保するための体制

　適合すべき基準は、飛行する空域、飛行方法、第三者の上空を飛行するか、機体の重量（25kg未満か以上か）によって決まります。

　申請書には、その他参考になる事項として、第三者賠償責任保険への加入状況（加入の有無、加入している場合は対人対物、保険会社名、商品名、補償金額）の記載が求められていますが、現時点では保険への加入は義務とはされていません。

② 基本的な基準

1 無人航空機の機能および性能

❶ すべての無人航空機

　無人航空機を飛行させる場合、無人航空機が十分に安全性を備えた性能を有していなければ、周囲の人や物件に危害を与えるおそれがありま

す。そこで、許可・承認を受ける場合、すべての無人航空機は安全性の観点から、鋭利な突起物のない構造であること、無人航空機の位置および向きが正確に視認できる灯火または表示等を有していることなど、機体についての一定の基準を備えていることが求められています。

「鋭利な突起物のない構造」には、プロペラやアンテナのような構造上必要なものは含まれません（国交省Q&A〈Q21-1〉）。

また、「無人航空機の位置および向きが正確に視認できる灯火および表示等」には、形状によって無人航空機の位置および向きが正確に視認できる場合も含まれます（国交省Q&A〈Q21-2〉）。詳細は**図表2-17**のとおりです。

図表2-20　無人航空機の機能および性能の基準（審査要領4-1-1）

①　鋭利な突起物のない構造であること（構造上、必要なものを除く）。
②　無人航空機の位置及び向きが正確に視認できる灯火または表示等を有していること。
③　無人航空機を飛行させる者が燃料またはバッテリーの状態を確認できること。
④　遠隔操作により飛行させることができる無人航空機の場合には、上記①～③の基準に加え、次に掲げる基準にも適合すること。 ・特別な操作技術または過度な注意力を要することなく、安定した離陸及び着陸ができること。 ・特別な操作技術または過度な注意力を要することなく、安定した飛行（上昇、前後移動、水平方向の飛行、ホバリング（回転翼航空機に限る）、下降等）ができること。 ・緊急時に機体が暴走しないよう、操縦装置の主電源の切断または同等な手段により、モーターまたは発動機を停止できること。 ・操縦装置は、操作の誤りのおそれができる限り少ないようにしたものであること。 ・操縦装置により適切に無人航空機を制御できること。
⑤　自動操縦により飛行させることができる無人航空機の場合には、上記①～③の基準に加え、次に掲げる基準にも適合すること。 ・自動操縦システム（自動操縦により飛行させるためのシステムをいう。以下同じ）により、安定した離陸及び着陸ができること。

9 許可・承認の審査基準

> ・自動操縦システムにより、安定した飛行（上昇、前後移動、水平方向の飛行、ホバリング（回転翼航空機に限る）、下降等）ができること。
> ・あらかじめ設定された飛行プログラムにかかわらず、常時、不具合発生時等において、無人航空機を飛行させる者が機体を安全に着陸させられるよう、強制的に操作介入ができる設計であること。ただし、飛行中に不具合が発生した際の対応も含め操作介入等を必要としない機能を有する設計であり、かつ、その機能に関しては十分な信頼性（例：飛行のリスクに応じたDALレベルに相当する信頼性）を有することを製造者が証明できる場合はこの限りではない。

❷ 最大離陸重量が25kg以上の無人航空機

最大離陸重量が25kg以上の無人航空機については、**図表2-20**の基準に加え、**図表2-21**のとおり、堅牢性、耐久性、安全性向上のための機器・機能・構造等についての追加的な基準も満たしている必要があります。

図表2-21　最大離陸重量25kg以上の無人航空機の追加基準（審査要領4-1-2）

①	想定されるすべての運用に耐え得る堅牢性を有すること。
②	機体を整備することにより100時間以上の飛行に耐え得る耐久性を有すること。
③	機体と操縦装置との間の通信は、他の機器に悪影響を与えないこと。
④	発動機、モーターまたはプロペラ（ローター）が故障した後、これらの破損した部品が飛散するおそれができる限り少ない構造であること。
⑤	事故発生時にその原因調査をするための飛行諸元を記録できる機能を有すること。
⑥	次表の想定される不具合モードに対し、適切なフェールセーフ機能を有すること。

想定される不具合モード	
通信系統	・電波状況の悪化による通信不通 ・操縦装置の故障 ・他の操縦装置との混信 ・送受信機の故障

推進系統	発動機の場合	・発動機の出力の低下または停止 ・不時回転数上昇
	電動の場合	・モーターの回転数の減少または停止 ・モーターの回転数上昇
電源系統		・機体の主電源消失 ・操縦装置の主電源消失
自動制御系統		・制御計算機の故障

2 無人航空機の操縦者の飛行経歴、知識および能力

操縦者に一定の無人航空機の操縦経験、航空法関係法令等の知識、および無人航空機を飛行させるために必要な能力がなければ、無人航空機の飛行の安全が十分に確保されず、人の死傷、物件の損傷等の結果につながる可能性もあります。そこで、操縦者については**図表2-22**の基準を満たしていることが求められています。

図表2-22 飛行経歴並びに必要な知識および能力に係る基準（審査要領4-2）

① 飛行を予定している無人航空機の種類（飛行機、回転翼航空機、滑空機、飛行船のいずれか）別に、10時間以上の飛行経歴を有すること。ただし、自動操縦システムを使用して、飛行させる場合であって、飛行中に不具合が発生した際の対応も含め操作介入等を必要としない機能を有する設計であり、かつ、その機能に関しては十分な信頼性（例：飛行のリスクに応じた DAL レベルに相当する信頼性）を有することを製造者が証明できる場合は、10時間の飛行経歴に代えて、予定する飛行の方法並びに機体の機能及び性能を勘案し安全飛行のために十分と認められる飛行経歴（製造者が設定した操作訓練時間など）とすることができる。
② 次に掲げる知識を有すること。 　a）航法法関係法令に関する知識（無人航空機に関する事項） 　b）安全飛行に関する知識 　　・飛行ルール（飛行の禁止空域、飛行の方法） 　　・気象に関する知識

> - 無人航空機の安全機能（フェールセーフ機能　等）
> - 取扱説明書等に記載された日常点検項目
> - 自動操縦システムを装備している場合には、当該システムの構造及び取扱説明書等に記載された日常点検項目
> - 無人航空機を飛行させる際の安全を確保するために必要な体制
> - 飛行形態に応じた追加基準
>
> ③　飛行させる無人航空機について、次に掲げる能力を有すること。
>   a）飛行前に、次に掲げる確認が行えること。
>   - 周囲の安全確認（第三者の立入の有無、風速・風向等の気象　等）
>   - 燃料またはバッテリーの残量確認
>   - 通信系統及び推進系統の作動確認
>
>   b）遠隔操作により飛行させることができる無人航空機の場合には、a）の能力に加えて、GPS（Global Positioning System）等による位置の安定機能を使用することなく、次に掲げる能力を有すること。
>   ア）安定した離陸及び着陸ができること。
>   イ）安定して次に掲げる飛行ができること。
>   - 上昇
>   - 一定位置、高度を維持したホバリング（回転翼航空機に限る）
>   - ホバリング状態から機首の方向を90°回転（回転翼航空機に限る）
>   - 前後移動
>   - 水平方向の飛行（左右移動または左右旋回）
>   - 下降
>
>   c）自動操縦により飛行させることができる無人航空機の場合には、a）の能力に加えて、次に掲げる能力を有すること。
>   ア）自動操縦システムにおいて、適切に飛行経路を設定できること。
>   イ）自動操縦システムによる飛行中に不具合が発生した際に、無人航空機を安全に着陸させられるよう、適切に操作介入ができること。なお、操作介入が遠隔操作による場合には、b）の能力を有すること。

　10時間以上の飛行経歴（図表2-22①）については、十分な飛行経験を有した監督者（少なくとも10時間以上の飛行経歴を有し、飛行の方法に応じて必要な能力を有した者）の下で行う等、安全性が確保される場合には、10時間の飛行経歴がなくても許可・承認を行うという柔軟な対応が実施されています。例えば、飛行経歴4時間の者が、四方ネットで囲まれている敷地で第三者立入りを制限し、ジオ・フェンス機能を設定して、十

分な経験を有する者の監督の下で飛行させる場合等に許可が行われています（国交省「飛行経歴が10時間に満たなくても認められた無人航空機の飛行の許可・承認の例」（2018年12月27日付））。

3 無人航空機を飛行させる際の安全を確保するために必要な体制

❶ 安全確保のために必要な体制の構築

無人航空機を飛行させる者は、原則として、第三者の上空を飛行させないこと、飛行前に気象、機体の状況および飛行経路について安全に飛行できる状態であることを確認すること、アルコール等の影響により無人航空機を正常に飛行させることができない状態でないことなど、図表2-23に記載した事項を遵守して無人航空機を飛行させることができる体制を構築しなければなりません。

また、無人航空機の飛行による人の死傷、第三者の物件の損傷、飛行時における機体の紛失または航空機との衝突もしくは接近事案が発生した場合には、事故の概要等を速やかに、許可等を行った国交省航空局次世代航空モビリティ企画室、地方航空局保安部運用課または空港事務所まで報告することも求められています。

図表2-23　安全確保のための遵守事項（審査要領4-3-1）

①	第三者に対する危害を防止するため、原則として第三者の上空で無人航空機を飛行させないこと。
②	飛行前に、気象（仕様上設定された飛行可能な風速等）、機体の状況及び飛行経路について、安全に飛行できる状態であることを確認すること。また、飛行経路に係る他の無人航空機の飛行予定の情報（飛行日時、飛行範囲、飛行高度等）を飛行情報共有システム（国土交通省が整備したインターネットを利用し無人航空機の飛行予定の情報等を関係者間で共有するシステムをいう。）で確認するとともに、当該システムに飛行予定の情報を入力すること。ただし、飛行情報共有システムが停電等で利用できない場合、または専ら公益を図る目的での飛行であって、飛行予定を秘匿する特段の必要性が存し、飛行予定の情報共有により無人航空機を飛行させる者の正当な業務に著しい支障が発生すると認められる場合は、この限りでない。なお、この場合においては、国土交通

省航空局次世代航空モビリティ企画室に無人航空機の飛行予定の情報を報告するとともに、自らの飛行予定の情報が当該システムに表示されないことに鑑み、当該無人航空機を飛行させる者において特段の注意をもって飛行経路周辺における他の無人航空機及び航空機の有無等を確認し、安全確保に努めること。

③ 取扱説明書に記載された風速以上の突風が発生するなど、無人航空機を安全に飛行させることができなくなるような不測の事態が発生した場合には即時に飛行を中止すること。

④ 多数の者の集合する場所の上空を飛行することが判明した場合には即時に飛行を中止すること。ただし、多数の者の集合する催し場所の上空における飛行を行う場合における基準(後記図表2-32参照)と同様の安全上の措置を講じている場合は、この限りでない。

⑤ アルコールまたは薬物の影響により、無人航空機を正常に飛行させることができないおそれがある間は、飛行させないこと。

⑥ 飛行目的によりやむを得ない場合を除き、飛行の危険を生じるおそれがある区域の上空での飛行は行わないこと。

⑦ 飛行中の航空機を確認し、衝突のおそれがあると認められる場合には、地上に降下させることその他適当な方法を講じること。

⑧ 飛行中の他の無人航空機を確認したときは、当該無人航空機との間に安全な間隔を確保して飛行させること。その他衝突のおそれがあると認められる場合は、地上に降下させることその他適当な方法を講じること。

⑨ 不必要な低空飛行、高調音を発する飛行、急降下など、他人に迷惑を及ぼすような飛行を行わないこと。

⑩ 物件のつり下げまたは曳航は行わないこと。業務上の理由等によりやむを得ずこれらの行為を行う場合には、必要な安全上の措置を講じること。

⑪ 飛行目的によりやむを得ない場合を除き、視界上不良な気象状態においては飛行させないこと。

⑫ 無人航空機の飛行の安全を確保するため、製造事業者が定める取扱説明書に従い、定期的に機体の点検・整備を行うとともに、点検・整備記録を作成すること。ただし、点検・整備記録の作成について、趣味目的の場合は、この限りでない。

⑬ 無人航空機を飛行させる際は、次に掲げる飛行に関する事項を記録すること。ただし、趣味目的の場合は、この限りでない。

- ・飛行年月日
- ・無人航空機を飛行させる者の氏名
- ・無人航空機の名称
- ・飛行の概要（飛行目的及び内容）
- ・離陸場所及び離陸時刻
- ・着陸場所及び着陸時刻
- ・飛行時間
- ・無人航空機の飛行の安全に影響のあった事項（ヒヤリ・ハット等）

⑭　無人航空機の飛行による人の死傷、第三者の物件の損傷、飛行時における機体の紛失または航空機との衝突もしくは接近事案が発生した場合には、次に掲げる事項を速やかに、許可等を行った国土交通省航空局次世代航空モビリティ企画室、地方航空局保安部運用課または空港事務所まで報告すること。なお、夜間等の執務時間外における報告については、管轄事務所に電話で連絡を行うこと。
- ・無人航空機の飛行に係る許可等の年月日及び番号
- ・無人航空機を飛行させた者の氏名
- ・事故等の発生した日時及び場所
- ・無人航空機の名称
- ・無人航空機の事故等の概要
- ・その他参考となる事項

⑮　無人航空機の飛行による人の死傷、第三者の物件の損傷、飛行時における機体の紛失または航空機との衝突もしくは接近事案の非常時の対応及び連絡体制があらかじめ設定されていること。

⑯　飛行の際には、無人航空機を飛行させる者は許可書または承認書の原本または写しを携行すること。ただし、口頭により許可等を受け、まだ許可書または承認書の交付を受けていない場合は、この限りでない。なお、この場合であっても、許可等を受けた飛行であるかどうかを行政機関から問われた際に許可等の年月日及び番号を回答できるようにしておくこと。

❷　飛行マニュアルの作成

　また、無人航空機を飛行させる際の安全を確保するために必要な体制を維持するために、無人航空機の点検・整備や訓練など、**図表2-24**に掲げた事項が記載された飛行マニュアルを作成しなければなりません。国交省航空局が公表している「航空局標準マニュアル」を参考にして作

成することができます。なお、「航空局標準マニュアル」に従って無人航空機を飛行させる場合には、マニュアルの名称を申請書に記載することで足り、飛行マニュアルの添付は不要となります。小型無人機に係る環境整備に向けた官民協議会が策定した2020年3月31日付「小型無人機の有人地帯での目視外飛行実現に向けた制度設計の基本方針」によれば、「航空局標準マニュアル」の使用割合は80％を超えているとのことです。

図表2-24　飛行マニュアルの記載事項（審査要領4-3-2）

① 無人航空機の点検・整備
　無人航空機の機能及び性能に関する基準に適合した状態を維持するため、次に掲げる事項に留意して、機体の点検・整備の方法を記載すること。
　　a）機体の点検・整備の方法
　　　【例】
　　　・定期的または日常的な点検・整備の項目
　　　・点検・整備の時期　等
　　b）機体の点検・整備の記録の作成方法
　　　【例】
　　　・点検・整備記録の作成手順
　　　・点検・整備記録の様式　等

② 無人航空機を飛行させる者の訓練
　無人航空機を飛行させる者の飛行経歴、知識及び能力を確保・維持するため、次に掲げる事項に留意して、無人航空機を飛行させる者の訓練方法等を記載すること。
　　a）知識及び能力を習得するための訓練方法
　　　【例】
　　　・基本的な飛行経歴、知識及び能力ならびに飛行形態に応じた能力を習得するための訓練方法
　　　・業務のために、無人航空機を飛行させるために適切な能力を有しているかどうかを確認するための方法　等
　　b）能力を維持させるための方法
　　　【例】
　　　・日常的な訓練の内容　等
　　c）飛行記録（訓練も含む）の作成方法

【例】
- 飛行記録の作成手順
- 飛行記録の様式
- 記録の管理方法　等

d）無人航空機を飛行させる者が遵守しなければならない事項

③　無人航空機を飛行させる際の安全を確保するために必要な体制
　a）飛行前の安全確認の方法
　【例】
- 気象状況の確認項目及び手順
- 機体の状態の確認項目及び手順　等

　b）無人航空機を飛行させる際の安全管理体制
　【例】
- 安全飛行管理者の選定
- 飛行形態に応じた補助者の役割分担及び配置数
- 補助者の選定方法
- 緊急時の連絡体制　等

　c）無人航空機の飛行による人の死傷、第三者の物件の損傷、飛行時における機体の紛失または航空機との衝突もしくは接近事案といった非常時の対応及び連絡体制
　【例】
- 非常時の連絡体制
- 最寄りの警察及び消防機関の連絡先
- 報告を行う国土交通省航空局次世代航空モビリティ企画室、地方航空局保安部運用課または空港事務所の連絡先　等

4　飛行形態に応じた追加基準

　許可・承認を受けるためには、上記の基本的な基準に加え、それぞれの空域および飛行方法に応じた追加基準を満たす必要があります。ただし、①無人航空機の機能および性能、②無人航空機を飛行させる者の飛行経歴等、③安全を確保するために必要な体制等とあわせて総合的に判断し、航空機の航行の安全や、地上および水上の人および物件の安全が損なわれるおそれがないと認められる場合には、追加基準を満たしていなくても、例外的に許可・承認を受けることができる場合があります。

9 許可・承認の審査基準

例外の判断は個別事案ごとに行われますが、例えば、飛行高度や飛行範囲を制限することで、機体の機能および性能や飛行させる者の要件が免除される場合があります。

なお、飛行形態により複数の事項について許可・承認を受ける必要がある場合には、原則としてすべての事項に関する追加基準を満たす必要があります。

それぞれの場合において適合すべき基準は以下のとおりです。

❶ 無人航空機の飛行により飛行により航空機の航行の安全に影響を及ぼすおそれがある空域における飛行を行う場合

無人航空機の飛行により航空機の航行の安全に影響を及ぼすおそれがある空域(航空法施行規則236条1項1号〜5号(236条の12第1項1号〜5号))(53頁以下参照)における飛行に関しては、次の3つの場合について追加基準があります。

① 空港周辺の空域
② 緊急用務空域
③ 一定の高度(150m)以上の空域(地上または水上の物件から30m以内の空域を除く)

図表2-25〜2-27のとおり、機体に関する追加基準は3つの場合に共通ですが、安全確保の体制に関する追加基準は異なる内容となっています。なお、空港周辺の空域は、審査要領における「1号告示空域、その他空港等における進入表面等の上空の空域、航空機の離陸および着陸の安全を確保するために必要なものとして国土交通大臣が告示で定める空域」を意味します。

図表2-25 空港周辺の空域に係る追加基準(審査要領5-1(1)、5-1(2)a)およびb))

機体	航空機からの視認をできるだけ容易にするため、灯火を装備することまたは飛行時に機体を認識しやすい塗色を行うこと。

安全確保の ための体制	・空港等の運用時間外における飛行又は空港等に離着陸する航空機がない時間帯等での飛行であること。このため、空港設置管理者（等）との調整を図り、了解を得ること。 ・無人航空機を飛行させる際には、空港設置管理者と常に連絡がとれる体制を確保すること。 ・飛行経路全体を見渡せる位置に、無人航空機の飛行状況及び周囲の気象状況の変化等を常に監視できる補助者を配置し、補助者は、無人航空機を飛行させる者が安全に飛行させることができるよう必要な助言を行うこと。ただし、補助者なし目視外飛行の追加基準（※）を満たす場合は、この限りではなし。 ・飛行経路の直下及びその周辺に第三者が立ち入らないよう注意喚起を行う補助者の配置等を行うこと。ただし、補助者なし目視外飛行の追加基準（※）を満たす場合は、この限りではなし。

※補助者なし目視外飛行の場合の追加基準については、125頁の「❹目視外飛行を行う場合」、図表2-31における安全確保のための体制c)を参照してください。

図表2-26　緊急用務空域に係る追加基準（審査要領5-1(1)、5-1(2)c)）

機体	航空機からの視認をできるだけ容易にするため、灯火を装備することまたは飛行時に機体を認識しやすい塗色を行うこと。
安全確保の ための体制	・災害時等の報道取材やインフラ点検・保守など、緊急用務空域の指定の変更・解除を待たずして飛行させることが真に必要と認められる飛行であること。 ・無人航空機を飛行させる際には、空港事務所及び緊急用務空域を飛行する航空機の運航者等の関係機関と常に連絡がとれる体制を確保すること。 ・飛行経路全体を見渡せる位置に、航空機及び無人航空機の飛行状況及び周囲の気象状況の変化等を常に監視できる補助者を配置し、補助者は、無人航空機を飛行させる者が安全に飛行させることができるよう必要な助言を行うこと。 ・無人航空機の飛行経路上及びその周辺の空域において飛行中の航空機及び捜索救助のための特例の適用（※）を受けた無人航空機の接近を確認した場合には、直ちに無人航空機を地上に降下させるなどし、衝突のおそれがないことを確認できるまでは飛行させないこと。

	・空港事務所または緊急用務空域を飛行する航空機の運航者等の関係機関から無人航空機の飛行の中止または飛行計画（飛行日時、飛行経路、飛行高度等）の変更等の指示がある場合には、それに従うこと。 ・緊急用務空域を飛行する航空機の運航者等の関係機関から無人航空機の飛行に係る情報の提供（無人航空機の飛行の開始及び終了の連絡等）を求められた場合には、当該関係機関に報告すること。 ・第三者に対する危害を防止するため、原則として第三者の上空で無人航空機を飛行させないこと。また、飛行経路の直下及びその周辺に第三者が立ち入った場合には、無人航空機の飛行の中止または飛行計画の変更等を行うこと。

※捜索救助のための特例とは、事故や災害時に、国や地方公共団体、また、これらの者の依頼を受けた者が捜索または救助を行うために無人航空機を飛行させる場合には、国土交通省大臣の許可・承認を不要とする特例をいいます。

図表2-27　一定の高度（150m）以上の空域（地上または水上の物件から30m以内の空域を除く）に係る追加基準（審査要領5-1⑴、5-1⑵d)）

機体	航空機からの視認をできるだけ容易にするため、灯火を装備することまたは飛行時に機体を認識しやすい塗色を行うこと。
安全確保のための体制	・空域を管轄する関係機関から当該飛行について了解を得ること。 ・無人航空機を飛行させる際には、関係機関と常に連絡がとれる体制を確保すること。 ・飛行経路全体を見渡せる位置に、無人航空機の飛行状況及び周囲の気象状況の変化等を常に監視できる補助者を配置し、補助者は、無人航空機を飛行させる者が安全に飛行させることができるよう必要な助言を行うこと。ただし、補助者なし目視外飛行の追加基準（※）を満たす場合は、この限りでない。 ・飛行経路の直下及びその周辺に第三者が立ち入らないよう注意喚起を行う補助者の配置等を行うこと。ただし、補助者なし目視外飛行の追加基準（※）を満たす場合は、この限りでない。

※補助者なし目視外飛行の場合の追加基準については、125頁「❹目視外飛行を行う場合」、図表2-31における安全確保のための体制c)を参照してください。

上記のほか、①空港周辺の空域（進入表面および転移表面の下の空域並びに敷地上空の空域を除く）、②緊急用務空域、③一定の高度以上の空域（地上または水上の物件から30m以内の空域を除く）のいずれについても、無人航空機の飛行により航空機の航行の安全に影響を及ぼすおそれがある空域における飛行の申請を行った場合には、航空情報の発行手続が必要であるため、飛行を行う日の前日までに、飛行する場所を管轄する空港事務所長等に対して、飛行日時（飛行の開始・終了日時）、飛行経路（緯度経度および所在地）、飛行高度（下限および上限の海抜高度）、機体数（同時に飛行させる無人航空機の最大機数）および機体諸元（無人航空機の種類、重量等）の通知等が必要であり、その対応を行う体制を構築する必要があります（審査要領5-1⑶）。

❷ **人または家屋の密集している地域の上空における飛行を行う場合**

人または家屋の密集している地域の上空で飛行する場合であっても、原則として、第三者に対する危害を防ぐため、第三者の上空を飛行させることはできません。また、機体が人または物件に接触した際の危害を軽減する構造を有していること、操縦者が意図した飛行経路を維持しながら無人航空機を飛行させることができる能力があること、安全確保のための補助者の配置等が、それぞれ求められています。その詳細は**図表2-28**のとおりです。

やむを得ず第三者の上空を飛行させる場合は、**図表2-29**のとおり機体の重量に応じた基準を満たす必要があります。

このうち、25kg以上の重量の機体に求められる「航空機に相当する耐空性能を有すること」とは、航空法施行規則附属書第1および関連通達に準じた構造、強度および性能等の基準に適合することを意味します。この場合、審査にも相応の時間がかかることが見込まれることから、十分な時間の余裕をもって相談することが推奨されています（国交省Q&A〈Q22-6〉）。

図表2-28　人または家屋の密集地域上空での飛行に係る追加基準（審査要領5-2(1)）

機体	第三者及び物件に接触した際の危害を軽減する構造を有すること。 【例】 ・プロペラガード ・衝突した際の衝撃を緩和する素材の使用またはカバーの装着等
操縦者	意図した飛行経路を維持しながら無人航空機を飛行させることができること。
安全確保のための体制	第三者の上空で無人航空機を飛行させないよう、次に掲げる基準に適合すること。 ・飛行させようとする経路及びその周辺を事前に確認し、適切な飛行経路を特定すること。 ・飛行経路全体を見渡せる位置に、無人航空機の飛行状況及び周囲の気象状況の変化等を常に監視できる補助者を配置し、補助者は、無人航空機を飛行させる者が安全に飛行させることができるよう必要な助言を行うこと。 ・飛行経路の直下及びその周辺に第三者が立ち入らないように注意喚起を行う補助者の配置等を行うこと。

図表 2-29　やむを得ず第三者の上空を飛行させる場合の機体の重量に応じた追加基準（審査要領 5-2(2)(3)）

	25kg 未満	25kg 以上
機体	① 飛行を継続するための高い信頼性のある設計及び飛行の継続が困難となった場合に機体が直ちに落下することのない安全機能を有する設計がなされていること。 【例】 ・バッテリーが並列化されていること、自動的に切替え可能な予備バッテリーを装備すること、または地上の安定電源から有線により電力が供給されていること。 ・GPS 等の受信が機能しなくなった場合に、その機能が復帰するまで空中における位置を保持する機能、安全な自動着陸を可能とする機能または GPS 等以外により位置情報を取得できる機能を有すること。 ・不測の事態が発生した際に、機体が直ちに落下することがないよう、安定した飛行に必要な最低限の数より多くのプロペラ及びモーターを有すること、パラシュートを展開する機能を有すること、または機体が十分な浮力を有する気嚢等を有すること等 ② 飛行させようとする空域を限定させる機能を有すること。 【例】 ・飛行範囲を制限する機能（ジオ・フェンス機能） ・飛行範囲を制限する係留装置を有していること　等 ③ 第三者及び物件に接触した際の危害	機体について、航空機に相当する耐空性能を有すること。 【例】 ・航空法施行規則附属書第 1 において規定される耐空類別が N 類に相当する耐空性能

	を軽減する構造を有すること。 【例】 ・プロペラガード ・衝突した際の衝撃を緩和する素材の使用またはカバーの装着　等	
操縦者	①　意図した飛行経路を維持しながら無人航空機を飛行させることができること。 ②　飛行の継続が困難になるなど、不測の事態が発生した際に、無人航空機を安全に着陸させるための対処方法に関する知識を有し、適切に対応できること。 ③　最近の飛行の経験として、使用する機体について、飛行を行おうとする日からさかのぼって90日までの間に、1時間以上の飛行を行った経験を有すること。	同左
安全確保のための体制	・飛行させようとする経路及びその周辺を事前に確認し、できる限り第三者の上空を飛行させないような経路を特定すること。 ・飛行経路全体を見渡せる位置に、無人航空機の飛行状況及び周囲の気象状況の変化等を常に監視できる補助者を配置し、補助者は、無人航空機を飛行させる者が安全に飛行させることができるよう必要な助言を行うこと。 ・飛行経路周辺には、上空で無人航空機が飛行していることを第三者に注意喚起する補助者を配置すること。 ・不測の事態が発生した際に、第三者の避難誘導等を行うことができる補助者を適切に配置すること。	同左

❸ 夜間飛行を行う場合

　無人航空機を夜間に飛行させる場合、無人航空機は原則として灯火を有している必要があります。操縦者については、夜間に意図した飛行経路を維持しながら無人航空機を飛行させる能力を有している必要があり、また、夜間飛行の際の安全確保のための対策として、日中に飛行経路等を事前に把握しておくことや、補助者の配置等が求められています。その詳細は図表2-30のとおりです。

図表2-30　夜間飛行に係る追加基準（審査要領5-3）

機体	無人航空機の姿勢及び方向が正確に視認できるよう灯火を有していること。ただし、無人航空機の飛行範囲が照明等で十分照らされている場合は、この限りでない。
操縦者	・夜間、意図した飛行経路を維持しながら無人航空機を飛行させることができること。 ・必要な能力を有していない場合には、無人航空機を飛行させる者またはその関係者の管理下にあって第三者が立ち入らないよう措置された場所において、夜間飛行の訓練を実施すること。
安全確保のための体制	・日中、飛行させようとする経路及びその周辺の障害物件等を事前に確認し、適切な飛行経路を特定すること。 ・飛行経路全体を見渡せる位置に、無人航空機の飛行状況及び周囲の気象状況の変化等を常に監視できる補助者を配置し、補助者は、無人航空機を飛行させる者が安全に飛行させることができるよう必要な助言を行うこと。 ・離着陸を予定している場所が照明の設置等により明確になっていること。

❹ 目視外飛行を行う場合

　目視ができない状況で無人航空機を飛行させる場合、機体が自動操縦システムを装備すること、地上において無人航空機の位置および異常の有無を把握できること、不具合発生時の危機回避機能（フェールセーフ機能）の作動等が求められます。

　また、操縦者にはモニターを見ながら遠隔操作により意図した飛行経

路を維持しながら無人航空機を飛行させることができる能力等が求められ、安全確保のための対策として補助者の配置等がそれぞれ求められています。その詳細は**図表2-31**のとおりです。

　従前は目視外飛行の場合、常に補助者が必要とされていましたが、レベル3（無人地帯での目視外飛行）の実現のために（9頁参照）、目視外飛行・第三者上空飛行を認めるための条件が検討され、2018年9月14日付で「無人航空機の飛行に関する許可・承認の審査要領」が改正され、補助者を配置せずに飛行させる場合の要件が追加されました。追加された要件の詳細は、**図表2-31**に記載していますが、概要は以下のとおりです。

●**機体**
- 航空機からの視認を容易にするため、灯火を装備することまたは塗色を行うこと
- 第三者に危害を加えないことを製造者等が証明した機能（メーカーにより適切に評価されたパラシュート等の第三者に危害を加えないことが保証された装置など）を有すること（①）
- 機体や地上に設置されたカメラ等により進行方向の飛行経路の直下およびその周辺への第三者の立ち入りの有無を常に監視できること（②）
- 機体や地上に設置されたカメラ等により飛行経路全体の航空機の状況を常に確認できること（③）
- 無人航空機の針路、姿勢、高度、速度および周辺の気象状況、計画上の飛行経路と飛行中の無人航空機の位置の差等を把握できること
- 想定される運用により、十分な飛行実績を有すること

●**操縦者**
- 遠隔からの異常状態の把握、状況に応じた適切な判断およびこれに基づく操作等に関し座学・実技による教育訓練を少なくとも10時間以上受けていること

●**安全確保のための体制**

- 第三者が立ち入る可能性が低く、安全確認を行った範囲において、一定の高度未満で飛行を行うこと
- 機体が落下する可能性のある範囲を第三者の立入りを管理する区画（立入管理区画）として設定すること（④）
- 立入管理区画について、近隣住民に周知するなど、当該区画の性質に応じて、第三者が立ち入らないための対策を講じること（⑤）
- 無人航空機の飛行経路の周辺を飛行する航空機の運航者に事前に飛行予定を周知するとともに航空情報の発行手続に係る対応を行い、航空機の飛行の安全に影響を及ぼす可能性がある場合には、必要な安全措置を講じること（⑥）
- 不測の事態が発生した際に機体を安全に着陸させられる場所を事前に確保し、その際の対処方法を定めていること

　機体と安全確保体制の要件は相互に関連しており、①または④（機体の機能として第三者に危害を加えないといえるか、または、第三者の立入管理区画を設定するか）、②または⑤（飛行経路の直下等に第三者の立入りが生じないよう監視できる機能があるか、または、第三者が立ち入らないための対策を講じるか）、③または⑥（飛行経路全体の航空機の状況を常に確認できる機能があるか、または、航空機の飛行の安全に影響を及ぼさないような体制をとるか）は、それぞれいずれか満たせばよいとされています。また、①の要件を満たす場合には、②および④の要件を満たす必要はありません。

　立入管理区画は、無人航空機が落下し得る範囲を考慮して、「無人航空機の飛行範囲の外周から製造者等が保証した落下距離（飛行の高度および使用する機体に基づき、当該機体が飛行する地点から当該機体が落下する地点までの距離として算定されるもの）の範囲内」に設定します。当該

9　許可・承認の審査基準

範囲は、無人航空機のメーカーが算出・保証した距離または機体の性能・形状、運用方法（飛行高度、速度等）等を踏まえて落下範囲が最大となる条件下で算出した距離とするように求められています（国交省の2018年3月29日付報道発表資料「無人航空機の目視外飛行に関する要件」）。

図表2-31　目視外飛行に係る追加基準（審査要領5-4）

| 機体 | a）自動操縦システムを装備し、機体に設置されたカメラ等により機体の外の様子を監視できること。
b）地上において、無人航空機の位置及び異常の有無を把握できること（不具合発生時に不時着した場合を含む。）。
c）不具合発生時に危機回避機能（フェールセーフ機能）が正常に作動すること。
【例】
・電波断絶の場合に、離陸時点まで自動的に戻る機能（自動帰還機能）又は電波が復帰するまで空中で位置を維持する機能
・GPS等の電波に異常が見られる場合に、その機能が復帰するまで空中で位置を維持する機能、安全な自動着陸を可能とする機能又はGPS等以外により位置情報を取得できる機能
・電池の電圧、容量又は温度等に異常が発生した場合に、発煙及び発火を防止する機能並びに離陸地点まで自動的に戻る機能若しくは安全な自動着陸を可能とする機能　等
d）補助者を配置せずに飛行させる場合
　上記a）～c）の基準に加え、次のアからオ）までの基準に適合することが必要。
　ア）航空機からの視認をできるだけ容易にするため、灯火を装備することまたは飛行時に機体を認識しやすい塗色を行うこと。
　イ）地上において、機体や地上に設置されたカメラ等により飛行経路全体の航空機の状況を常に確認できること。ただし、下記「安全確保のための体制」c）キ）に示す方法により航空機の確認を行う場合は、この限りでない。
　ウ）第三者に危害を加えないことを製造者等が証明した機能を有すること。ただし、下記「安全確保のための体制」C）オ）に示す方法により立入管理区画として設定した場合で、次のいずれかに該当する場合は、この限りでない。 |

	（ⅰ）下記「安全確保のための体制」c）カ）に示す方法により第三者が立ち入らないための対策を行う場合。 （ⅱ）地上において、機体や地上に設置されたカメラ等により進行方向の飛行経路の直下及びその周辺への第三者の立ち入りの有無を常に監視できる場合。 エ）地上において、無人航空機の針路、姿勢、高度、速度及び周辺の気象状況等を把握できること。 【気象状況等の把握の例】 ・無人航空機の制御計算機等で気象諸元を計測または算出している場合は、その状況を操縦装置等に表示する。 ・飛行経路周辺の地上に気象プローブ等を設置し、その状況を操縦装置等に表示する。　等 オ）地上において、計画上の飛行経路と飛行中の機体の位置の差を把握できること。 カ）想定される運用により、十分な飛行実績を有すること。なお、この実績は、機体の初期故障期間を超えたものであること。
操縦者	a）モニターを見ながら、遠隔操作により、意図した飛行経路を維持しながら無人航空機を飛行させることができること及び飛行経路周辺において無人航空機を安全に着陸させることができること。 b）補助者を配置せずに飛行させる場合には、上記a）の能力に加えて、遠隔からの異常状態の把握、状況に応じた適切な判断及びこれに基づく操作等に関し座学・実技による教育訓練を少なくとも10時間以上受けていること。 【訓練の例】 ・飛行中に、カメラ等からの情報により、飛行経路直下又はその周辺における第三者の有無等、異常状態を適切に評価できること。 ・把握した異常状態に対し、現在の飛行地点（飛行フェーズ、周辺の地形、構造物の有無）や機体の状況（性能、不具合の有無）を踏まえて最も安全な運航方法を迅速に判断できること。 ・判断した方法により遠隔から適切に操作できること。 c）必要な能力を有していない場合には、無人航空機を飛行させる者またはその関係者の管理下にあって第三者が立ち入らないよう措置された場所において、目視外飛行の訓練を実施すること。

安全確保の ための体制	a）飛行させようとする経路及びその周辺の障害物件等を事前に確認し、適切な飛行経路を特定すること。 b）飛行経路全体を見渡せる位置に、無人航空機の飛行状況及び周囲の気象状況の変化等を常に監視できる補助者を配置し、補助者は、無人航空機を飛行させる者が安全に飛行させることができるよう必要な助言を行うこと。ただし、c）に掲げる基準に適合する場合は、この限りでない。 c）補助者を配置せずに飛行させる場合には、次に掲げる基準に適合すること。ただし、災害等により人が立ち入れないなど飛行経路の直下及びその周辺に第三者が立ち入る可能性が極めて低い場合であって、飛行させようとする経路及びその周辺を現場確認すること並びに第三者の立ち入りを管理することが難しい場合には、エ）〜カ）についてはこの限りではない。 　ア）飛行経路には第三者が存在する可能性が低い場所（※）を設定すること。ただし、飛行経路を設定する上でやむを得ない場合には、幹線道路・鉄道や都市部以外の交通量が少ない道路・鉄道を横断する飛行（道路・鉄道の管理者が主体的または協力して飛行させる場合は、この限りでない。）及び人または家屋の密集している地域以外の家屋上空における離着陸時等の一時的な飛行に限り可能とする。 　　※第三者が存在する可能性が低い場所は、山、海水域、河川・湖沼、森林、農用地、ゴルフ場またはこれらに類するもの。 　イ）１号告示空域、その他空港等における進入表面等の上空の空域、航空機の離陸及び着陸の安全を確保するために必要なものとして国土交通大臣が告示で定める空域、緊急用務空域または地表若しくは水面から150m以上の高さの空域における飛行を行う際には、一時的に150mを超える山間部の谷間における飛行を目的とするなど航空機との衝突のおそれができる限り低い空域や日時を選定し、飛行の特性（飛行高度、飛行頻度、飛行時間）に応じた安全対策を行うこと。 　ウ）全ての飛行経路において飛行中に不測の事態（機体の異常、飛行経路周辺への第三者の立ち入り、航空機の接近、運用限界を超える気象等）が発生した場合に、付近の適切な場所に安全に着陸させる等の緊急時の実施手順を定めるとともに、第三者及び物件に危害を与えずに着陸ができる場所を予め選定すること。 　エ）飛行前に、飛行させようとする経路及びその周辺について、不測の事態が発生した際に適切に安全上の措置を講じることが

できる状態であることを現場確認すること。
オ）飛行範囲の外周から製造者等が保証した落下距離（飛行の高度及び使用する機体に基づき、当該使用する機体が飛行する地点から当該機体が落下する地点までの距離として算定されるものをいう。）の範囲内を立入管理区画（第三者の立ち入りを管理する区画をいう。）とし、ア）に示す飛行経路の設定基準を準用して設定すること。ただし、上記「機体」ウ）に示す第三者に危害を加えないことを製造者等が証明した機能を有する場合は、この限りでない。
カ）立入管理区画を設定した場合は、当該立入管理区画に立看板等を設置するとともに、インターネットやポスター等により、問い合わせ先を明示した上で上空を無人航空機が飛行することを第三者に対して周知するなど、当該立入管理区画の性質に応じて、飛行中に第三者が立ち入らないための対策を行うこと。また、当該立入管理区画に道路、鉄道、家屋等、第三者が存在する可能性を排除できない場所が含まれる場合には、追加の第三者の立入管理方法を講じること。ただし、上記「機体」ウ）(ⅱ)に示す方法により第三者の立ち入りの有無を常に監視できる場合は、この限りでない。
キ）航空機の確認について、次に掲げる基準に適合すること。ただし、上記「機体」d）イ）に示す方法により航空機の状況を常に確認できる場合は、この限りでない。
・飛行前に、飛行経路及びその周辺に関係する航空機の運航者（救急医療用ヘリコプターの運航者、警察庁、都道府県警察、地方公共団体の消防機関等）に対し飛行予定を周知するとともに、航空機の飛行の安全に影響を及ぼす可能性がある場合は、無人航空機を飛行させる者への連絡を依頼すること。
・航空機の飛行の安全に影響を及ぼす可能性がある場合には、飛行の中止または飛行計画（飛行日時、飛行経路、飛行高度等）の変更等の安全措置を講じること。
・飛行経路を図示した地図、飛行日時、飛行高度、連絡先、その他飛行に関する情報をインターネット等により公表すること。

　上記のほか、無人航空機の機体や地上に設置されたカメラ等により航空機の状況を常に確認できない場合には、航空情報の発行手続が必要であるため、飛行を行う日の1開庁日前までに、飛行する場所を管轄する

地方航空局長に対して、飛行日時（開始および終了の日時）・飛行経路（緯度経度および所在地）・飛行高度（下限および上限の海抜高度）・機体数（同時に飛行させる無人航空機の最大機数）・機体諸元（無人航空機の種類、重量等）、問い合わせ先（無人航空機を飛行させる者の連絡先）の通知等が必要であり、その対応を行う体制を構築する必要があります。

❺ 地上または水上の人または物件との間に30mの距離を保てない飛行を行う場合

人または物件との間に30mの距離を保てない飛行を行う場合であっても、原則として第三者の上空を飛行させることはできません。また、機体が物件に接触した際の危害を軽減する構造を有していること、操縦者に意図した飛行経路を維持しながら無人航空機を飛行させることができる能力などがあること、安全確保のための対策として補助者の配置等が、それぞれ求められています。

具体的な基準は、前述の❷「人または家屋の密集している地域の上空における飛行を行う場合」（116頁参照）と同様です。また、やむを得ず第三者の上空を飛行させる場合も同様の追加基準になります。

❻ 多数の者の集合する催し場所の上空における飛行を行う場合

多数の者の集合する催し場所の上空における飛行を行う場合であっても、原則として、無人航空機を第三者の上空を飛行させることはできません。

追加基準の詳細は、**図表2-32**のとおりです。

図表2-32　多数の者の集合する催し場所の上空における飛行に係る追加基準（審査要領5-6）

機体（※）	・第三者及び物件に接触した際の危害を軽減する構造を有すること。 【例】 　・プロペラガード 　・衝突した際の衝撃を緩和する素材の使用またはカバーの装着等 ・想定される運用により、10回以上の離陸及び着陸を含む3時間以上の飛行実績を有すること。

操縦者	意図した飛行経路を維持しながら無人航空機を飛行させることができること。
安全確保のための体制	第三者の上空で無人航空機を飛行させないよう、次に掲げる基準に適合すること。 ア）飛行させようとする経路及びその周辺を事前に確認し、適切な飛行経路を特定すること。 イ）飛行経路全体を見渡せる位置に、無人航空機の飛行状況及び周囲の気象状況の変化等を常に監視できる補助者を配置し、補助者は、無人航空機を飛行させる者が安全に飛行させることができるよう必要な助言を行うこと。 ウ）飛行経路の直下及びその周辺に第三者が立ち入らないように注意喚起を行う補助者の配置等を行うこと。 エ）催しの主催者等とあらかじめ調整を行い、次表に示す立入禁止区画を設定すること。（※） | 飛行の高度 | 立入禁止区画 | |---|---| | 20m未満 | 飛行範囲の外周から30m以内の範囲 | | 20m以上50m未満 | 飛行範囲の外周から40m以内の範囲 | | 50m以上100m未満 | 飛行範囲の外周から60m以内の範囲 | | 100m以上150m未満 | 飛行範囲の外周から70m以内の範囲 | | 150m以上 | 飛行範囲の外周から落下距離（当該距離が70m未満の場合にあっては、70mとする。）以内の範囲 | オ）風速5m/s以上の場合には、飛行を行わないこと。（※） カ）飛行速度と風速の和が7m/s以上となる場合には、飛行を行わないこと。（※）

ただし、上記の基準のうち（※）が付されているもの（「機体」の基準、「安全確保のための体制」の基準のうちエ）、オ）およびカ）の基準）は、機体に飛行範囲を制限するための係留装置を装着している場合、第

三者に対する危害を防止するためのネットを設置している場合または製造者等が落下距離を保証し、飛行範囲の外周から当該落下距離以内の範囲を立入禁止区画として設定している場合等は、不要です。なお、落下距離とは、前述の❹目視外飛行と同様に、飛行の高度および使用する機体に基づき、当該使用する機体が飛行する地点から当該機体が落下する地点までの距離として算定されるものをいいます。

やむを得ず第三者の上空を飛行させる場合は、機体の重量に応じた基準を満たす必要があります。具体的な基準は、前述の❷「人または家屋の密集している地域の上空における飛行を行う場合」の機体の重量に応じた追加基準（図表2-29参照）に加え、安全確保のための体制として、催しの主催者等とあらかじめ調整を行い、観客、機材等から適切な距離を保って飛行させることが必要になります。

❼　危険物の輸送を行う場合

爆発物など危険物の輸送を行う場合、機体に危険物の輸送に適した装備が備えられていること、真に必要と認められる飛行であることなどが求められています。その詳細は**図表2-33**のとおりです。

図表2-33　危険物の輸送に係る追加基準（審査要領5-7）

機体	危険物の輸送に適した装備が備えられていること。
操縦者	意図した飛行経路を維持しながら無人航空機を飛行させることができること。
安全確保のための対策	・真に必要と認められる飛行であること。 ・飛行させようとする経路及びその周辺を事前に確認し、適切な飛行経路を特定すること。 ・飛行経路全体を見渡せる位置に、無人航空機の飛行状況及び周囲の気象状況の変化等を常に監視できる補助者を配置し、補助者は、無人航空機を飛行させる者が安全に飛行させることができるよう必要な助言を行うこと。 ・飛行経路の直下及びその周辺に第三者が立ち入らないように注意喚起を行う補助者の配置等を行うこと。

❽ 無人航空機から物件投下を行う場合

無人航空機から物件投下を行う場合、機体が不用意に物件を投下する機構でないこと、操縦者が5回以上の物件投下の実績を有し、物件投下の前後で安定した機体の姿勢制御ができる能力があることなどが、それぞれ求められています。その詳細は**図表2-34**のとおりです。

図表2-34 物件投下の追加基準（審査要領5-8）

機体	不用意に物件を投下する機構でないこと。
操縦者	・5回以上の物件投下の実績を有し、物件投下の前後で安定した機体の姿勢制御ができること。 ・必要な実績及び能力を有していない場合には、無人航空機を飛行させる者またはその関係者の管理下にあって第三者が立ち入らないよう措置された場所において、物件投下の訓練を実施すること。
安全確保のための体制	a) 物件を投下しようとする場所に、無人航空機の飛行状況及び周囲の気象状況の変化等を常に監視できる補助者を配置し、補助者は、無人航空機を飛行させる者が安全に飛行させることができるよう必要な助言を行うこと。ただし、c) に掲げる基準に適合する場合は、この限りでない。 b) 物件を投下しようとする場所に、第三者が立ち入らないように注意喚起を行う補助者の配置等を行うこと。ただし、c) に掲げる基準に適合する場合は、この限りでない。 c) 補助者を設置せずに物件を投下する場合には、次に掲げる基準に適合すること。 　ア）物件投下を行う際の高度は1m以下とする。 　イ）物件投下を行う際の高度、無人航空機の速度及び種類並びに投下しようとする物件の重量及び大きさ等に応じて、物件を投下しようとする場所及びその周辺に立入管理区画を設定すること。 　ウ）当該立入管理区画の性質に応じて、飛行中に第三者が立ち入らないための対策を行うこと。

10 報告徴収、立入検査・質問

　2019年改正航空法によって、国土交通大臣が無人航空機の飛行を行う者または無人航空機の設計、製造、整備もしくは改造をする者に対して報告徴収を行うこと（134条1項9号。なお、2020年改正航空法により無人機の使用者および所有者も対象に追加されています）、その者の事務所、工場その他の事業場や無人航空機の所在する場所等への立入検査や関係者への質問を行うことができることとされました（134条2項）。報告懈怠や虚偽報告、検査の拒否、妨害、忌避または質問に対する虚偽陳述を行うと、100万円以下の罰金となる可能性があります（同法158条、両罰規定として159条2号）。

　この改正は、2018年12月5日付の第9回小型無人機の更なる安全確保のための制度設計に関する分科会が、「早急の具体化が可能と考えられる制度・ルール」の一つとして、「事故が発生した場合などに、国土交通大臣が無人航空機を飛行させる者に対してその飛行について報告等を求めることができることとする」としたことを受けたものです。「早急の具体化が可能と考えられる制度・ルール」は、無人航空機の著しい普及や目視外飛行（補助者なし）の本格化を迎えている段階にあることから、事故の防止・抑制をあらかじめ強化しておく必要があるという視点で示されたものであり、上記のほか、飲酒時の飛行の禁止、他人に迷惑を及ぼすような飛行の禁止、飛行前点検の義務化、衝突予防の義務化、空港周辺の飛行禁止空域の拡大が挙げられており、これらも2019年改正航空法によって定められました。

第 3 章
ドローンに関連する法律

① 無人機規制法

① 無人機規制法の成立経緯

　2015年4月22日に、いわゆる首相官邸ドローン侵入事件が発生しました。行政府のトップが執務する国の重要拠点にドローンが落下するという衝撃的な事件を受けて、わずかその2か月後の2015年6月、議員立法として、「国会議事堂、内閣総理大臣官邸その他の国の重要な施設等及び外国公館等の周辺地域の上空における小型無人機の飛行の禁止に関する法律案」が衆議院に提出されました（平成27年第189回国会24号）。

　同法案は衆議院において、ドローン等の上空飛行を禁止する施設として、原子力発電所等を加える旨の修正案を受け入れて可決し、「国会議事堂、内閣総理大臣官邸その他の国の重要な施設等、外国公館等及び原子力事業所の周辺地域の上空における小型無人機等の飛行の禁止に関する法律案」（以下「無人機規制法」という）（下線は著者）と名称を変更して参議院に送付されました。同期の参議院では採決に至らず継続審議となりましたが、その後、第190回国会にて、2016年3月11日に参議院で修正可決の後、同月17日に衆議院本会議で可決・成立しました。

② 2019年改正の経緯

　無人機規制法の制定後も、世界各国でドローンを使用したテロ事案が発生したこと、日本においても2019年9月にはラグビーワールドカップ、2020年には東京オリンピック・パラリンピック競技大会が開催される予定であったことから、ドローン飛行についてさらなる安全対策が必要とされました。

そこで、2018年10月30日、第7回「小型無人機に関する関係府省庁連絡会議」が開催され、同年12月20日に無人機規制法の改正の提案を含む「小型無人機等に係る緊急安全対策に関する報告書」が取りまとめられました。

この報告書を受け、2019年3月5日、防衛関係施設を規制対象とする無人機規制法改正法案が閣議決定されました。この改正法案は、2019年5月17日に成立し、5月24日に公布、6月13日に施行されました。この改正により、規制の対象となる施設に防衛関係施設が加えられるとともに、無人機規制法の正式名称が「重要施設の周辺地域の上空における小型無人機等の飛行の禁止に関する法律」に改正されました。

なお、2019年ラグビーワールドカップおよび2020年東京オリンピック・パラリンピックに際しては、それぞれ特別措置法が制定され、大会関係施設周辺および関係者の輸送に際して使用される空港について、無人機規制法の対象施設として指定され小型無人機等の飛行が禁止されました。

③ 2020年改正の経緯

その後、空港周辺においてドローンが飛行することの危険性が強く認識されたため、無人機規制法の対象施設に指定された空港を加えるための改正が行われることになりました。この無人機規制法の改正は、2020年航空法改正と同じく、第201回国会において2020年6月17日に成立し、同年6月24日に公布され、7月14日から施行されました。

④ 航空法と無人機規制法の相違点

航空法も無人機規制法も、ドローンについて規制するという意味では似ています。

しかし、航空法がドローンの安全な飛行を目的としているのに対し、無人機規制法は国政の中枢機能や公共の安全の確保を目的としており、

その目的が異なっています。このことは、航空法は国交省が所管しているのに対し、無人機規制法は警察庁が所管していることからもわかります。

そのような目的の違いから、内容においても違いがあります。まず、航空法は飛行禁止空域と飛行方法の両方を規制し、飛行禁止空域としては航空機の航行の安全に影響を及ぼすおそれがある空域と人または家屋の密集している地域の上空があげられています。これに対して無人機規制法は、国の重要施設、外国公館、防衛関係施設、空港、原子力事業所等の周辺地域に限定して飛行禁止区域としています（図表3-1参照）。

無人機規制法については、警察庁が積極的に情報提供しており、警察庁ホームページ「小型無人機等飛行禁止法関係」において小型無人機等の飛行が禁止される場所や、例外的に小型無人機等の飛行を可能にする手続等を公表しています。

図表3-1　航空法と無人機規制法の比較

	航空法	無人機規制法
目的	航空の安全確保	重要施設に対する危険の未然防止
立法経緯	内閣立法	議員立法
所管	国交省	警察庁等
飛行禁止空域	・航空機の航行の安全に影響を及ぼすおそれがある空域 ・人または家屋の密集している地域の上空	国の重要施設、外国公館、防衛関係施設、空港、原子力事業所等の周辺地域
飛行方法	夜間・目視外の飛行禁止等の規制あり	規制なし

5　無人機規制法の内容

それでは、無人機規制法の具体的な内容を見ていきます。まず、無人機規制法により禁止されている行為を確認したうえで、どのような場合

に例外的に小型無人機等の飛行が許されるのか、許される場合であっても、どのような手続を行う必要があるのかを見ていきます。最後に、違反行為に対してどのような罰則等が予定されているのかを確認します。

1 飛行が禁止される区域

　まず、「対象施設周辺地域」の上空での小型無人機等の飛行は原則として禁止されています（無人機規制法10条1項）。

　小型無人機等の飛行が禁止されるのは、対象施設の「周辺地域」なので、対象施設の敷地または区域だけでなく、その周囲おおむね300ｍの地域も含まれます。例えば、東京中心部の指定地域は図表3-2のとおりです。詳細な指定地域は、各関係機関のウェブサイトや、警察庁の「小型無人機等飛行禁止法に基づく対象施設の指定関係」というウェブサイト等で公表されているので確認してください。

　また、小型無人機等の飛行が原則的に禁止される対象施設は図表3-3のとおりです（無人機規制法2条1項1～5号）。

　このうち外国公館については、外務大臣が都度指定するものとされています（無人機規制法5条）。例えば、無人機規制法の施行直後の2016年4月に開催された主要7か国外相会議では、会場となったグランドプリンスホテル広島や、各国の外相らが訪れた厳島神社、平和記念公園が、2016年4月9～11日の期間において「外国公館」として指定されました。

　外国公館といっても、このようにホテルや公園等も含む広い概念であること、外国の要人が来日したときなどに今まで無人機規制法の規制対象となっていなかった場所についても規制対象になる可能性があることには注意する必要があります。なお、2021年9月現在までに、恒常的に小型無人機等の飛行が禁止される施設として指定された外国公館はありません。

　無人機規制法2019年改正で対象施設に加えられた防衛関連施設とし

1 無人機規制法

図表3-2 対象施設周辺地域

統合版

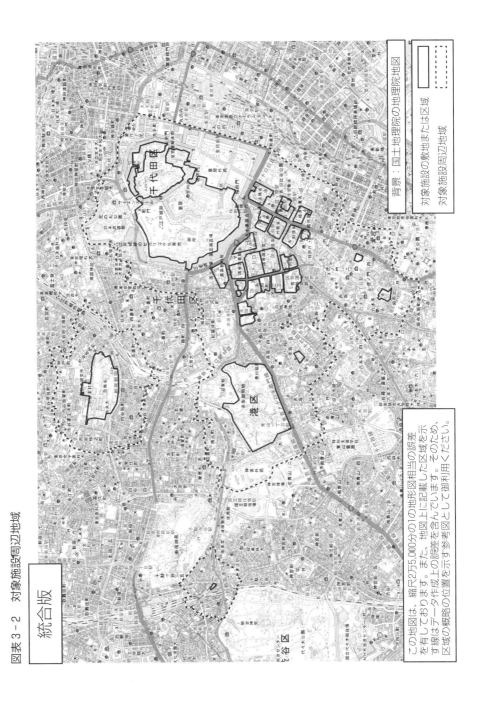

背景：国土地理院の地図

対象施設の敷地または区域
対象施設周辺地域

この地図は、縮尺2万5,000分の1の地形図相当の誤差を有しております。また、地図上に記載した区域を示す線は作成上の誤差を含んでいます。そのため、区域の概略の位置を示す参考図として御利用ください。

139

て、自衛隊施設（基地・駐屯地など）や在日米軍施設・区域が、新たに防衛大臣により指定されています。

さらに、無人機規制法2020年改正を受けて、国土交通大臣により対象空港などが指定され2020年7月22日以降、新千歳空港、成田国際空港、東京国際空港、中部国際空港、関西国際空港、大阪国際空港、福岡空港、那覇空港の周辺での小型無人機等の飛行が無人機規制法によっても禁止されています。これらの空港は、航空法で航空機の離陸および着陸が頻繁に実施される空港として指定されているものと同じものであり、航空法だけではなく無人機規制法によっても無人航空機の飛行が禁止されています。

図表3-3　小型無人機等の飛行が原則的に禁止される対象施設

・国会議事堂、議員会館、衆参両議院議長公邸、憲政記念館、国立国会図書館等（1号イ）
・首相官邸、首相公邸、内閣官房長官公邸（1号ロ）
・危機管理行政機関の庁舎（1号ハ） 　　具体的には、内閣官房、内閣府、国家公安委員会（警察庁）、総務省、法務省、外務省、財務省、文部科学省、厚生労働省、農林水産省、経済産業省、国土交通省、環境省、防衛省
・最高裁判所（1号ニ）
・皇居、御所（1号ホ）
・政党事務所（1号ヘ）
・外国公館（2号）
・防衛関連施設（3号）
・空港（4号）
・各地の原子力発電所、再処理事業所、原子力関連研究所等（5号）

※上皇の御所も、天皇の退位等に関する皇室典範特例法制定附則4条3項により、皇居、御所（1号ホ）とみなされます。

2　飛行が禁止される小型無人機等

　無人機規制法は、対象施設周辺地域上空における「小型無人機等」の

飛行を禁止しています（無人機規制法10条1項）。小型無人機「等」となっているのは、ドローン等の構造上、人が乗ることができない「小型無人機」だけではなく、人が飛行することができる「特定航空用機器」（ハングライダー、パラグライダー等）も含むためです。

　ここでいう「小型無人機」は、改正航空法で規制対象となったドローン等の「無人航空機」（航空法2条22項）と名称は異なりますが、基本的には同じものを指すと理解していただいて構いません。

　若干異なる点としては、改正航空法の「無人航空機」の定義では、重量が200g未満（2022年6月20日以降は100g未満）のものは除かれていますが、無人機規制法の「小型無人機」は重量が200g未満（または100g未満）のものも含まれます。すなわち、改正航空法の規制を受けない重量200g未満（または100g未満）のドローンであっても、対象施設周辺地域上空では飛行が禁止されています。

　また、「特定航空用機器」とは、航空機以外の人が飛行することができる操縦装置を有する機器であって、気球、ハンググライダー（原動機を有するものを含む）、パラグライダー（原動機を有するものを含む）等をいいます（無人機規制法2条4項、同法施行規則2条各号）。

3 例外的に小型無人機等の飛行が許容される場合

　対象施設周辺地域上空での小型無人機等の飛行は原則として禁止されていますが、例外的に飛行が可能なのは次の3つの場合です（無人機規制法10条2項1～3号）。

① 対象施設の管理者またはその同意を得た者が当該対象施設に係る対象施設周辺地域の上空において行う小型無人機等の飛行（1号）
② 土地の所有者もしくは占有者またはその同意を得た者が当該土地の上空において行う小型無人機等の飛行（2号）
③ 国または地方公共団体の業務を実施するために行う小型無人機等の飛行（3号）

第 3 章　ドローンに関連する法律

図表 3-4　飛行禁止の例外

	原則		防衛関係施設・空港	
	敷地または区域	周囲300m	敷地または区域	周囲300m
対象施設の管理者またはその同意を得た者による周辺地域上空の飛行	○	○	○	○
土地所有者等またはその同意を得た者による当該土地上空の飛行	○	○	×	○
国または地方公共団体の業務実施のために行う周辺地域上空の飛行	○	○	×	○

注：警察庁ホームページをもとに作成。

　よって、対象施設の管理者や土地の所有者・占有者ではなく、国または地方公共団体でもなければ、上記①の対象施設の管理者の同意や、上記②の土地の所有者・占有者の同意を得て、初めて小型無人機等を飛行させることができます。

　上記①の対象施設の管理者に同意を得た場合には、対象施設「周辺地域」上空における小型無人機等の飛行、すなわち対象施設の敷地だけではなく、その周辺地域での飛行も許容されます。これに対して、防衛関係施設および空港について上記②の土地の所有者または占有者に同意を得た場合には、周辺地域上空においてのみ小型無人機等の飛行が許容され、その敷地の上空での飛行は許容されません。

　結局、防衛関連施設および空港の上空において小型無人機等を飛行させる場合には、土地所有者または占有者ではなく、対象施設の管理者の同意を得る必要があります（図表3-4）。

同意を取得するための手続に関しては、無人機規制法に特段の定めはありません。対象施設の管理者が同意をするかどうかは管理者の任意であり、同意をすべき場合、あるいはすべきでない場合について何らかの基準があるわけではありません。

　そのため、対象施設の管理者に同意してもらえるかについては、関係省庁等の管理者に事前に問い合わせをする必要があります。宮内庁のように関係省庁のウェブサイト等に同意に関する問い合わせ先が記載されている場合もあります。

4　同意を得た後の手続

　対象施設の管理者等から、小型無人機等の飛行に関して同意を得た場合、小型無人機等を飛行させる48時間前までに、対象施設周辺地域を管轄する警察署（警察署長を経由して公安委員会に提出される）に、所定の様式の「通報書」を提出する必要があります（無人機規制法10条3項、同法施行規則3条1項・2項）。

　皇居などの対象施設周辺地域で小型無人機等を飛行させる場合は、上記通報に加えて、対象施設周辺地域を管轄する警察署を経由して皇宮警察本部長に通報をする必要があります（無人機規制法10条3項1号）。また、海域を含む対象施設周辺地域、対象防衛関係施設（自衛隊の施設に限る）および対象空港にかかる対象施設周辺地域での飛行については、別の省令（「防衛省関係重要施設の周辺地域の上空における小型無人機等の飛行の禁止に関する法律施行規則」および「国土交通省関係重要施設の周辺地域の上空における小型無人機等の飛行の禁止に関する法律施行規則」）において通報に関する詳細が定められています（無人機規制法10条3項2～4号）。

　なお、改正無人機規制法では、訓練目的での臨機の飛行等については、連絡体制を整備することで事前通報を代替することができるとの規定が追加されました。

通報する際は警察署において、実際に飛行させる小型無人機等の現物を提示する必要があります（困難な場合には飛行させる小型無人機等の写真で代替可能）。

　通報書の様式は次頁のとおりです。この様式は次の警察庁の「小型無人機等飛行禁止法に基づく通報手続の概要」というウェブサイトからダウンロードすることができます。

別記様式第一号（第3条関係）

小型無人機等の飛行に関する通報書

　重要施設の周辺地域の上空における小型無人機等の飛行の禁止に関する法律第10条第3項本文の規定により通報します。

　　　　　　　　　　　　　　　　　　　　　　　　　　　　　　年　　月　　日

　公安委員会　殿

　　　　　　　　　　　　　　　　　　　　　操縦者
　　　　　　　　　　　　　　　　　　　　　氏名　　　　　　　　　㊞

小型無人機等の飛行を行う日時		年　月　日　時　分から　時　分まで
小型無人機等の飛行を行う目的		
小型無人機等の飛行に係る区域		
操縦者	氏　名 生年月日 住　所 電話番号	
操縦者の勤務先	名　称 所在地 電話番号	
同意をした対象施設の管理者又は土地の所有者若しくは占有者	氏　名 住　所 電話番号	

第3章 ドローンに関連する法律

機器の種類					
機器の特徴					
製 造 者		名　　称		製造番号	
色		大 き さ		積 載 物	
その他の特　　徴					
備　　考					

備考1　法第2条第1項第1号ホに掲げる対象施設に係る通報である場合は、宛名に皇宮警察本部長を追記すること。
　　2　操縦者は、氏名を記載し及び押印することに代えて、署名することができる。
　　3　小型無人機等の飛行に係る区域の欄には、小型無人機等の飛行に係る対象施設周辺地域内の区域を具体的に記載するとともに、当該区域を示す地図を添付すること。
　　4　操縦者欄には、法第10条第2項第1号又は第2号に掲げる小型無人機等の飛行を行おうとする者を記載すること。
　　5　操縦者の勤務先欄には、操縦者が当該者の勤務先の業務として小型無人機等の飛行を行おうとする場合にのみ記載すること。
　　6　同意をした対象施設の管理者又は土地の所有者若しくは占有者の欄には、操縦者が対象施設の管理者又は土地の所有者若しくは占有者の同意を得た者である場合にのみ記載すること。
　　7　同意をした対象施設の管理者又は土地の所有者若しくは占有者が複数の場合は、別紙に記載の上、これを添付すること。
　　8　機器の種類欄には、法第2条第3項に定める小型無人機又は第2条各号に掲げる機器のいずれに該当するかを記載すること。
　　9　製造番号欄には、製造番号、製造記号、管理番号、管理記号、型番号、品番その他いかなる名称であるかを問わず、小型無人機等の飛行に係る機器を識別するために付された文字、記号又は符号を記載すること。
　　10　不要の欄は、斜線で消すこと。
　　11　用紙の大きさは、日本工業規格Ａ4とすること。

5 違反行為に対する罰則等

　無人機規制法に違反して対象施設およびその指定敷地等（周辺地域は含まない）の上空で小型無人機等の飛行を行った者には、1年以下の懲役または50万円以下の罰金が科される可能性があります（同法13条1項）。

　警察官、皇宮護衛官、海上保安官、自衛官および空港管理者は、無人機規制法に違反して対象施設周辺地域の上空において小型無人機等の飛行が行われている場合、小型無人機等の飛行を行っている者に対し、小型無人機等を対象施設周辺地域の上空から退去させることや、その他対象施設に対する危険を未然に防止するために必要な措置をとることを命じることができます（同法11条1項・3項・4項・5項、国土交通省関係重要施設の周辺地域の上空における小型無人機等の飛行の禁止に関する法律施行規則9〜12条）。

　そして、そのような命令が無視されたとき、命令する相手方がそもそも現場にいないために命令すらできないとき、または、相手方に命令する余裕もないとき、警察官等は、対象施設に対する危険を未然に防止するためやむを得ないと認められる限度において、小型無人機等の飛行の妨害、小型無人機等の飛行に係る機器の破損その他の必要な措置をとることができます（同法11条2項・5項、国土交通省関係重要施設の周辺地域の上空における小型無人機等の飛行の禁止に関する法律施行規則13条）。

　上記の警察官等の命令に違反した者は、1年以下の懲役または50万円以下の罰金が科される可能性があります（同法13条2項）。

2 各自治体等によるドローンの規制

1 公園条例・庁舎管理規則等による飛行規制

　改正航空法、無人機規制法はいずれも国によるドローンの規制でしたが、地方レベルでドローンを規制する動きもあります。

　大きく分けて、公園条例、庁舎管理規則や港湾、漁港管理条例など既存の条例の枠組みでドローンの飛行を規制するものと、新規に条例等を制定してドローンの飛行を規制するものがあります。

1 公園条例による規制

　東京都、横浜市、千葉県、茨城県、愛知県、大阪市、兵庫県などいくつかの地方自治体では、各地方自治体が制定した公園条例に基づき、公園内でのドローン等の飛行を原則的に禁止しています。

　例えば東京都は、2015年4月に東京都立公園条例の「都市公園の管理に支障がある行為の禁止」（同条例16条10号）を根拠として、都立公園・庭園の管理者にドローン等の飛行を禁止するよう通知しました。なお、違反行為をした者には5万円以下の過料が科されます（同条例25条）。

　また愛知県は、愛知県都市公園条例を改正し、「他の利用者に危険を及ぼすおそれのある行為をすること」（同条例3条9号）という包括的な禁止条項を定め、ドローン等の飛行はこれに含まれるとして、公園内でのドローン等の飛行を原則的に禁止しました。

2 庁舎管理規則による規制

　また、いくつかの地方自治体では、庁舎管理規則においてもドローン

等の飛行を禁止しています。

　例えば福島県では、福島県庁舎管理規則等により、県庁舎や自治会館等の施設において「庁舎総括管理責任者の許可なく小型無人機を使用する行為」を禁止し、このような行為をした者は、直ちに構内から退去を命じられることがあるとされています。

3 港湾・漁港管理条例

　さらには、いくつかの地方自治体では、港湾管理者や漁港管理者として、港湾管理条例や漁港管理条例を定め、これらの条例等において、ドローンの飛行の許可を求めている場合や、施設等の占用または使用についての許可を求めている場合、また、安全上の観点から、荷さばき地や防波堤等への立入りを制限している場合もあります。

　例えば東京都では、ドローンの飛行は、港湾施設における禁止行為である「正当な理由なく港湾施設に立ち入ること」「港湾施設の機能に支障を及ぼす恐れのある行為をすること」（東京都港湾管理条例第23条第3号、第4号）にあたり、承認を得なければ飛行できないと考えています。その上で、港湾本来業務等を目的とするなどの一定の要件を満たした場合に、荷さばき地などの港湾施設における無人航空機の飛行を承認することとしています（「東京港の港湾施設における無人航空機利用の取扱いについて」）。

　また、東京都は、東京港港湾区域の水域でのドローン飛行については、行事届または工事・作業届を必要とし、一定の確認をすることとしています（東京港の港湾区域における無人航空機利用運用方針）。

4 地方自治体ごとで定める規則への留意

　このように、公園条例、庁舎管理規則や港湾・漁港管理条例等に基づくドローンの規制は、地方自治体の施設管理権や使用規制等を背景として、公園や施設内等でのドローンの飛行を禁止するものです。

このような条例等では、ドローンの飛行を明示的に規制していないものも多く、また、明示的に規制していても、ドローンの定義や同意の手続等の詳細は規定されていない場合があります。

国土交通省は、「無人航空機の飛行を制限する条例等」を一覧にしてウェブサイトで公表しています。ただ、この一覧に載っていなくとも条例等で禁止されている場合もあります。

地方自治体レベルでのドローンの扱いは様々ですので、特に地方自治体の施設管理権が及ぶ場所でドローンを飛行させる場合には留意が必要です。

2 新条例等の制定の流れ

1 伊勢志摩サミット開催による三重県の条例

三重県は、2016年3月27日から5月28日までの時限立法として、「伊勢志摩サミット開催時の対象地域及び対象施設周辺地域の上空における小型無人機の飛行の禁止に関する条例」を制定しました。

これは、三重県の伊勢志摩で「G7伊勢志摩サミット2016」が開催されることに伴い制定されたもので、地方自治体が独自にドローンを規制する条例を制定した初めての例です。

基本的な条例の仕組みは、対象地域・対象施設を指定し、原則的にその周辺地域上空でのドローン等の飛行を禁止する点で、無人機規制法の流れを汲むものです。

具体的に条例の内容を見ると、志摩市賢島の円山公園内を中心とする1,500mの半径の円内の地域、および知事により指定された対象施設の敷地その周囲300mの地域の上空においては、ドローン等の飛行が原則的に禁止されました（同条例4条1項本文）。

例外的に許容されるためには知事の許可を得る必要があり（同条例4条1項但書）、また、許可を得た場合も通報手続が要求される（同条例4条

2項）など、無人機規制法に極めて類似した規制がとられました。また、無許可のドローン飛行については、１年以下の懲役または50万円以下の罰金が科されます（同条例13条）。

　長野県軽井沢町でも、2016年９月の「Ｇ７長野県・軽井沢交通大臣会合」開催に対応して同様の条例が制定されています。このように、今後もサミットの開催のように安全上の懸念がある場合には、開催地の地方自治体によって新条例が制定されることも想定されるので留意が必要です。

2　前橋市のガイドライン

　群馬県前橋市では、2015年９月に開催された自転車レース大会において、イベントを撮影していたドローンがスタート地点付近に落下して炎上するという事故が発生したことを受けて、2016年３月、ドローンを運用する際の基本方針である「前橋市ドローン等対応方針」や市有施設での使用制限等を定めた市独自の「前橋市ドローン等運用ガイドライン」を発表しました。

　具体的には、不特定多数の集まるイベントではドローンを使用しないほか、雨天・降雪・濃霧時の飛行禁止、風速５ｍ以上の強風時の飛行禁止、機体操縦やカメラ操作をしない現場監視者を配置するなど、厳しい基準を設けています。また、市有施設での市民のドローン使用についても、学術研究等で特別に許可されたものを除き、全施設で禁止しています。

　このようなガイドラインを遵守しなくても罰則等はありませんが、ドローンを飛行させる者としては留意する必要があります。

③ 他人の所有する土地の上空での飛行

① 土地所有権とドローンの飛行

　ドローンが他人の所有する土地の上空を飛行することは可能でしょうか。このような場面では、他人の土地の所有権を規定する民法が問題となります。航空法や無人機規制法とは異なり、民法に違反したとしても刑罰は科されません。しかし、ドローンによって第三者の土地所有権が侵害された場合、その第三者は損害賠償を請求したり（民法709条）、ドローンの飛行の差止めなどを求めることができます。

　一方で、飛行機やヘリコプターが他人の土地の上を飛行する場合、いちいちすべての土地所有者の同意を得てはいません。そこで、土地の所有権はどこまで及ぶのか、また、土地所有権と航空法の関係をどう考えればよいかが問題となります。

　この点については、2021年6月28日付で、内閣官房小型無人機等対策推進室が「無人航空機の飛行と土地所有権の関係について」を公表し、ドローンを第三者の土地の上空において飛行させる場合における土地所有権との関係について整理を行いました。以下では、まず民法における土地所有権の範囲について考え方を説明した上で、内閣官房による整理の内容を説明します。

② 民法による土地所有権の範囲

1　土地の所有権は土地の上下に及ぶ

　土地所有権がどこまで及ぶのかについては、民法207条（土地所有権の

範囲）で「土地の所有権は、法令の制限内において、その土地の上下に及ぶ」と規定されています。これは、土地の表面だけではなくその上空にも土地の所有権が及ぶことを明らかにしています。

土地の利用方法として、建物の建築、農地、林地や駐車場としての利用といった場面を考えれば、土地の所有権が土地の上にも及ぶとの規定は理解できると思います。しかし、土地の上のどこまで所有権が及ぶかについては明確な規定はありません。

この民法207条には2つの制限があります。1つは「法令の制限内において」という同条に明示的に規定されている制限です。もう1つは、解釈において土地所有権は「利益の存する限度での」土地の上下だとされている点です。

2 法令の制限内において

土地所有権は、「法令の制限内において」土地の上下に及びます。逆に、土地の上下であっても法令により利用が制限される場合があります。土地利用を制限する法律は非常に多くありますが、例えば、土地収用法に基づく公共事業のための土地収用・使用、建築基準法による建築の制限、農地法に基づく農地の処分の制限等がこれにあたります。

航空法も土地利用を制限する法律の1つですが、これは、航空機が上空を飛行できることではなく、空港の周辺において一定の高さを超える建造物を設置してはならないとする規定（航空法49条）が、土地利用の制限となっていることを指しています。

つまり、航空機が他人の土地の上空を飛行しているのは、「法令の制限」により認められているものではありません。

同様のことは、ドローン等の無人航空機についてもいえます。国交省航空局は、国交省Q&A〈Q5-7〉において、「航空法に従って飛行すれば、第三者が所有する土地の上空を飛行してもよいのでしょうか」との質問に対して、「航空法の許可等は地上の人・物件等の安全を確保す

るため技術的な見地から行われるものであり、ルールどおり飛行する場合や許可等を受けた場合であっても、第三者の土地の上空を飛行させることは所有権の侵害にあたる可能性があります」と述べています。

つまり、航空法上の許可・承認を得ていたとしても、土地の所有権を侵害しないかは理論的には別の問題だということです。

3 利益の存する限度

土地所有権は土地の上下に及びますが、その範囲はあくまでも「利益の存する限度」だと解されています（そうでなければ、地球の中心から宇宙まで土地所有権が及ぶということになります）。

図表 3-5　土地所有権が及ぶ範囲

```
           ✈
┌─────────────────────────┐
│ ▯▯▯▯                    │
│ ▯▯▯▯   空中            ┐
│ ▯▯▯▯                   │
│ ▯▯▯▯   地表            │ 土地所有権が
│────────                │ 及ぶ範囲
│                        │
│         地下           │
│                        ┘
│─ ─ ─ ─ ─ ─ ─ ─ ─ ─ ─ ─ │
│       大深度地下        │
└─────────────────────────┘
```

地下については、「大深度地下の公共的使用に関する特別措置法」という特別法が制定されており、一定以上の深さの地下については公共性の高い事業での利用を可能としています。しかし、上空についてはこのような特別法はありません。

航空機の最低安全高度は、航空法において、家屋密集地域であれば水

平距離600mの範囲内の最も高い障害物の上端から300mの高度、それ以外の場所であれば150mと定められています（航空法81条、同法施行規則174条）。もっとも、土地所有権の「利益の存する限度」が最低安全高度よりも上に及ばないかといえば、必ずしもそうとは言いきれません（川島＝川井『新版注釈民法(7)物権(2)』〈有斐閣・2007〉321頁）。例えば、家屋密集地域以外で150mを超える構造物を建てるようなことが、まったく想定されないわけではないからです。

　航空機の最低安全高度を大きく超える上空について、土地所有の利益が存するとされることは、実際上多くないと考えられます。また、最低安全高度を超えて利益の存する範囲が及び、土地所有権が及ぶとしても、最低安全高度より上を航空機が飛行している場合に、土地の利用が実際上妨げられていないのであれば、土地所有権者が航空機に対して土地所有権に基づく請求を行うことは権利の濫用（民法1条3項）として認められないことが通常です。

　このように、航空機が他人の土地の上空を飛行できるのは、「利益の存する範囲」ではなく土地所有権が及ばないか、仮に及ぶとしても土地所有権を主張することは権利濫用であることが理由であると考えられます。

4　ドローンと土地所有権の関係

　ドローンのような無人航空機については、許可がなければ、地表または水面から150m以上の高さの空域を飛行することはできません。このように無人航空機は、航空機よりもより低空で飛行することが想定されますので、土地所有権との関係は飛行機よりも慎重に検討することが必要となります。

　この点、所有者等の承諾を得て飛行させることが、最も問題なく無難な対応であることは間違いありません。

　もっとも、例えばドローンで配達をするような場合には、飛行航路の

下のすべての土地所有者の承諾を得ることは現実的ではなく、そのような承諾が必要であるとすると技術利用の進展を著しく妨げる結果となってしまいます。

5 土地所有権に関する政府での検討

　ドローンと土地所有権の問題について、政府も小型無人機に関する関係府省庁連絡会議が2015年6月2日に公表した「小型無人機に関する安全・安心な運航の確保等に向けたルールの骨子」3.(3)において、「小型無人機の事業等における空域利用の効率化・活性化と土地所有権の侵害との調整を図るため、小型無人機が第三者の所有する土地の上空を通過する際の土地の所有権との法的課題について整理を進める」としていました。

　その後、2021年6月28日の第16回小型無人機に係る環境整備に向けた官民協議会において、内閣官房小型無人機等対策推進室が「無人航空機の飛行と土地所有権の関係について」を公表しました。

　この整理では、「土地所有権の範囲についての基本的な考え方」として、「民法においては、「土地の所有権は、法令の制限内において、その土地の上下に及ぶ。」（第207条）と規定されているが、その所有権が及ぶ土地上の空間の範囲は、一般に、当該土地を所有する者の「利益の存する限度」とされている。このため、第三者の土地の上空において無人航空機を飛行させるに当たって、常に土地所有者の同意を得る必要がある訳ではないものと解される。この場合の土地所有者の「利益の存する限度」の具体的範囲については、一律に設定することは困難であり、当該土地上の建築物や工作物の設置状況など具体的な使用態様に照らして、事案ごとに判断されることになる。」（下線は著者）としています。

　航空法上の最低安全高度はあくまで安全確保の観点からの規制であり、土地所有権者の「利益の存する限度」の範囲を定めるものではないとされ、「利益の存する限度」の範囲は具体的な使用態様に照らして判

断されるとされ、一律の基準の設定はされませんでした。また、「利益の存する限度」の具体化についても、「土地所有者の「利益の存する限度」は、無人航空機飛行時における当該土地上の建築物や工作物の設置状況など具体的な使用態様に照らして判断される。なお、無人航空機の運航に関する将来的な計画を立てる際には、当該土地に係る容積率、用途制限等から将来的な土地の使用態様をある程度予測することが可能であると考えられる。」とするのみで、具体的な基準等は明らかにされませんでした。なお、官民協議会の議事要旨によると、今回の整理が「最終的なものと考えている」とのことであり、当面、政府によってこれ以上の具体化がされる見通しはありません。

　もっとも、今回の整理によって、ドローンの飛行について、常に土地所有者の同意を得る必要がある訳ではないことが明らかになったことは一定の意味があると思われます。

　そして、「利益の存する限度」については、「当該土地上の建築物や工作物の設置状況など具体的な使用態様に照らして判断される」とされていますので、あくまで土地の使用を妨げるか否かがポイントであると思われます。たとえば、無人航空機を他人の土地上で飛行させる場合、当該土地の所有者・占有者としては、ドローンの騒音や安全性などが懸念されますが、それは土地の所有権によって保護されるべきものではないといえます（ただし、そのような懸念が許容限度を超えるような場合は、別途不法行為に基づく損害賠償請求がなされる可能性はあります）。

　また、当該土地の容積率、用途制限等から将来的な土地の使用態様についてある程度予測することが可能であるとされていますので、容積率等から考えて将来的にも使用されることはないと予測される空域であれば、将来にわたって「利益の存する限度」にあたらないため、当該空域で無人航空機を飛行させることを前提とした将来的な運航計画を立てることができることを示唆しているといえます。

　なお、土地所有者は、無人航空機の飛行に関して、民法上いわゆる

「上空通過権」を設定して、第三者のドローン飛行を排除するような権利設定をすることができないことも明らかにされました。

　今後は、安全性を確保し、地元の理解と協力を得るための取組を行いつつ、一つ一つ事例を積み上げていくことが大切となってくると考えられます。

4 道路・河川等の上空での飛行

1 道路上空での飛行（道路交通法）

　他人が所有する土地ではなく、道路のような公の土地においてドローンを飛行させる場合には、まず、道路交通法77条に定める「道路の使用の許可」が必要か否かが問題となります。

　具体的には、同条1項4号において「一般交通に著しい影響を及ぼすような通行の形態若しくは方法により道路を使用する行為」をするためには、管轄する警察署長の道路使用許可が必要と定めています。この点、道路の上空でゴンドラ等により工事または作業を行う場合には道路使用許可が必要であるため、道路上空のドローン等の飛行も同様に道路使用許可が必要ではないかとの見解もあります。

　しかし、警察庁は「国家戦略特区等提案検討要請回答」（提案管理番号062040）において次のように回答しており、道路上空でのドローン等の飛行は原則として道路使用許可が不要であることを明らかにしています。

> 　道路における危険を生じさせ、交通の円滑を阻害するおそれがある工事・作業をする場合や道路に人が集まり一般交通に著しい影響を及ぼすような撮影等を行おうとする場合は、ドローンを利用するか否かにかかわらず、道路使用許可を要するが、これらに当たらない形態で、単にドローンを利用して道路上空から撮影を行おうとする場合は、現行制度上、道路使用許可を要しない。

　さらに総務省ガイドラインの脚注16や、内閣官房、国土交通省による「ドローンを活用した荷物等配送に関するガイドライン Ver2.0」（2021

年6月)(以下「荷物等配送ガイドライン」という)にも同様に道路使用許可が不要であると記載されています。

　また、道路交通法76条は、「道路における交通の危険を生じさせ、又は著しく交通の妨害となるおそれがある」行為を禁止しています。しかし、この点についても総務省ガイドラインは「道路交通法は車や人にぶつけるなど道路を通行中の車や人の交通を妨害することが明らかな態様で飛行させるものでない限り、ドローンの道路上空の飛行を禁止していない」としており、通常の道路上空の飛行は禁止されないことが明らかとなっています。

　なお、荷物等配送ガイドラインは、無人航空機の飛行に関する許可・承認の審査要領に基づく立入管理区画の設定に伴い、例えば道路上に注意喚起看板等を設置する場合には、道路交通法に基づく道路使用許可および道路法に基づく道路占有許可を要する場合がある旨を指摘しています。

❷ 河川・河川敷上空での飛行(河川法)

　道路と同様に、河川や河川敷の上空でドローンを飛行させる場合も、河川法24条に基づく占用許可が必要か否かが問題になります。

　この点、「占用」とは、河川敷地占用許可準則においてグライダー練習場やラジコン飛行機滑空場等が、占有許可が必要な占有施設として想定されていることなどからすれば、基本的に継続的に存在し続ける施設等により河川敷地を使用することを想定していると考えられます。ドローンの飛行のように一時的に土地を使用するにすぎない行為は「占有」には含まれず、占有許可は不要と解するのが自然です。

　荷物等配送ガイドラインにおいても、「河川法第6条第1項に規定する河川区域内の土地の上空においてドローンを飛行させる場合、河川法上の許可等の手続きは特段必要ない。」としており、通常の河川や河川敷においては、占有許可が不要とされています。

もっとも、荷物等配送ガイドラインでは、ダム等の河川管理上重要な施設付近ではドローンの飛行が制限されている場合があり、また地域協議会等でドローン飛行ルールを定めている場合があるので、当該河川区域を管轄する河川事務所のホームページ等を確認しておく必要があると指摘しています。また、他の河川利用を妨げるおそれがある場合には、トラブル防止の観点から関係者と事前調整等をしておくべきと指摘しています。

　なお、通常のドローン飛行にとどまらず、工作物を設置したり、一定期間継続して飛行訓練を実施する等、当該土地を排他・独占的に使用する場合には河川法に基づく手続が必要となります。

❸ 自然公園・国有林野での飛行（自然公園法・国有林野法）

　国立・国定公園の上空において無人航空機を飛行させることや公園内で離着陸させることについては、自然公園法上の許可等の手続は特段必要ありません（荷物等配送ガイドライン2.3）。ただし、工作物の設置、広告物の掲出、植物の採取損傷、動物の捕獲殺傷など自然公園法で定められている行為を実施する場合は、手続が必要な可能性があります。また、みだりに他の公園利用者に著しく迷惑をかけることも禁止されています。

　国有林野の管理経営に関する法律および国有林野管理規程に基づき、森林管理局長は国有林野への入林に関する規則を定めることができるとされており、操縦者等が国有林野に入林する際には、入林届の提出を求められる場合があります。しかし、操縦者等が国有林野に入ることなく、単に国有林野上空をドローンが通過するという場合であれば、入林届の提出は不要です。

5 撮影によるプライバシー権等の侵害への対応

① ドローンによる撮影を原因としたトラブル

　ドローンの主な活用方法の1つとして、空からの撮影（空撮）があげられます。ドローンの普及により、空撮が以前よりも容易にできるようになり、また、インターネット上の動画投稿サイトに、ドローンで撮影した動画が投稿される機会も増え、さらにはドローンによる空撮に特化した動画投稿サイトも登場しています。

　他方で、従来は人がビデオカメラ等で撮影するのが困難であった視点からの撮影が容易になったことにより、権利侵害の問題が生じやすくなります。通常であれば塀等によって人の視界には入らないものも、上空からは撮影が可能であるため、撮影やインターネット上での公開に伴うプライバシー権等の侵害の危険性は高くなるといえます。

　空からの撮影自体は、ヘリコプターを利用するなどして従来も可能でしたが、より安価かつ簡便な方法であるドローンの普及により、その機会が今後増えていくと考えられます。そのため、ドローンで撮影を行う際には、そうした権利侵害のおそれに十分留意すべきです。以下ではドローンによる撮影によって問題となる権利について検討します。

② プライバシー権の侵害

1 プライバシー権の概念

　プライバシー権は、個人の私的なことがらを保護する権利です。「プライバシー」という言葉は、今日では日常的に使われるようになりまし

たが、日本においてプライバシー権を明文で規定した法律はありません。

プライバシー権は、憲法13条の幸福追求権を根拠に認められると考えられていますが、法律で明確に規定されていないことから曖昧さの残る概念です。もっとも、どのような場合にプライバシー権の侵害が認められるかについては、裁判例の積み重ねにより一定の基準が形成されてきました。

プライバシー権を侵害するような撮影が行われた場合、現在の日本においては、例えば盗撮行為が軽犯罪法や各都道府県の迷惑防止条例の罪に該当する場合はありますが、プライバシー権侵害一般を処罰する刑事法はありません。プライバシー権侵害を受けた者は、侵害を行った者に対して慰謝料を請求したり、インターネット上になされた投稿の削除を求める請求を行うことが可能であり、基本的には民事手続によって救済が図られることになります。

2 裁判例におけるプライバシー権侵害の基準

❶ プライバシー権侵害の要件

日本で最初にプライバシー権を扱った裁判例は「宴のあと」事件（東京地判昭和39年9月28日）です。この事件は、モデル小説によって自らのプライバシー権が侵害されたとする原告が、著者や出版社等に対して謝罪広告や損害賠償を求めた事件です。

この判決においてプライバシー権は、「私生活をみだりに公開されないという法的保障ないし権利」と定義されました。また、プライバシー権侵害の要件について、次の4つが必要であると判断されました。

① 私生活上の事実または私生活上の事実らしく受け取られるおそれがあることがらであること

② 一般人の感受性を基準にして当該私人の立場に立った場合に公開を欲しないであろうと認められること

③　一般の人々にいまだ知られていないことがらであること
　④　公開によって当該私人が実際に不快、不安の念を覚えたこと
❷　プライバシーとして保護を受ける基準
　このようにプライバシー権については、当初私事を公開することを中心に議論されましたが、その後、いわゆる情報化社会が進展するにつれて、個人情報を取得し、これを利用することが問題であるという認識が広がりました。そこで、こうした情報化社会に対応して、自己に関する情報をコントロールする権利（自己情報コントロール権）としてプライバシー権を捉えるという考え方も有力となりました。

　このようにプライバシー権の概念を拡張していく方向で活発な議論がなされ、多くの裁判例がでましたが、プライバシー権を自己情報コントロール権であると明確に述べた裁判例はなく、その概念はいまだ明確に定まったとはいえません。

　もっとも、単純な私事の公開の事案だけではなく、様々な事案がプライバシーの問題として捉えられるようになっています。近年の裁判例では、他人にみだりに知られたくない情報か否かが、プライバシーとして保護を受ける基準とされており、最高裁は、プライバシー侵害にあたるか否かについては、当該行為によって得られる利益と失われる利益（侵害される利益）とを比較して、後者が前者を上回る場合には違法とする比較衡量の判断基準をとっています（最判平成15年3月14日）。

❸　プライバシー権に配慮した撮影
　撮影行為によってプライバシー権や後述する肖像権の侵害が問題になった裁判例は、週刊誌等の報道機関による撮影や、証拠保全のための捜査機関による撮影が多く、産業目的での撮影や趣味での撮影が問題になったケースは少ない状況です。もっとも、裁判まで至ることはなくとも、撮影が原因でトラブルとなることは十分に考えられますので、プライバシー権に配慮した撮影を行うことは重要です。また、インターネット上の情報発信に対する法的措置という観点からみると、インターネッ

ト上の投稿等に対する発信者情報開示請求や削除請求の件数は年々増加傾向にあります。したがって、プライバシー権を侵害する動画等が掲載された場合に、任意請求や法的措置がとられる可能性は十分にあります。

3 ドローンによる撮影および映像等の公開とプライバシー権

❶ ドローンによる撮影の違法性の判断事由

プライバシー権侵害の態様は、他人に情報を取得される類型と、他人にその情報を公開される類型の2つに分けられます。ドローンによるプライバシー権侵害でいえば、他人にみだりに見られたくないものが撮影される類型と、撮影された写真・動画がインターネット上で公開される類型に分けられます。

ドローンによる撮影が違法となるか否かについては、前述の最高裁判例に従えば、得られる利益と失われる利益を比較して決せられることになります。すなわち、撮影によって得られる利益と、撮影によって失われる利益（侵害される利益）とを比較して、後者が前者を上回る場合には違法であると判断されることになります。その際、次のようなことが考慮されると考えられます。

① 撮影の目的
② 撮影方法・手段の相当性
③ 撮影された情報の種類・内容
④ その撮影によって実際に受けた不利益の態様、程度　等

❷ インターネット上での公開

また、ドローンで撮影した写真・動画をインターネット上で公開する場合も、単なる撮影行為以上にプライバシー権に配慮することが必要となります。プライバシー権侵害にあたるか否かについては、上記のように、公開によって得られる利益と、公開によって失われる利益（侵害される利益）とを比較して判断されます。

典型的なプライバシー権侵害の事案としては、人の住居の写真撮影および公開があげられます。なお、人の容ぼうを撮影する場合であれば、後述する肖像権の問題になります（ただし、肖像権をプライバシー権の1つとして位置付ける見解もある）。

❸ 典型的な侵害事例

写真撮影および公開によるプライバシー権侵害が問題になったものとして、グーグルの提供する「ストリートビュー」の事例があります。ストリートビューでは、地図上で指定した任意の場所の周囲360度の風景を写真で表示させることができますが、このサービスにおいて、ベランダに干していた洗濯物を撮影・公表された原告が、被告グーグル日本法人に対し、ストリートビューのための撮影行為、およびインターネット上での撮影画像の公開によって、プライバシー権が侵害されたなどとして損害賠償を求めた事案があります（福岡高判平成24年7月13日）。

この事件では、原告の居室やベランダの様子そのものを撮影対象としたわけではなく、公道から周囲全体を撮影した際に居室やベランダが写り込んだものであること、画像全体に占めるベランダの画像の割合が小さかったことなどがポイントとなり、グーグルによる撮影や公開は違法とされず、原告の請求は認められませんでした。

もっとも、この裁判例は、ストリートビューという有益なサービス提供のためであっても、人の住居を撮影することが問題になり得ることを示したともいえます。ドローンによる撮影および公開は、通常の撮影よりもプライバシー権侵害の危険性が大きいと指摘されていることを踏まえると、ドローンによる撮影および公開においても一定の注意を要します。

ドローンによる撮影においても、民家やその庭、マンションの一室など人の住居が写り込んでしまう場合があります。その場合、撮影行為や撮影後の公開が違法であるか否かの判断は、個別具体的に判断されます。

例えば、ドローンによる撮影で人の住居がたまたま写り込んだとして

も、遠くからの撮影であって全体に占める割合が小さいような場合には、違法とならないことも多いでしょう。しかし、他人の住居そのものを撮影対象として、比較的近くから、その内部を覗き見るような態様で撮影を行ったような場合には、プライバシー権の侵害となる可能性が高いといえます。

4　総務省による撮影映像等の公開に係るガイドラインの公表

　ドローンによって撮影された動画等をインターネット上で公開する際の基準としては、2015年9月に総務省が公表した「『ドローン』による撮影映像等のインターネット上での取扱いに係るガイドライン」があります。

　このガイドラインの位置付けは、ドローンによる撮影映像等をインターネット上で公開する際の考え方を整理し、注意事項を取りまとめたものであり、紹介されている取組みも例示に過ぎませんが、一定の指針を示しているといえます。

　このガイドラインでは、人の顔やナンバープレート、表札、住居の外観、住居内の住人の様子、洗濯物その他生活状況を推測することができるような私物が撮影映像などに写り込んでしまった場合には、削除したり、ぼかしを入れるなどの配慮をすることが求められています。

　このような場合に特に配慮をすることなくインターネット上で公開したからといって直ちに違法となるわけではありませんが、事後のトラブルを防止する観点から、可能な限りこのような措置をとることが望ましいといえます（図表3-6参照）。

図表3-6　具体的に注意すべき事項

1	住宅地にカメラを向けないようにするなど撮影態様に配慮すること
	・住宅近辺における撮影を行う場合には、カメラの角度を住宅に向けない、またはズーム機能を住宅に向けて使用しないなどの配慮をすることにより、写

り込みが生じないような措置をとること。
- 特に、高層マンション等の場合は、カメラの角度を水平にすることによって住居内の全貌が撮影できることとなることから、高層マンション等に水平にカメラを向けないようにすること。
- ライブストリーミングによるリアルタイム動画配信サービスを利用した場合、撮影映像等にぼかしを入れるなどの配慮が困難であるため、住宅地周辺を撮影するときには、同サービスを利用して、撮影映像等を配信しないこと。

2　プライバシー侵害の可能性がある撮影映像等にぼかしを入れるなどの配慮をすること
- 仮に、人の顔やナンバープレート、表札、住居の外観、住居内の住人の様子、洗濯物その他生活状況を推測できるような私物が撮影映像等に写り込んでしまった場合には、プライバシー侵害となる可能性があるため、これらについては削除、撮影映像等にぼかしを入れるなどの配慮をすること。

3　撮影映像等をインターネット上で公開するサービスを提供する電気通信事業者においては、削除依頼への対応を適切に行うこと
- 送信防止措置の依頼に対し、迅速かつ容易に削除依頼ができる手続を整備すること。その手続は、インターネットを利用しない者でも容易に利用可能であるよう、インターネット上で削除依頼を受け付けるだけではなく、サービスの提供範囲等の事情も勘案しつつ、担当者、担当窓口等を明確化することや、必要に応じて電話対応もできるようにすること。
- プライバシー等に関して具体的な送信防止措置の依頼があった場合には、プロバイダ等が、「特定電気通信役務提供者の損害賠償責任の制限及び発信者情報の開示に関する法律」（以下「プロバイダ責任制限法」という。）の規定を踏まえて、具体的な判断や対応を実施する必要がある。
  　民間の事業者団体等（プロバイダ責任制限法ガイドライン等検討協議会）が作成した「プロバイダ責任制限法名誉毀損・プライバシー関係ガイドライン」では、次の①、②のように定められており、参考にすること。
  ①　一般私人から、被撮影者が識別可能な撮影映像等についての削除の申出があった場合には、その内容、掲載の状況から見て、本人の同意を得て撮影されたものではないことが明白なものについては、原則として送信防止措置を行っても損害賠償責任は生じない。
  　もっとも、次のア）、イ）の場合など、送信防止措置を講じず放置することが直ちにプライバシーや肖像権の侵害には該当しないと考えられる場合もあり得る。
  　ア）行楽地等の雰囲気を表現するために、群像として撮影された写真の一

5 撮影によるプライバシー権等の侵害への対応

> 部に写っているにすぎず、特定の本人を大写しにしたものでないこと。
> イ）犯罪報道における被疑者の写真など、実名及び顔写真を掲載することが公共の利害に関し、公益を図る目的で掲載されていること。
> ② 明らかに未成年の子どもと認められる顔写真については、合理的に親権者が同意するものと判断できる場合を除き、原則として削除することができる。

出所：総務省ガイドライン〈8～9頁〉

③ 肖像権の侵害

1 肖像権の定義

　肖像権とは、「みだりに自己の容貌や姿態を撮影されたり、撮影された肖像写真を公表されないという人格的利益」（東京地判平成17年9月27日）などと定義されます。プライバシー権と同様にこれを明文で規定した法律はありませんが、憲法13条を根拠に認められています。プライバシー権侵害の場合と同様、肖像権侵害一般を処罰する刑事法はなく、肖像権侵害を受けたと主張する者が民事上の請求を行うことによって救済が図られることになります。

2 肖像権に関する判例

　肖像権が問題となった最初の重要判例は、犯罪捜査のための写真撮影の適法性が問題となった「京都府学連事件」（最判昭和44年12月24日）です。この判決は、「個人の私生活上の自由の一つとして、何人も、その承諾なしに、みだりにその容ぼう・姿態（以下「容ぼう等」という。）を撮影されない自由を有するものというべきである。これを肖像権と称するかどうかは別として、少なくとも、警察官が、正当な理由もないのに、個人の容ぼう等を撮影することは、憲法13条の趣旨に反し、許されないものといわなければならない」と判示して、「肖像権」という名称

については留保したものの、実質的に肖像権の権利性については認めました。

また、週刊誌が被疑者の姿態を写真撮影して掲載したことが問題になった事件において、最高裁は、「ある者の容ぼう等をその承諾なく撮影することが不法行為法上違法となるかどうかは、被撮影者の社会的地位、撮影された被撮影者の活動内容、撮影の場所、撮影の目的、撮影の態様、撮影の必要性等を総合考慮して、被撮影者の上記人格的利益の侵害が社会生活上受忍の限度を超えるものといえるかどうかを判断して決すべきである」と判示しました（最判平成17年11月10日）。肖像権とプライバシー権の侵害にあたるか否かの判断基準はおおむね同様であるといえます。

3 ドローンによる撮影および映像等の公開と肖像権

❶ 承諾を得ていない第三者の撮影

ドローンによる撮影を行った際に、撮影に関与しておらず、事前に承諾を得ていない第三者が写り込んでしまった場合には、肖像権の問題が生じます。また、肖像権についてもプライバシー権と同様に、撮影とインターネット上での公開の双方が問題となります。このうち、ドローンで撮影した映像等のインターネット上での公開については、総務省ガイドラインでも言及しています（総務省ガイドライン〈6～7頁〉）。

ドローンによる撮影において、特定の第三者に焦点を当てた撮影を行うのではなく、公共の場で風景等を撮影しようとしたときに、たまたま第三者が小さく写り込んでしまうというような場合には、特定の個人に焦点を当てて撮影を行ったわけではないことや、公共の場での撮影であることが重視され、社会生活上の受忍限度の範囲内であるとして、肖像権侵害が否定されることも少なくありません。もっとも、そのような場合であっても、容ぼうから個人が特定できるような態様の場合には、インターネット上等で公開するに際しては、ぼかしを入れるなどの措置が

必要です。

❷ 過去の裁判例による判断

　過去の裁判例では、公共の場であっても、歩行者の全身像を承諾を得ることなく大写しで撮影し、ファッション情報の発信を目的とするウェブサイトに掲載した行為が、肖像権を侵害すると判断されたことがあります（東京地判平成17年9月27日）。また、週刊誌による病院内にいる人物の撮影が違法と判断されたこともあります（東京地判平成2年5月22日）。病院は公共の場という側面もありますが、患者の治療のための空間であって、患者のプライバシーを一定程度尊重すべきであるという価値判断があるためです。

　このように、公共の場であっても特定の第三者に焦点を当てた撮影や、公共の場であっても通常撮影が予定されていない場所、一般的な感覚からしてその場にいる姿を撮影されたくないと思われている場所での撮影は、肖像権やプライバシー権の侵害となる可能性があるので注意が必要です。

　これに対し、公共の場以外で承諾なく他人の容ぼうをドローンで撮影する場合には、肖像権侵害となる可能性が高いと考えられます。例えば、ドローンで住居内部にいる人の容ぼうを撮影したり、その映像を公開したような、ドローンの悪用ともいうべき場合には違法となる可能性が高まります。

❸ ドローンによる撮影の必要性が高い場合

　ドローンは警備や監視目的でも活用されており、不審者が敷地内に侵入した場合に、その人物を追跡して人相を撮影するようなケースも想定されます。

　このような場合は、意図的に特定の個人に焦点を当てた撮影となります。しかし、撮影の目的が犯罪の予防、あるいは犯人の特定という正当なものであり、その場で撮影しなければその人物がわからなくなってしまう以上、撮影の必要性があることなどを考慮すると、撮影はほとんど

の場合、適法と考えられます。

プライバシー権・肖像権の観点からドローンによる撮影等の留意点をまとめると**図表3-7**のようになります。

図表3-7　プライバシー権・肖像権における撮影・公開の留意点

① 撮影を行う前の準備
　・どのような場所で、何を撮影するかを明確化させる。
② 撮影を行う際の注意点
　・風景を撮影の際には、なるべく住宅地のほうにカメラを向けないようにする。住宅地が写ってしまう場合であっても、その住宅地に対してズーム機能を使わないようにする。
　・人物が写ってしまう場合であっても、その人物に焦点を当てて大写しにしないようにする。
③ 撮影した動画等を公開する際の注意点
　・インターネット上で公開する場合には、公開する動画等が、プライバシー権、肖像権など、第三者の権利を侵害する内容を含んでいないかを再度確認する。
　・人の顔や表札、看板等が判別できる程度に写り込んでいる場合には、ぼかし処理をしてから公開を行うようにする。
④ 公開後の対処
　・第三者から権利侵害の申立等がなされた場合には、客観的に権利侵害の有無を確認し、権利侵害がある場合には直ちに削除を行う。動画投稿サイトでは、運営者に対して削除要請がなされることが多いが、投稿者であってもプライベートメッセージ等で直接要請を受けた場合には真摯に対応し、権利侵害があれば直ちに削除する。

❹ 個人情報保護法

事業者がドローンによる撮影等を行う場合、個人情報保護法の適用を受ける場合があります（総務省ガイドライン〈10頁〉）。

なお、個人情報保護法は、2020年6月に改正法（2020年改正）が公布され、その後2021年5月にも改正法（2021年改正）が公布されました。

2022年4月1日に、2020年改正法が全面施行され、同日に2021年改正法も一部施行される予定です。

以下では、現行法の条文番号を記載しつつ、括弧書きで2021年改正法施行後の条文番号も併記しています。

1 「個人情報」として保護される撮影対象

「個人情報」とは、生存する個人に関する情報のうち、特定の個人を識別することができるものをいい、他の情報と容易に照合することができ、それにより特定の個人を識別することができるものも含まれます（個人情報保護法2条1号）。ドローンにより個人の容ぼう・姿態を撮影した場合、その画像によって個人を識別することができることから「個人情報」にあたります。

2 個人情報保護法の適用対象となる事業者

個人情報保護法は、「個人情報取扱事業者」に法的義務を課しています。個人情報取扱事業者とは、「個人情報データベース等を事業の用に供している者」をいいます（個人情報保護法2条5項（16条2項））（ただし、国の機関など同項各号に列挙された者は除かれる）。2015年法改正以前は、過去6か月以内のいずれの時点でも5,000人分以下の個人情報しか取り扱っていない事業者は個人情報取扱事業者から除外されていましたが（改正前個人情報保護法施行令2条）、2015年法改正によりこのような例外はなくなりました（総務省ガイドライン〈10頁〉の記述は2015年法改正前の規制を前提としているので、注意が必要です）。そのため取扱件数にかかわらず、「個人情報データベース等を事業の用に供している者」であれば、原則としてその適用対象になります。

さて、「個人情報データベース等」は、個人情報を含む集合物であり、次に掲げるものをいいます（個人情報保護法2条2項（16条1項））。

① 特定の個人情報を電子計算機を用いて検索することができるよう

に体系的に構成したもの
② ①に掲げるもののほか、特定の個人情報を容易に検索することができるように体系的に構成したものとして政令で定めるもの

　例えば、「電子メールソフトに保管されているメールアドレス帳（メールアドレスと氏名を組み合わせた情報を入力している場合）」や「従業者が、名刺の情報を業務用パソコン（所有者を問わない。）の表計算ソフト等を用いて入力・整理している場合」は個人情報データベース等に該当します（個人情報保護委員会「個人情報の保護に関する法律についてのガイドライン（通則編）」（以下「個人情報保護法ガイドライン」という）〈17頁〉）。

　今日では、上記のような個人情報データベース等が事業のために利用されているケースは多く、個人情報取扱事業者に該当する事業者は多いと考えられます。ドローンで撮影した写真をデータベース化していない場合であっても、それとは別に何らかの個人情報をデータベース化していれば個人情報取扱事業者に該当しますので注意が必要です。

3　個人情報保護法の規制内容

❶　個人情報の利用目的の特定および通知・公表

　それでは、個人情報保護法により個人情報取扱事業者に該当する場合、ドローンの撮影等においてどのような規制を受けるのでしょうか。

　まず、個人情報を取り扱うにあたって、その利用の目的をできる限り特定しなければなりません（同法15条1項（17条1項））。すなわち、利用目的を単に抽象的、一般的に特定するのではなく、個人情報が個人情報取扱事業者において、最終的にどのような事業の用に供され、どのような目的で個人情報を利用されるのかが、本人にとって一般的かつ合理的に想定できる程度に具体的に特定することが望ましいとされます（個人情報保護法ガイドライン〈31頁〉）。

　そして、そのように特定した利用目的を、個人情報を取得した際には

速やかに通知または公表しなければなりません（個人情報保護法18条1項（21条1項））。

ここでいう「通知」とは、本人に直接知らしめることであり、具体的には、電子メールやファクシミリによる送信や文書の送付といった方法があります（個人情報保護法ガイドライン〈26頁〉）。

また、「公表」とは、広く一般に自己の意思を知らせること（不特定多数の人々が知ることができるように発表すること）であり、具体的には、自社のホームページのトップページから1回程度の操作で到達できる場所に掲載するような方法があります（個人情報保護法ガイドライン〈27頁〉）。

❷ 個人情報の利用範囲の制限・安全管理措置等

そして、個人情報の利用は、特定された利用目的の達成に必要な範囲に制限されます（個人情報保護法16条1項（18条1項））。

ドローンの撮影によって取得した個人情報が、検索可能にされるなどして個人情報データベース等を構成する場合、個人情報取扱事業者は、その取り扱う個人情報（個人情報データベース等を構成する個人情報は「個人データ」と呼ばれる）（同法2条6項（16条3項））について、漏えい、滅失または毀損の防止その他の安全管理のために必要かつ適切な措置を講じる必要があります（同法20条（23条））。また、個人情報取扱事業者は、一定の例外を除き、原則として本人の同意を得ないで、個人データを第三者に提供することができなくなります（同法23条（27条））。

❸ 不正な手段による取得の禁止

個人情報取得の方法に関する規制としては、個人情報取扱業者は、偽りその他不正の手段により個人情報を取得してはならないとされています（個人情報保護法17条1項（20条1項））。そのため、個人情報取扱事業者が不正の意図を持って隠し撮りを行ったような場合には、同法に違反するおそれがあります。

5 その他問題となる法律

1 著作権

　ドローンによる撮影では、有名な建築物や文化財が撮影対象になることもあります。それでは、建造物等を撮影したり、撮影した動画等を公表する場合に、事前に許可を得る必要はあるのでしょうか。

　建築物が著作物としての保護を受けるためには、芸術的な価値を有する必要があると理解されており、実用的な建築物については、その多くが著作物ではありません。また、現行法でも著作権の保護期間は著作者の死後70年とされていますので（著作権法51条2項）、歴史の古い建造物であれば著作権が消滅していることが通常です。

　さらに、屋外の場所に恒常的に設置されている美術の著作物と建築の著作物は、一部の場合を除いて自由に利用できる（著作権法46条）ため、撮影を行うことは原則として許されています。それ以外のものでも、風景を撮影する際に、たまたま映像に写り込んでしまったような場合には、一定の要件を満たせば付随対象著作物の利用として、著作権侵害とならないこともあります（著作権法30条の2）。

　以上のことから、通常のドローンによる撮影を行う場合であれば、著作権はあまり問題とはなりません。

2 民法上の所有権

　他人の所有物を無断で撮影した場合に、その物の所有権を侵害しないのかという点については、裁判例（東京地判平成14年7月3日）で侵害しないとされています。

　その裁判例では、有名な「かえでの木」を所有する原告が、かえでの木の写真を許諾なく使用して写真集を出版した被告らに対し、書籍の出版等の差止めと損害賠償を求めました。判決では、「所有権は有体物を

その客体とする権利であるから、本件かえでに対する所有権の内容は、有体物としての本件かえでを排他的に支配する権能にとどまるのであって、本件かえでを撮影した写真を複製したり、複製物を掲載した書籍を出版したりする排他的権能を包含するものではない」として、かえでの木の撮影等による所有権の侵害を認めませんでした。このような裁判例からすれば、ドローンで他人の所有物を無断で撮影しても所有権の侵害にはなりません。

　なお、私有地上をドローンで飛行することが土地所有権の侵害になるか否かについては、前述した「他人の所有する土地の上空での飛行」(152〜158頁)を参照してください。

6 電波法

1 ドローンと電波

　電波は、空間を高速で伝わるという特性を利用して、映像、音声、信号等の搬送のための媒体として利用されています。ドローンの飛行にも電波の利用が不可欠です。具体的には次の3つのために電波が用いられます。
① 操縦用コマンド伝送（ドローンを操縦するための、操縦者からの制御情報の伝送）
② 画像伝送（ドローンに搭載されたカメラ画像の情報の伝送）
③ 画像以外のデータ伝送（ドローンの状態や搭載された各種機器からのデータ、具体的には GPS を利用した位置情報や残存バッテリーに関する情報などドローンから操縦者への伝送）

2 電波法に基づく免許制

1 電波の利用

　電波が映像、音声、信号等を搬送するためには、そのための電波の幅が必要です。また、電波の受信側が搬送される内容を正しく識別するには、混信や干渉を防ぐ必要があります。利用可能な電波の数には限度があり、有限の資源であるため、電波の割当ては管理を必要としますし、また、相互の混信・干渉を防ぐためには高度の技術性や利用方法の統一性が要求されます。そのため電波の利用は、総務省が所管する電波法のもとで規律されています。

6 電波法

電波法の対象とする電波は300万MHz（メガヘルツ）以下の周波数帯の電磁波です（電波法2条1号）。周波数とは1秒間に何サイクル（波長）の電波が送られているかという数をいい、Hz（ヘルツ）で表されます。MHz（メガヘルツ）は、10^6Hz（ヘルツ）を、GHz（ギガヘルツ）は10^9Hz（ヘルツ）を意味します。

国際的には、国際電気通信連合（International Telecommunication Union：ITU）が電波利用を調整しており、日本の電波法が対象とする電波も、ITUの定める基準に沿っています。

2 無線局の開設免許

電波法は、電波を発する無線設備の使用（無線局の開設）には、原則として総務大臣の免許を要する旨を定めています（電波法4条）。無線局開設の免許制は、前述のとおり、電波は有限・稀少な資源であること、自由な利用に委ねると混信等の弊害が生じ得ることから、「電波の公平且つ能率的な利用を確保することによって、公共の福祉を増進する」という電波法の目的（電波法1条）に従ったものです。

「無線局」とは、無線設備および無線設備の操作を行う者の総体をいいますが、受信のみを目的とするもの（ラジオ受信機やテレビジョン受像機等）は含まれません（電波法2条5号）。

そして、次の3つの要件を満たせば無線局を開設したことになります。

① 無線設備が電波を発射し得る状態にあること
② 無線設備を操作する者を配置していること
③ 運用する意思があること

例えば、スマートフォン・携帯電話等も無線局（電波法施行規則4条1項12号に定める陸上移動局）に該当し、その開設には免許の取得が必要です。一般のユーザーがその免許の存在を意識することは少ないと思いますが、それは、株式会社NTTドコモ、KDDI株式会社、ソフトバン

ク株式会社のような携帯電話事業者が包括免許（電波法27条の2）を取得しているためです。

　無線局開設の免許の有効期間は原則として5年間です（電波法13条・27条の5第3項ならびに同法施行規則7条・7条の2）。有効期間の延長はありませんが、再免許の申請が可能です。

　無線局開設の免許がないにもかかわらず無線局を開設し、または運用した者は、1年以下の懲役または100万円以下の罰金に処せられ、行為者の属する法人も同額の罰金が処せられる可能性があります（電波法110条1号・2号ならびに114条2号）。

③ ドローンの飛行と免許制の関係

　前述のようにドローンの飛行にも電波を用います。それでは、市販のドローンを飛ばす場合も無線局の免許が必要なのでしょうか。

　発射する電波が著しく微弱な無線局や、特定の用途に用いる小電力の無線局等については、例外的に免許は不要です（電波法4条但書、同条各号および同法施行規則6条各項）。たとえば、ラジコン用発振器は発射する電波が著しく微弱な無線局であり、免許は不要です（電波法4条1号、電波法施行規則6条1項2号）。また、テレメータ用の小電力無線局やデータ伝送用の小電力データ通信システムを用いる場合も免許は不要です（電波法4条3号、電波法施行規則6条4項2号および4号。ただし、電波法に定める技術基準に適合していることを証明した旨を表示した、適合表示無線設備のみを用いる必要があります）。市販されているホビー用ドローンに使われている無線設備は、基本的にこの免許不要の場合に該当します。

　しかし、産業用ドローンについてはホビー用のドローンよりも強力な電波を用いたい、より具体的には高画質の画像を伝送したい、長距離の通信ができるようにしたいというニーズがあります。総務省はこうしたニーズを踏まえて、ドローンを含むロボット用の電波を新たに割り当てるため、2016年8月31日付で電波法施行規則、無線設備規則および電波

図表3-8 ドローンに用いられる主な無線通信システム

	周波数帯	利用形態	備考	無線局免許	無線従事者資格
①	73MHz帯等	操縦用	微弱無線局（ラジコン用発振器）	不要	不要
②	920MHz帯	操縦用	920MHz帯テレメータ用、テレコントロール用の特定小電力無線局	不要	
	2.4GHz帯	操縦用 画像伝送用 データ伝送用	2.4GHz帯の小電力データ通信システム		
③	1.2GHz帯	画像伝送用	アナログ方式限定	要	第三級陸上特殊無線技士以上の資格
④	169MHz帯	操縦用 画像伝送用 データ伝送用	無人移動体画像伝送システム	要	
	2.4GHz帯	操縦用 画像伝送用 データ伝送用			
	5.7GHz帯	操縦用 画像伝送用 データ伝送用			

出所：総務省の電波利用ホームページ「ドローン等に用いられる無線設備について」をもとに作成

法関係審査基準を改正しました。当該改正によるロボット用の電波は従来よりも強力になっていますので、ドローンが当該ロボット用の電波を利用する場合には、電波法に従って無線局免許を取得することが必要になります。

図表 3-8 は、ドローンの操縦等に用いられる主要な無線局について、免許の要否等をまとめたものです（送信出力等の詳細については、総務省の電波利用ホームページ「ドローン等に用いられる無線設備について」参照）。このうち、①は産業用無人ヘリコプターに多く用いられているもの（187頁参照）、②が市販のホビードローンに多く用いられているもの、④は2016年の電波法施行規則等の改正によりロボット用電波として割り当てられた無人移動体画像伝送システムです。④の制度化に伴って、総務省は③ではなく④の周波数帯を利用するよう移行を推奨しています。

図表 3-8 に記載された無線局のほか、ドローンの飛行にFPV（First Person View：ヘッドマウントディスプレイやモニターを用いて、ドローンから送られてくる映像を見ながら飛行する方法）を用いる際には、アマチュア無線局の周波数帯が用いられることが多く見られます。この場合には、アマチュア無線局免許およびアマチュア無線技士の資格が必要となります（252頁参照）。また、携帯電話（陸上移動局）をドローンに搭載して用いる場合には、実用化試験局または陸上移動局（特定無線局としての包括免許）としての免許（免許主体は携帯電話事業者）が必要となります（189頁参照）。

④ ロボット用電波拡充のための法整備

1 法整備の背景

政府のロボット革命実現会議による2015年1月23日付の「ロボット新戦略」は、「ロボットを効果的に活用するための規制緩和及び新たな法体系・利用環境の整備」を行う分野の1つとして、「ロボットの利活用を支える新たな電波利用システムの整備」をあげていました。

同戦略は、ロボットにおける電波の利用のために、周波数割当てや必要な電波出力の確保など、電波法に関するロボット活用に向けたルール

整備が必要であるとして、「遠隔操作や無人駆動ロボットで使用する電波の取扱い」を2016年度中に取りまとめる旨の工程表を示しました。

これを受けて総務省は、情報通信審議会 陸上無線委員会 ロボット作業班において、2015年6月以降に検討を開始しました。

その検討結果は、情報通信審議会 情報通信技術分科会 陸上無線通信委員会による2016年1月26日付の「ロボットにおける電波利用の高度化に関する技術的条件」等に関する報告案として取りまとめられ、同年3月22日付の情報通信審議会による答申を経て、ロボット用の電波を定める法改正に至りました。

ここにいう「ロボット」には、ドローンのほか、災害復旧や二次災害が懸念される危険な場所で遠隔操作する建設機械、ビル内や配管等の人が立ち入ることができない場所で遠隔操作する小型調査ロボット、農業の労働生産性の向上等を目的としたトラクタ、コンバイン等の無人農機など、陸上で用いる無人機も含まれています（上記の2016年1月26日付の「ロボットにおける電波利用の高度化に関する技術的条件」等に関する報告を参照）。

これらのロボットが、高画質で長距離の画像伝送ができるように大容量の通信を可能とすること、ロボットを1つの運用場所で複数台運用できるようにいくつかの通信チャネルが使用可能であることなどを達成することが法改正の目的です。そして、ドローンについては次のことが可能となりました。

① 通信距離が5km程度まで延長
② 伝送容量はメイン回線で最大54Mbps、バックアップ回線で200kbps程度まで拡大
③ 同時に運用できるドローンの数は5台程度まで拡大

2 ロボット用電波

ロボット用の電波は、メイン回線として2.4GHz帯（2483.5MHz超

2494MHz 以下の周波数）および5.7GHz 帯（5650MHz 超5755MHz 以下の周波数）を利用します。メイン回線とは、通常時の操縦用コマンド、位置データ、画像伝送に利用されるものです。

　また、バックアップ回線として169MHz 帯（169.05MHz 超169.3975MHz 以下および169.8075MHz 超170MHz 以下の周波数）を利用します。バックアップ回線は、メイン回線での通信に支障が生じた場合に備えたものです。

　周波数によって電波の性質は異なり、169MHz 帯は超短波、2.4GHz 帯は極超短波、5.7GHz 帯はマイクロ波に分類され、後者ほど情報の伝送量および直進性が増加します。

　バックアップ回線（169MHz 帯）は、メイン回線ほどに多くの情報を伝送することはできませんが、逆に建物等の障害物の陰にもある程度回り込むことができる性質を有していますので、メイン回線による通信ができない場合に備えたバックアップ回線として適しています。

　ロボット用の電波を使用して「自動的に若しくは遠隔操作により動作する移動体に開設された陸上移動局又は携帯局が主として画像伝送を行うための無線通信（当該移動体の制御を行うものを含む。）を行うシステム」は、「無人移動体画像伝送システム」として2016年8月31日付の改正により導入されました（無線設備規則3条14号）（図表3－7の④に相当）。

　「自動的に若しくは遠隔操作により動作する移動体」とは、前述のロボットを意味しており、ドローンもこれに含まれます。陸上移動局とは「陸上を移動中又はその特定しない地点に停止中運用する無線局（船上通信局を除く。）」（電波法施行規則4条1項12号）をいい、携帯局とは「陸上、海上若しくは上空の一若しくは二以上にわたり携帯して移動中又はその特定しない地点に停止中運用する無線局（船上通信局及び陸上移動局を除く。）」（同項13号）をいいます。上空を移動するドローンに開設された無線局は携帯局に該当します。

　ドローン用無線局の免許主体等は以下のとおりです。

❶　免許主体

上記のとおり、ドローンがロボット用の電波を利用する場合には、無人移動体画像伝送システム（ドローンに開設する無線局）について免許が必要です。免許主体は「自動的に又は遠隔操作により動作する移動体を用いて画像伝送（産業の用に供するものに限る。）を行う者」であり（電波法関係審査基準別紙2第2の3(20)ア）、法人・個人（ただし、産業用であるため個人事業主）のいずれも免許主体となり得ます。無線設備を開設する者が免許主体なので、ドローンの場合、原則として実際にドローンの飛行を運用する者が当該免許を取得することになります。

❷　通信事項

通信事項は無人移動体画像伝送システムに関する免許の「申請者が所掌事務等を遂行するために必要かつ適切なもの又は一般業務用通信に関する事項であること」が必要です（電波法関係審査基準別紙2第2の3(20)ウ）。総務省の電波利用ホームページによれば免許を取得した無人移動体画像伝送システムの無線局には、一般業務用と公共業務用があります。

❸　無線設備の条件

無線設備は、「無線設備規則49条の33の規定に適合するものであること」を要します（電波法関係審査基準別紙2第2の3(20)キ）。同条は無人移動体画像伝送システムの技術的条件を定めていますが、例えば、空中線電力（アンテナから発せられる電波の強さ）はメイン回線、バックアップ回線のいずれも1W（ワット）以下で、従来の市販のものよりもW数が大きく、より強い電波を発することが可能です。同じ周波数でも出力が大きいほど遠くに届きますので、通信の長距離化が可能となります。

なお、総務大臣は、技術基準に適合していない無線設備を使用する無線局の免許人等に対して、技術基準に適合するように当該無線設備の修理その他の必要な措置をとるべきことを命じることができ（電波法71条の5）、この命令に違反した者は、1年以下の懲役または100万円以下の罰金が処せられ、行為者の属する法人も同額の罰金が処せられます（同法

110条7号・114条2号)。

❹ 移動範囲

移動範囲は「無線局の開設の目的を達成するために必要な区域」とされています（電波法関係審査基準別紙2第2の3(20)ケ）。具体的には、ドローンを飛行させる区域（例：東京都およびその周辺）を記載することになります。

❺ 混信保護

混信を防止するために「同一周波数帯の電波を使用する他の無人移動体画像伝送システムの無線局その他の無線局との混信防止のための運用調整に関する資料が提出されている」ことが必要です（電波法関係審査基準別紙2第2の3(20)コ）。

具体的には、一般財団法人 総合研究奨励会日本無人機運行管理コンソーシアム（以下「JUTM」という）の会員番号が必要となります。JUTMは、無人移動体画像伝送システムの無線局について運用調整を行う団体です。

ロボット用の電波と近接する周波数帯は、既存の無線局によって利用されています。メイン回線に近接する周波数帯は、例えば、構内無線局（工場での生産物管理や物流分野における物品管理、人員の入退室管理等に用いられる移動体識別装置）、電波ビーコン（道路交通情報通信システムの一部として、道路上に設置した電波ビーコンにより車載器に対して渋滞情報・規制情報等を提供するシステム）、狭域通信システム（自動車のETC等に利用されるシステム）等がすでに利用されています。

また、バックアップ回線についても同様に、放送事業用連絡無線（取材内容等の伝達、災害現場で取材中継要員の安全確保のための連絡等を行うためのもの）が、近接する周波数帯を用いています。このため、既存無線局との相互の混信・干渉を防ぐために運用調整が必要になります。このような既存無線局との運用調整および無人移動体画像伝送システム間の運用調整を行うのがJUTMです。

具体的には、画像伝送システムの無線局の免許人は、当該無線局を運用する場合、運用情報を原則として運用日の2日前までに登録する必要があります。運用情報とは、具体的には次のものになります。

① 運用担当部署および氏名、電話番号ならびに電子メールアドレス
② 使用場所および移動エリア（地上、空中〈地上高〉の別を含む）
③ 使用日時
④ 通信方式（デジタル・アナログ）、周波数（中心周波数）と帯域幅、出力および地上局アンテナ高さ、アンテナ仕様等
⑤ 既存無線局の免許人と画像伝送システム免許人との間の運用調整に必要と認められるその他特記事項

これらの情報をもとに、JUTMに設けられた無人移動体画像伝送システム運用調整WG（ワーキンググループ）が運用調整にあたります。

❻ その他の事項

その他の事項としては航空法その他の法令に抵触せずに運用する旨が事項書等において記載されていることが必要です（電波法関係審査基準別紙2第2の3 (20) サ）。航空法に基づく国土交通大臣の許可・承認を示す資料は、原則として提出不要ですが、事案によっては提出を求められる可能性があります。

また、ドローン用無線局を操作する者（無線従事者）は第三級陸上特殊無線技士以上の資格（電波法施行令3条）を有する必要があります。

⑤ 産業用無人ヘリコプター用周波数帯の増加

農薬散布に従来から用いられている産業用無人ヘリコプターも、その操縦に電波を用いますが、その無線局は、発射する電波が著しく微弱な無線局として、無線局免許を必要としません（電波法4条1項1号、同法施行規則6条1項2号）。産業用無人ヘリコプターの操縦用周波数帯についても、前述の2016年の電波法施行規則等改正と同時に7波から4波増加され、合計11波となりました（2016年8月31日付総務省告示第335号）（**図表**

3-7の①に相当）。

　その背景には、農薬散布に用いられる産業用無人ヘリコプターの運用機数が年々増加するとともに、農作業効率化のニーズが高まっているという事情があります。スムーズな農薬散布のためには、複数の区画に分け、各区画で同時にヘリコプターを飛行させることも必要となります。その場合、ヘリコプター間の混信防止のため、近隣区画とは同じ周波数帯を利用しないという運用調整が必要であり、これを容易にするために利用できる周波数帯を増加させたものです。

　なお、ロボット用の電波のように、従来と比べて出力が増加するわけではありませんので、従来どおり無線局免許は不要です。

6　携帯電話ネットワークの利用

　ドローンから、高速・大容量のデータ伝送を広いエリアで行いたいというニーズから、ドローンに携帯電話等の端末を搭載し、その端末から携帯電話ネットワークを構成する基地局（ビルの上に設置された局や郊外にある鉄塔等）への直接の通信を可能にすることが検討されてきました。ロボット用の電波に関する電波法施行規則等の改正が2016年に行われた際、同時に実用化試験局（陸上移動業務の実用化試験を目的とする携帯無線通信を行う実用化試験局であって、航空法に定める無人航空機に搭載して使用するもの）が導入されたのは、こうしたニーズに基づいています。

　ただし、この実用化試験局の制度は、ドローンから発する電波が地上の携帯電話ネットワークに対して混信等の影響を生じさせないように制限的に運用されていましたし、ドローンに搭載される携帯電話ごとに実用化試験局の免許を取得する必要があり、利用希望者が携帯電話事業者に対して依頼をしてから利用可能になるまでに時間がかかるという難点がありました。その後、携帯電話の国際標準化機関において上空からの電波による携帯電話ネットワークへの影響を抑えることを可能とする、携帯電話の上空利用における適切な電力制御機能の規格化が完了したこ

とを踏まえて、2019年6月より、総務省・情報通信審議会・上空利用検討作業班において、携帯電話をドローンに搭載して上空で利用する場合の技術的条件が検討され、2020年3月31日、その検討結果について情報通信審議会からの答申が出されました。なお、いわゆる5Gおよびローカル5Gの周波数帯（3.7GHz帯、4.5GHz帯、28GHz帯）はこの答申における検討の対象外です。

　この答申を踏まえ、2020年12月11日付で、無線局免許手続規則および電波法関係審査基準が改正されました。これにより、簡素化した手続によりドローンに携帯電話等の端末を搭載して飛行することができるようになりました。ただし、①高度150m未満の空域の飛行であること、②通信方式がLTE方式（電波法関係審査基準別紙2第2「陸上関係」、1（16）（ツ）、無線設備規則49条の6第1項第1号イ）の無線局であること、③基地局からの電波の受信電力の測定または通信の相手方である基地局からの制御情報に基づき、空中線電力が必要最小限となるよう、上空での運用に最適な送信電力制御を行うことができること等の条件を満たす必要があります（電波法関係審査基準別紙1第3「陸上移動業務の局」、1（14）および別紙2第2（16）カ（ウ）、ク（ケ）、ケ（コ）、ソ（エ））。当該条件を満たさない場合には、従来どおり、実用化試験局の手続による必要があります。

　ドローンに搭載する無線局は、携帯無線通信を行う無線局であって、電気通信事業を行うことを目的とする陸上移動局（電波法27条の2第1号、電波法施行規則第15条の2第1項第2号）ですので、免許が必要であり、免許を取得する主体は携帯電話等のサービスを提供する電気通信事業者です。この無線局は、通常の携帯電話と同様に包括免許（電波法27条の2）の対象ですので、携帯電話事業者は多数の無線局について包括的に免許を取得することができます。

　ドローンに携帯電話を搭載して飛行させることを希望する者は、免許の取得主体である電気通信事業者に対して、利用の申込みをする必要があります。上記の答申によれば、利用の申込みについて、各携帯電話事

業者が設けるホームページを介した web 申請や FAX による書面申請等を行い、当該事業者が携帯電話ネットワークへの影響を確認し、問題がないと判断した場合にはすぐさま利用許可がおりるようにすることが望ましいとされています。このため、利用希望者は、携帯電話事業者が携帯電話ネットワークへの影響を確認できるよう、ネットワークへの干渉の計算に必要と考えられる情報（例えば、希望する飛行範囲、運用日時、最高飛行高度、同時運用台数、最大通信速度等）を入力できるようにする必要があるとされています。例えば、株式会社 NTT ドコモの提供する「LTE 上空利用プラン」（用途は、ドローン搭載の機器の制御・監視に限定されています）は、ウェブサイトで利用を申し込むことができます。当該プランの契約者は、専用の予約サイトを通じて、ドローンの機体名、無線設備の技術基準適合証明等を登録したうえ、利用の日時・台数・高度・利用場所などを入力して、利用を申し込むこととなっています。ただし、携帯電話事業者の有する無線局免許には、「地表又は水面からの高度が150m 未満の場合に限り運用することとし、上空で運用する場合は最適な送信電力制御を行ったうえで、携帯電話網その他の無線システムへの干渉を低減するため適切な管理を行うこと」が条件として付されています（電波法関係審査基準別紙 2 第 2 (16) ソ(エ)）。このため、携帯電話事業者が、希望する内容による利用によって携帯電話ネットワークの運用に支障を来すと判断する場合には、希望どおりの利用が実現できない可能性があります。

　この改正によって携帯電話ネットワークを利用したドローンの飛行が円滑に行われるようになることが期待されるとともに、今後本格的に普及する 5G のネットワークの利用に関する検討がどのように進むかが課題として残っているといえます。

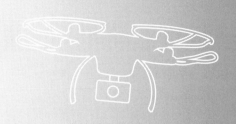

第4章

ドローンを活用した
ビジネスと法規制

事例1 現地測量とドローン

建設現場で現地測量にドローンを利用したいと考えていますが、航空法上の許可・承認は必要でしょうか。

1 建設現場におけるドローンの活用

建設現場は人手不足と人件費高騰に悩まされており、ICT化による生産性の向上が求められています。そのICT化の中心としてドローンの活用に期待が集まっています。

国交省は、「ICTの全面的な活用（ICT土工）」等の施策を建設現場に導入することによって、建設生産システム全体の生産性向上を図っており、魅力ある建設現場を目指す取組みであるi-Construction（アイ・コンストラクション）を推進しています。

i-Constructionの一環として、国土地理院は、2016年に「UAVを用いた公共測量マニュアル（案）」および「公共測量におけるUAVの使用に関する安全基準（案）」を作成しました。その内容は、2020年3月に改正された「作業規程の準則」に統合されています。

また、国土地理院は、ドローンに搭載したレーザスキャナによる測量を行うための「UAV搭載型レーザスキャナを用いた公共測量マニュアル（案）」を2018年3月30日に作成し、2020年3月31日に改正を行いました。このマニュアル（案）は、作業規程の準則に定める「新しい測量技術による測量方法に関するマニュアル」の1つです。

これらは、公共測量だけでなく、国土交通省が進めるi-Constructionにおける測量作業に適用されることを前提にしており、測量業者が円滑かつ安全にUAVによる測量を実施できる環境を整えることで、建設現場における生産性の向上に貢献するものです。

このように建設現場におけるドローンの活用が急速に推進されている理由としては、局所的な測量に向いているドローンが、低コスト・高効率を求める時代の流れにマッチしているという点があげられます。

　以上の政府の動きに対し、民間企業の動きも活発になっています。一例として、コマツは、建設現場のソリューション事業「スマートコンストラクション」において、自動で離着陸するドローンとエッジコンピューティング技術を利用して、日々変化する現場を常に管理することを可能とする IoT デバイス「SMARTCONSTRUCTION Drone」と「SMARTCONSTRUCTION Edge」を提供しています（図表4-1参照）。

　また、ドローンを用いて測量を行うためのソフトウェアとして、株式会社スカイマティクスの「くみき」やテラドローン株式会社の「Terra Mapper」など、様々なものが登場し、活用されています。

2 測量法についての検討

　測量については測量法という法律が定められています。測量法は、土地の測量を、国土地理院が行う「基本測量」のほか、民間が行うものを「公共測量」と「基本測量及び公共測量以外の測量」に分けています。このうち「公共測量」とは、国または地方公共団体が費用を負担・補助して実施する測量などをいいます（同法5条）。また、建物に関する測量、局地的測量、誤差の許容限度が一定の数値を超える測量などは、測量業者の登録が必要な「基本測量及び公共測量以外の測量」からも除外されています（同法6条、同法施行令1条）。

　公共測量は、測量計画機関が定めた作業規程に基づいて実施する必要があります（測量法33条）。そのため、公共測量は、国土交通大臣が定める作業規程の準則に基づいて行われることとなります。

　他方、公共測量以外の測量を、作業規程の準則に従って行うことは法律上求められていません。ただ、作業規程の準則の第3編第5章（UAV写真測量）や「UAV搭載型レーザスキャナを用いた公共測量マ

事例 1 現地測量とドローン

図表 4-1 建設現場におけるドローンの活用例

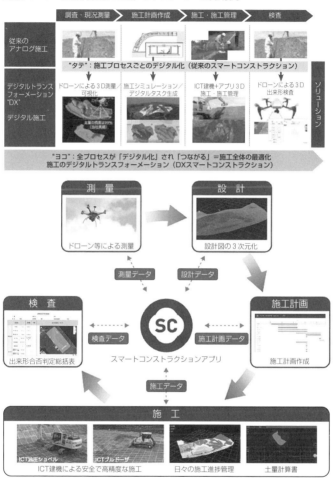

出所：コマツ

ニュアル（案）」は、公共測量以外にも、国土交通省が進める i-Construction における測量作業に適用されることを前提としています。

3 航空法についての検討

「建設現場」と一口に言っても様々なケースが想定されますが、例え

ば、東京23区内における建設現場をドローンにより測量する場合、人口集中地区上空の飛行に該当することから国土交通大臣の許可が必要となります（59頁参照）。自社の建設現場の上空に限定してドローンを飛行させる場合であっても、その建設現場が人口集中地区に含まれているのであれば、当該ドローンの飛行は人工集中地区の上空における飛行に該当することとなり、国土交通大臣の許可が必要です。それはドローンが強風等により人が集中するエリアに飛んでしまい、人にぶつかる可能性が否定できないからです。

他方、ダムの建設現場等の山岳地帯で測量を行う場合には、ドローンは目視から外れざるを得ないことがあります。その場合には、目視外飛行を行うことについて国土交通大臣の承認が必要です（69頁参照）。

また、現地測量のためには低空飛行が必要となるので、人または物件から30m以上の距離を確保するとのルールに抵触する可能性が高くなります。30m以上の距離を保つべき「人」に、無人航空機を飛行させる者およびその関係者は含まれませんので（69頁参照）、建設現場にいる関係者は「人」には該当せず、30m以上の距離を保つ必要はありません。

しかし、ドローンが広大な土地の真ん中を飛行するのでない限り、建設現場の周辺にいる「人」や「物件」との距離が30m未満となることは容易に想定されます。そのような場合、人または物件から30m以上の距離を確保せずに飛行を行うことについて、国土交通大臣の承認を得ておく必要があります。

最近では、現地測量をドローンの自動操縦により行うサービスがあります。自動操縦のドローンを飛行させる場合、審査要領において当該ドローンの機能・性能およびドローンを飛行させる者に関する知識・能力の点で確認事項が加重されていますので、注意が必要です（104〜105頁参照）。

事例2 他人の土地における測量とドローン

> 土地造成のためにドローンによる測量をしたいのですが、土地造成に反対する住民が自分の土地の上空でドローンが飛行することについても一切承諾しない状況となっています。そのような場合でもドローンを飛ばしてもよいのでしょうか。また、地上100mで飛ばす場合はどうでしょうか。

1　測量におけるドローンの活用

　事例1で説明したとおり、国交省はi-Constructionを推進しており、そのために国土地理院は「作業規程の準則」の整備や「UAV搭載型レーザスキャナを用いた公共測量マニュアル（案）」の作成・改正などを行っています。これらにより、測量業者が円滑かつ安全にUAVによる測量を実施できる環境を整えられていっています。

提供：テラドローン株式会社

2　土地所有権との関係

　本事例では、土地所有者が当該土地の上空でのドローンの飛行に反対しているにもかかわらず、ドローンを飛行させることができるか否か、また、地上100mで飛行させる場合はどうかが問われています。

　民法207条は「土地の所有権は、法令の制限内において、その土地の

上下に及ぶ」と定めています。「土地の上下に及ぶ」という文言のみからすれば、地上何mの高さであっても所有権が及ぶようにも思えます。

しかし、航空機がはるか上空を飛行している場合に、「私の土地の上を飛ぶのであれば、私の同意が必要だ」「同意なく飛行して所有権を侵害したから損害を賠償せよ」と主張しても認められません。「土地の上下に及ぶ」といっても自ずと限界はあります。その根拠は、一般には、土地の所有権が及ぶ土地上の空間の範囲は、当該土地を所有する者の「利益の存する限度」とされており、航空機の飛行するようなはるか上空には及ばないからであるとされています。

では、土地所有者の「利益の存する限度」とはどの範囲までなのか、一律に高度（たとえば150m以上）で区切ることができるのかというと、そのように一律に設定することは困難です。「利益の存する限度」の具体的範囲については、政府より「当該土地上の建築物や工作物の設置状況など具体的な使用態様に照らして、事案ごとに判断される」との見解が示されています（156～158頁参照）。

通常、ドローンは航空機よりも低い高度を飛行しますが、例えば、通常の住宅専用地域において、地上から100mの高さを飛行する場合であれば、その下の土地所有者の利用権を妨げる事態は生じないように思われます（例えば、第一種低層住居地域等では、建物の高さは10mなどに制限されている場合が多い）。土地所有者の利用権とは、その土地を宅地や農地等に利用する権利であるため、100m上空をドローンが飛行することでそのような土地を利用する権利が侵害されるとは言い難いからです。

他方で、オフィス街等では、地上100mのビルは珍しくないので（例えば、東京都千代田区や新宿区のオフィス街には、高さ100mを優に超えるビルが多数存在する）、100m上空であっても土地所有者の利用権を妨げる場合もあると思われます。

本事例では、土地造成が住宅地域で行われているものと考えられますので、100mという既存の住宅から十分に離隔した上空を飛行する限り、

同意なく飛行したことのみで所有権侵害となる可能性は低いと考えられます。もっとも、土地所有権に基づく権利主張ができないとしても、ドローンの飛行が危険なものであるとか、騒音を発生させるものだとして不法行為に基づく慰謝料の請求をされる可能性もあります。

そこで、造成工事を実施する業者としては、ドローンを飛行させる際の安全対策を十分施したうえで、早朝や夜間といった時間帯を避けるなど飛行時間帯にも留意する必要があるでしょう。また、近隣住民との紛争をできる限り避けるため、飛行スケジュールを近隣住民に周知するといった工夫を行うことも必要になるかもしれません。

無人航空機の飛行と土地所有権の関係について整理した政府見解も、法律論とは別に、今後無人航空機が様々な用途で用いられ、その飛行エリアや頻度が増加することが予想される中、土地所有者をはじめとする地域の理解と協力を得ることは極めて重要であるとしています。

事例3　橋梁点検とドローン

高速道路の橋梁点検にドローンを利用したいのですが、航空法上の許可・承認は必要でしょうか。また、航空法以外に留意すべき法律はありますか。

1　橋梁点検におけるドローンの活用

橋梁やトンネルなどのインフラの老朽化、技能者の高齢化が進む中、国は、インフラの点検の自動化・機械化を推進しています。

国交省は、2019年3月に「橋梁定期点検要領」を改正し、近接目視点検をロボット技術で補完・代替できることとしました。また、国交省は、2020年4月に「道路分野における新技術導入促進方針」を掲げ、さらなる新技術導入の推進を目指しています。

政府でも、2020年7月17日に決定した「規制改革実施計画」において、ドローンの活用を含むインフラ施設の維持管理における新技術・データ利用促進のための環境整備を掲げています。

提供：菱田技研工業株式会社

このような動きを受けて、株式会社デンソーは、2019年10月から、ドローンを活用した橋梁点検サービス事業を開始しました。これまで近接で目視点検が行われていた橋梁点検の一部をドローンでの撮影に代替し、撮影画像の解析、調書作成までを一貫して支援することができるサービスです。

また、株式会社ACSLが開発したド

ローンは、カメラと画像処理技術を用いた自己位置推定（Visual SLAM）の技術を用いて、橋梁下のようにGPSデータが取得できない環境下でも自律飛行を行えるため、橋梁の損傷個所の一次調査を実施することができます。

2　航空法についての検討

　本事例では、ドローンによる点検対象が高速道路の橋梁とされているので、ドローンが人口集中地区の上空を飛行する可能性があります。まず人口集中地区の上空を飛行する場合には国土交通大臣の許可が必要です。

　また、点検が行われる橋梁は、ドローンを飛行させる者または飛行させる者の関係者が管理する物件であることから、30m以上の距離を保つべき「物件」にはあたりません。30m以上の距離を保つべき「物件」とは、ドローンを飛行させる者または飛行させる者の関係者（ドローンの飛行に直接的または間接的に関与している者）が管理する物件以外の物件をいうからです。したがって、橋梁にドローンを接近させる場合でも、国土交通大臣の承認は必要となりません。

　もっとも、ドローンが橋梁が支える高速道路上を走る自動車から30m以上の距離を確保できない場合には、人または物件から30m未満の飛行となるので、国土交通大臣の承認が必要となります（69頁参照）。

　また、高速道路の橋梁には、通常人が近づくことは困難です。そのため、橋梁にドローンを接近させる場合、操作する者の目視を外れて飛行させることもあるでしょう。その場合、目視外飛行を行うことについて、国土交通大臣の承認が必要となります（69頁参照）。

　国交省は、2021年3月に、審査要領を改正して、目視外飛行に際して地表から150m以上の高さの飛行を行うことについて、一時的に150mを超える山間部の谷間における飛行や、高構造物の点検を目的とする飛行であって高構造物周辺に限定した飛行なども、必要な安全対策を講じて

いれば許可の対象となることを明らかにしています。また、2021年3月に、インフラ点検を目的とした申請に適用される無人航空機飛行マニュアルを作成し公表しました。

さらに、2021年9月には航空法施行規則が改正され、地表または水面から150m以上の高さの空域であっても、地上または水上の物件から30m以内の空域であれば、150m以上であることを理由とした許可が不要となりました。

3 航空法以外に留意すべき法律

❶ 道路法、橋梁定期点検要領

航空法以外に留意すべき法律として道路法があります。同法の委任を受けた道路法施行規則4条の5の6には、橋梁・トンネル等の点検は、「近接目視により、5年に1回の頻度で行うことを基本とする」旨が定められています。また、国交省は、構造物に共通の規定として「トンネル等の健全性の診断結果の分類に関する告示」を定めるとともに、構造物の特性に応じた具体的な点検方法として「定期点検要領」を策定しています。橋梁の特性に応じた具体的な点検方法を定めたものが、「橋梁定期点検要領」です。

この橋梁定期点検要領は、前述のとおり2019年3月に改正されました。改正前の橋梁定期点検要領によれば、「定期点検は、近接目視により行うことを基本とする。また、必要に応じて触診や打音等の非破壊検査などを併用して行う」「なお、近接目視とは、肉眼により部材の変状等の状態を把握し評価が行える距離まで近接して目視を行うことを想定している」とされていました（下線は著者）。

これに対して、改正後の橋梁定期点検要領では、「状態の把握では、すべての部材等に近接して部材の状態を評価することを基本とする」としつつも、「所要の品質として自らの近接目視によるときと同等の対策区分の判定ができるのであれば、橋の部材等の一部について、その他の

方法で状態を把握し、対策区分の判定を行うことができる」としました（下線は著者）。これにより、ドローンで撮影した画像の解析により部材の状態を評価することができることとなりました。

　もっとも、上記の記載だけで橋梁点検においてドローン等の利用が可能であることは分かりにくいとの指摘もあります。そこで、政府が2020年7月17日に決定した「規制改革実施計画」では、「点検要領等において、新技術の積極的採用姿勢を示すとともに、従来の点検方法が新技術により代替可能であることを明確に記載する。その際、ドローン…等の利用可能な新技術についてできるだけ具体的に記載する。ただし、利用可能な技術の例示を進めるが、限定は行わないものとする。」とされており、2020年6月には国土交通省が「点検支援技術性能カタログ（案）」を公表しています。このようにドローン等が利用可能であることがより明確化されています。

❷　道路交通法、刑法

　また、道路交通法にも留意が必要です。同法76条は「道路又は交通の状況により、公安委員会が、道路における交通の危険を生じさせ、又は著しく交通の妨害となるおそれがあると認めて定めた行為」を禁止しています。

　総務省ガイドラインによれば、「道路交通法は車や人にぶつけるなど道路を通行中の車や人の交通を妨害することが明らかな態様で飛行させるものでない限り、ドローンの道路上空の飛行を禁止していない」としていることから、裏を返せば、ドローンを「車や人にぶつけるなど道路を通行中の車や人の交通を妨害することが明らかな態様で飛行させる」場合には、同法76条による禁止の対象となり得ることとなります。同様に、刑法上の往来妨害罪等にもあたらないよう留意する必要があります。

　また、道路上空をドローンが飛行する場合には、道路交通法77条1項4号に基づき、道路使用許可が必要か否かが問題となります（159頁参照）。単にドローンを利用して道路上空を撮影する場合には、警察庁は、

道路使用許可が不要であることを明らかにしています。
　ただし、交通の円滑を阻害するおそれがある工事・作業をする場合は、道路使用許可が必要としていますので、道路上で離着陸することで交通の円滑を阻害することがないように留意する必要があります。

事例4 土量測量とドローン

自社の建設現場の土量測量のためにドローンの使用を考えていますが、航空法上の許可・承認は必要でしょうか。

1 土量測量におけるドローンの活用

従来、土量測量は、地上を移動して測量する作業を要していたために人手や時間がかかっていましたが、ドローンの導入により、コスト削減や工期短縮を実現することができると期待されています。

例えば、エアロセンス株式会社は、飛行経路の生成、離着陸、飛行、および撮影が完全自動化されたドローンを利用して、岩手県南三陸町の震災復興事業において、従来手法と比較して3分の1の工期で土量測量を行ったと発表しています。

また、株式会社フジタは、切盛土工事の日々の出来高管理にドローンによる測量を活用する技術「デイリードローン」を同社施工道路工事の盛土作業で実証し、運用を開始したと発表しています。

2 測量法についての検討

土量測量も測量ですが、測量法において登録が必要な「測量業」とは、測量を「請け負う営業」をいうため（同法10条の2）、自社の建設現場の土量測量を行うこと自体は「測量業」にはあたりません。また、局地的測量や、誤差の許容限度が一定の数値を超える測量は、測量法に定める「基本測量及び公共測量以外の測量」に該当せず（同法6条、測量法施行令1条）、これを請け負う営業を行ったとしても測量業には該当しません。

国土地理院の定める作業規程の準則は、測量の中でも国または公共団

体が費用負担や補助などをして実施する「公共測量」（測量法33条、34条）に適用されるものですので、上記のような測量業でもない測量には適用されません。ただ、作業規程の準則の第3編第5章（UAV写真測量）や「UAV搭載型レーザスキャナを用いた公共測量マニュアル（案）」は、公共測量以外にも、国土交通省が進めるi-Constructionにおける測量作業に適用されることを前提としています。

そのため、土量測量もi-Construction基準に従って行うこともありますが、i-Construction基準は日常の出来高管理に利用するには各工程に労力と時間を要するため、現場での利用を促進する観点から、上記の「デイリードローン」のようにi-Construction基準をあえて充たさない形で土量測量を行うこともあります。

3 航空法についての検討

自社の建設現場でドローンを飛行させる場合、その場にいる者は全員がドローンを飛行させる者の関係者のはずなので、ドローンを飛行させるのに国土交通大臣の許可・承認は必要ないと思われるかもしれません。

しかし、自社の建設現場でドローンを飛行させる場合であっても、当該建設現場のあるエリアが人口集中地区であれば、その上空の飛行に際して許可が必要となります。なぜなら強風等により別のエリアにドローンが飛んでいってしまい、人にぶつかる危険性が否定できないからです。

もっとも、当該建設現場と他のエリアとがネットのようなもので物理的に区切られていて、ドローンが他のエリアに飛んでいってしまう可能性がないのであれば、そもそも航空法の適用外となります。したがってこの場合、国土交通大臣の許可・承認がなくてもドローンを飛行させることが可能です。

また、2020年航空法改正により、十分な強度を有する長さ30m以内の

紐等で係留した飛行で、無人航空機が飛行できる範囲に地上または水上の物件が存在せず、飛行できる範囲内への第三者の立入を制限する旨の表示をしたり補助者による監視や口頭警告をするなどの立入管理を行った場合には、人口密集地域の上空の飛行について許可が不要となりました（53、64頁）。

さらに、ドローンを飛行させる場合、「人」や「物件」との間に30m以上の距離を確保する必要があります。30m以上の距離を保つべき人に、無人航空機を飛行させる者およびその関係者は含まれませんので(69頁参照)、建設現場にいる関係者は人に該当しませんが、建設現場の周辺にいる人や物件との距離が30m未満となることは容易に想定されます。そのような場合、人または物件から30m未満の飛行となるため、国土交通大臣の承認が必要となります。なお、この30m以上の距離の確保に関する承認についても、紐等で係留した飛行の例外が定められています（66頁）。

第4章　ドローンを活用したビジネスと法規制

事例5　警備システムとドローン

> 工場に不審な人物や車が侵入した場合に備えてドローンによる警備システムを導入したいと考えていますが航空法上の許可・承認は必要でしょうか。

1　警備システムにおけるドローンの活用

　警備システムにおいては、ドローンの活用が大いに期待されています。ドローンにより高所や屋上など警備員の目が届きにくかった箇所を監視することができ、また、画像解析技術と組み合わせることで警備の質の向上など様々なソリューションが可能となります。

　セコム株式会社は2015年12月、民間防犯用として自律型ドローンを活用した監視サービス「セコムドローン」を開始しました。このサービスでは、敷地内に侵入した不審車や不審人物を自動で追跡し、車のナンバーや人の顔等を撮影することができます。

　同社は2016年9月よりドローンによる巡回警備サービスも開始しています。このサービスでは、夜間の工場やショッピングモール等において、従業員のいない時間帯にドローンが定期巡回して施設を撮影し、その画像データを解析して侵入の痕跡や不審物の有無を判定するもので、設備の異常判定等の保守点検にも応用できるとされています（図表4－2参照）。

　また、綜合警備保障株式会社（ALSOK）は、2020年7月に、東京スカイツリータウンの中で、完全自律飛行ドローンを活用した警備システムの実証実験を実施しています。

図表 4 - 2　ドローンによる巡回警備サービス

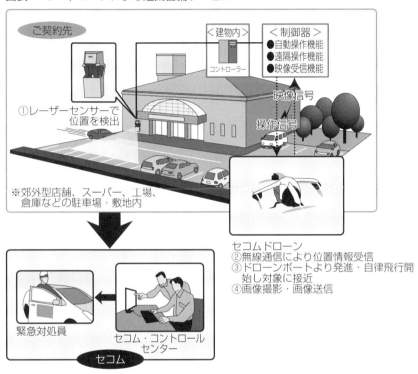

出所：セコム株式会社資料

2　警備業法についての検討

　事務所、住宅、興行場、駐車場、遊園地等における盗難等の事故の発生を警戒し、防止する業務は「警備業務」に該当し（警備業法2条1項1号）、警備業務を行う営業は「警備業」に該当します。そのため、工場での警備も他人がこれを営業として行うと「警備業」に該当し、都道府県公安委員会の認定が必要となります（警備業法4条）。

　また、警備業務用機械装置（事務所等に設置する機器により感知した盗難等の事故の発生に関する情報を送受信する装置で、電話等の音声のみを送

受信する装置以外のもの）を使用して行う警備業務は「機械警備業務」に該当し（警備業法2条5項、警備業法施行規則2条）、警備業の認定のほか、機械警備業の届出が必要となります（警備業法40条）。さらに、機械警備業者は、資格のある者を機械警備業務管理者に選任する（同法42条）、即応体制を整備する（同法43条）などの必要があります。

　ドローンによる警備を営業として行う場合、このような認定、届出や体制整備が必要となりますが、ドローンを警備業務用機械装置として利用することについて、特に制限は設けられていません。

3　航空法についての検討

　自社の敷地上空のみでドローンを飛行させる場合であっても、その敷地が人口集中地区に含まれているのであれば、国土交通大臣の許可が必要となります（59頁参照）。ドローンが強風等により人の集中するエリアに飛ばされてしまい、人にぶつかる危険性が否定できないからです。ただし、建物（工場やオフィス）の中に限定してドローンを飛行させる場合であれば、そのような危険性がないので航空法の適用外となり、国土交通大臣の許可・承認は不要となります。

　また、ドローンを警備に用いる場合、ドローンを飛行させる者本人がドローンを目視し続けることは想定されません。航空法は、ドローンを飛行させる場合には「目視」、すなわち無人航空機を飛行させる者本人が自分の目で見ることを原則としており、この目視には、補助者による目視は該当せず、また、モニターを利用して見ることも該当しません。したがって、警備システムにドローンを利用する場合、目視できないものとして、国土交通大臣の承認が必要となります（69頁参照）。

　さらに、夜間の警備にドローンを活用する場合にも、国土交通大臣の承認が必要となります。「日出から日没までの間」以外にドローンを飛行させる場合、国土交通大臣の承認が必要となるためです（68頁参照）。

　また、警備システムにドローンを用いる場合、様々な人・物に接近す

る可能性があります。航空法は、ドローンの飛行は人・物件から30m以上の距離を確保して行わなければならず、これに反して飛行させるためには国土交通大臣の承認が必要であると規定しています。ここでの「人」とは、ドローンを飛行させる者の関係者（ドローンの飛行に直接的または間接的に関与している者）以外の者を指し、物件とは、ドローンを飛行させる者、または飛行させる者の関係者が管理する物件以外の物件を指します。

　したがって、工場で働く人はドローンを飛行させる者の関係者であり、また、自社の工場や工場内の物はドローンを飛行させる者が管理する物件であるため、これらの人・物件から30m以上の距離を確保する必要はありません。他方、工場の敷地外の人・物件との間に30m以上の距離を確保できなければ、国土交通大臣の承認が必要となります。

　この考え方によれば、工場に侵入してきた人や車は、人・物件に該当するようにも思われます。しかし、不法侵入した人や車は、本来、その場所にいないはずであり、法律に反して侵入したのですから、航空法が与えようとした保護（ドローンが30m以上離れて飛行しなければならないこと）を自ら放棄した点で、関係者同様に取り扱ってよいと考えることも可能です。

第4章　ドローンを活用したビジネスと法規制

事例6　ソーラーパネルの点検とドローン

ソーラーパネルの点検をドローンで行おうと思っていますが、航空法上の許可・承認は必要でしょうか。また、その他に留意すべき法律はありますか。

1　ソーラーパネルの点検におけるドローンの活用

ソーラーパネルの点検をドローンが行うサービスが多くの企業によって提供されています。

例えば、株式会社センシンロボティクスでは、自動航行機能を用いたドローンにより太陽光パネルを撮影し、ディープラーニングを用いた画像認識・解析によって異常箇所（ホットスポット）を特定するサービスを提供しています。これにより、大型化する太陽光発電施設において、保守運用業務のうち点検にかかる多大な時間・コストを削減することができるとしています。

同様の事業は、例えば株式会社NTTドコモ、綜合警備保障株式会社（ALSOK）などの大手企業から、テラドローン株式会社などのベンチャー企業まで、様々な事業者が取り組んでいます。

他の再生可能エネルギーについても、風力発電設備で

提供：株式会社　茂山組

212

は、ドローンにカメラを搭載し、風車の羽根に接近して観察することで、地上からは発見困難な落雷等による羽根の損傷を発見することが可能になります。

例えば、電源開発株式会社（Jパワー）とKDDI株式会社は、風力発電機のブレードに沿って自動撮影が可能なオートフライトソフトを搭載したドローンを用いた、風力発電機の自動点検の有効性の実証を2020年9月に実施しました。Jパワーは、2021年6月からドローンのオートフライトによる風力発電機67基の自動点検を実施し、完了しました。

2 航空法についての検討

ソーラーパネルの点検のためにドローンを飛行させる場合も、人口集中地区内の飛行ではないか（59頁参照）、また、人・物件との間に30m以上の距離を確保できるか（69頁参照）についての確認が必要です。人口集中地区内の飛行であったり、関係者以外の人・物件との間に30m以上の距離を確保できない場合は、国土交通大臣の許可・承認を得ることが必要となります。

また、風力発電機の点検を行うような場合、地表から150m以上の高さの空域を飛行することがあります。ドローンを地表から150m以上の高さの空域で飛行させる場合、国土交通大臣の許可を得ることが必要になるのが原則です（57頁）。しかし、2021年9月24日に航空法施行規則が改正され、地表または水面から150m以上の高さの空域であっても、地上または水上の物件から30m以内の空域であれば、許可が不要となりました。よって、風量発電機から30m以内を飛行する限りは、高さ150m以上の空域であっても、そのことを理由とした許可は不要となりました。

もっともこのような高高度を飛行させる場合、操縦者の目視外での飛行となることも多く、目視外飛行については国土交通大臣の承認を得ることが必要になります。

目視外飛行に際しては、安全を確保するために、飛行経路全体を見渡せる位置に補助者を配置することが原則として必要となります。しかし、風力発電機のような高構造物の点検を目的とする飛行であって、高構造物周辺に限定した飛行など航空機との衝突のおそれができる限り低い空域や日時を選定し、さらに飛行の特性（飛行高度、飛行頻度、飛行時間等）に応じた安全対策を行うことにより、補助者を配置せずに飛行させることができるよう審査要領が改定されています（125頁参照）。

3 航空法以外に留意すべき法律

電気事業法上、出力50kW以上の太陽電池発電設備は「自家用電気工作物」にあたります。自家用電気工作物の設置者は、その工事、維持および運用に関する保安を確保するために保安規程を定め、当該保安規程を「保安規程届出書」により国（経済産業省産業保安監督部または商務流通保安グループ）に届け出なければなりません。そのうえで設置者およびその従業者は保安規程を守らなければなりません。

この保安規程には「自家用電気工作物の工事、維持および運用に関する保安のための巡視・点検及び検査に関すること」を具体的に定める必要があります。

したがって、出力50kW以上の太陽電池発電設備の点検をドローンにより行う場合には、その設置者は、保安規程において当該「巡視・点検及び検査」をドローンにより行うことを定めなければなりません。

事例7　農薬散布とドローン等

事例7　農薬散布とドローン等

> 自分の農地での農薬散布のために無人ヘリコプターやドローンを利用したいと考えています。周辺には他人の農地と電柱ぐらいしかありませんが、航空法上の許可・承認は必要でしょうか。また、その他に留意すべき法律はありますか。

1　農薬散布における無人ヘリコプターやドローンの活用

　日本では、無人ヘリコプターによる農薬散布が他の先進国と比較しても早くから始まり、その普及率は極めて高い状況でした。

　近年、農業分野におけるドローンの利用は急激に拡大しています。一般社団法人農林水産航空協会に登録されたドローンの機体数は、2017年3月末から2018年12月末までの間に約6倍強にも増加しており、オペレーター認定者数も約5.5倍に増加するなど、爆発的に導入が進んでいます（図表4-3）。

　農林水産省は、2015年12月3日に「空中散布等における無人航空機利用技術指導指針」を策定していましたが、2019年7月30日に当該技術指導指針は廃止され、航空法の許可承認については審査要領により一元的に行われることとなりました。これに伴い、国交省は、空中散布を目的とした申請について適用される「無人航空機飛行マニュアル」を公開しました。

215

図表 4-3　(一社)農林水産航空協会におけるドローンの登録機体数（台）及び技能認定操縦者数（人）の推移

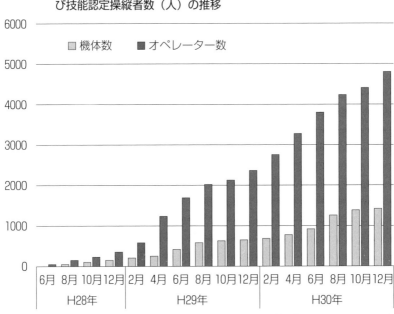

出所：農林水産省「農業用ドローンの普及に向けて（農業用ドローン普及計画）〜ドローン×農業のイノベーション〜」（平成31年3月）

　また、農林水産省は、2019年7月30日に、農薬使用者の一定の目安となるガイドラインを無人ヘリコプター用とドローン用それぞれについて策定しました（「無人ヘリコプターによる農薬の空中散布に係る安全ガイドライン」および「無人マルチローターによる農薬の空中散布に係る安全ガイドライン」）。

　農業におけるドローンの利活用は、農薬散布において急激に増加するとともに、施肥、生育状況や病害虫発生状況等の各種センシング、栽培管理、鳥獣被害対策などの分野にも広がりつつあります。

2 航空法についての検討

❶ 無人ヘリコプターの取扱い

　航空法の規制である「無人航空機」は、回転翼が4つのクアッドコプターに代表されるいわゆるドローンがその代表的なものとなりますが、必ずしもドローンに限られません。飛行機、回転翼航空機、滑空機、飛行船等の機器であって、構造上人が乗ることができないもののうち、遠隔操作または自動操縦により飛行させることができるものは、200g以上（2022年6月20日以降は100g以上）である限り、航空法が適用される「無人航空機」にあたります（46頁参照）。よって、無人ヘリコプターも無人航空機として航空法の規制を受けます。

❷ 物件投下

　本事例では農薬散布を目的としていますが、農薬散布が航空法が国土交通大臣の承認なく行うことを禁止している「物件投下」にあたるかどうかが、まず問題となります（72頁参照）。農薬は液体状のものが通常ですが、国交省Q&Aでは、航空法が原則として禁ずる無人航空機による物件投下には、水・農薬等の液体・霧状のものの散布も該当するとしています。したがって、農薬散布をする場合には、いずれにしても物件投下に関して国土交通大臣の承認が必要となります。

❸ 人・物件との距離の確保

　次に、無人航空機を飛行させる自分の農地周辺に他人の農地と電柱があるということなので、これらから30m以上の距離を確保すべきかどうかが問題となります（69頁参照）。30m以上の距離を確保すべき物件には、土地や農作物など土地と一体となった自然物は含まれないので、飛行中の無人航空機は、他人の土地やそこに育成されている農作物から30m以上の距離を確保する必要はありません。

　もっとも電柱は、ビルや倉庫等と同様に30m以上の距離を確保すべき物件にあたります。そのため、飛行中の無人航空機は、電柱からは30m

以上の距離を確保する必要があり、この距離を確保できない場合は国土交通大臣の承認が必要です。また、他人の農地にはそこで作業する人がいたり、農機や倉庫等が存在することがあるため、そのような人・物件から30m以上の距離を確保できなければ同様に国土交通大臣の承認が必要となります。

❹ 危険物の輸送

農薬の種類によっては可燃性物質を含むものがあります。航空法は、無人航空機による「危険物」の輸送を原則として禁じています。この危険物とは、同法施行規則194条1項に掲げる火薬類、高圧ガス、引火性液体、可燃性物質類等をいうので、可燃性物質を含む農薬は「危険物」に該当し、これを輸送することは原則として禁じられるとともに、これに反して危険物を輸送するためには国土交通大臣の承認が必要となります（72頁参照）。

また、輸送する農薬が、毒物、酸化性物質、腐食性物質等に該当する場合にも、国土交通大臣の承認が必要となります。

30m以上の距離を確保すべき点、農薬が危険物に該当するか否かという点については、承認が必要か不明な場合もあるかもしれませんが、いずれにせよ農薬散布については国土交通大臣の承認が必要なので、他の点についても疑義があるのであれば承認をあわせてとっておくべきでしょう。

❺ 空中散布用の飛行マニュアル

国土交通大臣の許可承認を求める際には、無人航空機を飛行させる際の安全を確保するために必要な体制を維持するため、飛行マニュアルを作成して添付する必要があります。しかし、国交省は航空局標準マニュアルを作成しており、当該標準マニュアルを使用すると申請書に記載すれば、マニュアルを作成して添付する必要がなくなります。

国交省では、DID・夜間・目視外・30m・危険物・物件投下について許可承認を求めることを前提とした空中散布を目的とした申請について適用される「国土交通省航空局標準マニュアル（空中散布）」を作成し

て公表していますので、多くの方はこちらを飛行マニュアルとして利用し、遵守することとなります。

3 航空法以外に留意すべき法律

　農薬の散布については、農薬取締法という法律が規定しています。そして、同法25条および「農薬を使用する者が遵守すべき基準を定める省令」において、農薬使用者は、農作物や人畜、周辺環境等に被害を及ぼさないようにする責務を有することが定められています。

　このような責務を果たす観点から、農林水産省は、「無人ヘリコプターによる農薬の空中散布に係る安全ガイドライン」および「無人マルチローターによる農薬の空中散布に係る安全ガイドライン」を2019年7月30日に策定しています。

　無人マルチローターによる農薬の空中散布に係る安全ガイドラインでは、空中散布の実施について、次のような内容が定められています。

1　空中散布の計画（安全ガイドライン第2の1）
(1)　実施主体（防除実施者及び防除を自らは行わずに他者に委託する者。以下同じ。）は、空中散布の実施区域周辺を含む地理的状況（住宅地、公共施設、水道水源又は蜂、蚕、魚介類の養殖場等に近接しているかなど）、耕作状況（収穫時期の近い農作物や有機農業が行われているほ場が近接しているかなど）等の作業環境を十分に勘案し、実施区域及び実施除外区域の設定、散布薬剤の種類及び剤型の選定（粒剤、微粒剤等の飛散の少ない剤型）等の空中散布の計画について検討を行い、実施場所、実施予定月日、作物名、散布農薬名、10a当たりの使用量又は希釈倍数等について記載した計画書を作成する。
　なお、3に規定する対応により危被害を防止することができないおそれがある場合は、空中散布の計画を見直す。
(2)　空中散布の作業を他者に委託する場合は、防除委託者は、防除実施者と十分に連携して空中散布の計画を検討する。
2　空中散布の実施に関する情報提供（安全ガイドライン第2の2）

(1) 空中散布の実施区域及びその周辺に学校、病院等の公共施設、家屋、蜜蜂の巣箱、有機農業が行われているほ場等がある場合には、実施主体は、危被害防止対策として、当該施設の管理者及び利用者、居住者、養蜂家、有機農業に取り組む農家等に対し、農薬を散布しようとする日時、農薬使用の目的、使用農薬の種類及び実施主体の連絡先を十分な時間的余裕を持って情報提供し、必要に応じて日時を調整する。
(2) 天候等の事情により空中散布の日時等に変更が生じる場合、実施主体は、変更に係る事項について情報提供を行う。
(3) 空中散布の実施区域周辺において人の往来が想定される場合、実施主体は、作業中の実施区域内への進入を防止するため、告知、表示等により空中散布の実施について情報提供を行うなどの必要な措置を講ずる。

3 実施時に留意する事項(安全ガイドライン第2の3)

(1) 実施主体は、操縦者、補助者（無人マルチローターの飛行状況、周辺区域の変化等を監視し、的確な誘導を行うとともに、飛行経路の直下及びその周辺に第三者が立ち入らないよう注意喚起を行い、操縦者を補助する者）等の関係者及び周辺環境等への影響に十分配慮し、風下から散布を開始する横風散布を基本に飛行経路を設定する。
(2) 操縦者は、あらかじめ機体等メーカーが作成した取扱説明書等により、無人マルチローター及び散布装置に関する機能及び性能について理解する。
(3) 操縦者は、第4の3(1)により機体等メーカーが取扱説明書等に記載した散布方法（飛行速度、飛行高度、飛行間隔及び最大風速。別添参照。）を参考に散布を行う。
(4) (3)において、機体等メーカーによる散布方法が設定されておらず、取扱説明書等に記載がない場合は、当面の間、「マルチローター式小型無人機における農薬散布の暫定運行基準取りまとめ」（平成28年3月8日マルチローター式小型無人機の暫定運行基準案策定検討会）において、無人マルチローターの標準的な散布方法として策定された、以下の散布方法により実施する。
・飛行高度は、作物上2m以下。
・散布時の風速は、地上1.5mにおいて3m/s以下。
・飛行速度及び飛行間隔は、機体の飛行諸元を参考に農薬の散布状況を随時確認し、適切に加減する。
(5) 操縦者は、散布の際、農薬の散布状況及び気象条件の変化を随時確認しながら、農薬ラベルに表示される使用方法（単位面積当たりの使用量、希釈倍数等）を遵守し、散布区域外への飛散（以下「ドリフト」という。）が起こらないよう十分に注意する。
(6) ドリフト等を防ぐため、架線等の危険個所、実施除外区域、飛行経路及

び操縦者、補助者等の経路をあらかじめ実地確認するなど、実施区域及びその周辺の状況把握に努めるとともに、必要に応じて危険個所及び実施除外区域を明示しておく。
(7) 実施主体は、散布装置については、適正に散布できること（所定の吐出量において間欠的ではないことなど）を使用前に確認するとともに、適時、その点検を行う。
(8) 周辺農作物の収穫時期が近い場合、実施区域周辺において有機農業が行われている場合又は学校、病院等の公共施設、家屋、水道水源若しくは蜂、蚕、魚介類の養殖場等が近い場合など、農薬の飛散により危被害を与える可能性が高い場合には、状況に応じて、無風又は風が弱い天候の日や時間帯の選択、使用農薬の種類の変更、飛散が少ない剤型の農薬の選択等の対応を検討するなど、農薬が飛散しないよう細心の注意を払う。
(9) 強風により散布作業が困難であると判断される場合には、無理に作業を続行せず、気象条件が安定するまで待機する。
(10) 操縦者、補助者等の農薬暴露を回避するため、特に次の事項に留意する。
　ア　操縦者、補助者等は、防護装備を着用すること。
　イ　空中散布の実施中において、操縦者、補助者等は農薬の危被害防止のため連携すること。
(11) 作業終了後、散布装置（タンク、配管、ノズル等）は十分に洗浄し、洗浄液、配管内の残液等は周辺に影響を与えないよう安全に処理する。
(12) 実施主体は、空中散布の実施により、農業、漁業その他の事業に被害が発生し、又は周囲の自然環境若しくは生活環境に悪影響が生じた場合は、直ちに当該区域での実施を中止し、その原因の究明に努めるとともに、適切な事後処理を行う。

　また、安全ガイドラインには、無人マルチローターの飛行による人の死傷、物件の損傷、機体の紛失または航空機との衝突・接近事案だけではなく、空中散布中の農薬の飛散（ドリフト）、流出等の農薬事故について、地方航空局等と都道府県農薬指導部局の双方に事故報告書を提出する旨が定められています。

第4章　ドローンを活用したビジネスと法規制

事例8　食品・日用品の配送とドローン

> 高齢者が多く住む地方都市でスーパーを経営しています。高齢者向けに食品・日用品の配送をドローンで行いたいと考えていますが、どのような法律に留意する必要があるでしょうか。

1　配送におけるドローンの活用

　ドローンは、道路の混雑状況等に影響を受けず、上空を最短距離で目的地まで飛行することが可能であることから、配送業者やインターネット通信販売会社は、商品の配送にドローンを活用する計画を立てています。例えば、楽天グループ株式会社、日本郵便株式会社やアマゾン、また、アメリカの運送大手の UPS など多くの企業がこぞって様々な地域で配送テストを行っています。

　地方都市のスーパー等においても、店舗まで足を運ぶのが難しい高齢者等を対象に、食品・日用品の配送がドローンで行われることは十分に考えられ、高齢化社会の進行に伴い、その需要は高まっているといえます。

提供：楽天グループ株式会社

2　航空法についての検討

　スーパーから食品・日用品をドローンで配送する場合に、ドローンを

222

常に「目視」しながら操縦することは現実的ではありませんので、目視できない状況での飛行を伴うことになります。

　航空法は、安全確保の観点から目視によらない飛行を行う場合には、事前に国土交通大臣の承認を得ることを要求しています（69頁参照）。目視による飛行とは、ドローンを飛行させる者本人が自分の目で見ることをいい、双眼鏡を用いての監視や補助者による監視は含まれません。目視外で飛行させて配送を行うためには、国土交通大臣の承認が必要となります。

　また、配送を行う際に人口集中地区の上空をドローンが飛行するのであれば、国土交通大臣の許可が必要となります（59頁参照）。さらに、地上・水上の人または物件との間に30m以上の距離を保たない飛行を行うのであれば、国土交通大臣の承認が必要となります（69頁参照）。また、夜間にドローンを飛行させる場合にも、国土交通大臣の承認が必要となります（68頁参照）。

　目視外飛行を行う場合、審査要領5-4(3)において、安全を確保するために必要な体制として、①適切な飛行経路の特定と事前確認のほか、②飛行経路全体を見渡せる位置に補助者を設置することが原則として必要となります。しかし、飛行経路に第三者が存在する可能性が低い場所（山、海、川、湖、森林、農用地、ゴルフ場など）を設定すること、飛行中に不測の事態が発生した場合には付近の適切な場所に安全に着陸させる等の緊急時の実施手順を定めること、立入管理区画を設定すること、航空機の状況を確認することなどの追加的な要件を充たせば、補助者の設置については不要となります（120頁以下参照）。

　他方、第三者が存在する可能性が低い場所以外のいわゆる有人地帯における補助者なしでの目視外飛行（レベル4）は、現在の審査要領では認められていません。

　政府は、2022年度にも補助者なしでの目視外飛行（レベル4）を実現すべく、機体認証や操縦ライセンスの創設等を盛り込んだ航空法の改正

を行っており、2021年6月11日に公布され、公布から1年6か月以内に施行される予定です。

　なお、ドローンが物件を投下する場合には、国土交通大臣の承認が必要となりますが（72頁参照）、配送した食品・日用品をドローンが着陸後に置くことは「投下」にはあたらず、この観点からは承認は不要です。

3　航空法以外に留意すべき法律

　ドローンが、スーパーから顧客である高齢者が住む住居まで食品等を届けるために、他人の所有する土地の上を飛行することは避けられません。

　民法207条は「土地の所有権は、法令の制限内において、その土地の上下に及ぶ」と定めています。「土地の上下に及ぶ」という文言のみからすれば、地上何mの高さであっても所有権が及ぶようにも思われます。しかし、航空機がはるか上空を飛行している場合に、「私の土地の上を飛ぶのであれば、私の同意が必要だ」「同意なく飛行して所有権を侵害したから損害を賠償せよ」と主張しても認められません。その根拠は、一般には、土地の所有権が及ぶ土地上の空間の範囲は、当該土地を所有する者の「利益の存する限度」とされており、航空機の飛行するようなはるか上空には及ばないからであるとされています。

　では、土地所有者の「利益の存する限度」とはどの範囲までなのか、一律に高度（たとえば150m以上）で区切ることができるのかというと、そのように一律に設定することは困難です。「利益の存する限度」の具体的範囲については、政府より「当該土地上の建築物や工作物の設置状況など具体的な使用態様に照らして、事案ごとに判断される」との見解が示されています。

　このような考え方からすると、低層の住宅が立ち並ぶ地区で、十分に高い高度を安全に飛行する限り、土地の所有権を侵害していないとされ

る可能性は高いでしょう。

　もっとも、宅配サービスを提供する業者としては、近隣住民との紛争を避けることが、より多くの顧客を得ることにつながるでしょうから、十分な高さを飛行するというだけではなく、早朝や夜間といった時間帯を避ける、飛行スケジュールを近隣住民に周知するといった工夫を行うことも必要になります。

　また、国は、2021年3月に「ドローンを活用した荷物等配送に関するガイドライン Ver.1.0（法令編）」を、2021年6月には Ver.2.0を公表しました。このガイドラインは、ドローンが上空を単に通過する場合、道路交通法、道路法、河川法、自然公園法、国有林野の経営管理に関する法律、港則法、海上交通安全法、港湾法および漁港漁場整備法について、原則、手続不要であることを明らかにしています。

事例9 医薬品の配送とドローン

> 山村地域に一般用医薬品を配送するためにドローンを利用したいのですが、航空法以外に留意すべき法律はありますか。

1 医薬品配送におけるドローンの活用

ドローンによる医薬品の配送は、ドローンビジネスにおいて着目されているビジネスの1つです。

例えば、経済産業省北海道経済産業局、国立大学法人旭川医科大学、ANAホールディングス株式会社および株式会社アインホールディングスは、北海道旭川市において、オンライン診療・オンライン服薬指導と連動したドローンによる処方箋医薬品の定温配送での非対面医療の実証実験を実施しています。

また、日本航空株式会社は、米国Matternet社との間で、ドローンを用いた医療物資輸送分野における新規事業の創出などを目的とした業務提携を行っています。

医薬品は軽量であり、ドローンでの配送に適していると考えられます。また、山村部や島しょ部など病院・薬局への迅速なアクセスが困難な地域においては、ドローンでの医薬品の配送のニーズは高いと思われます。

2 薬機法についての検討

医薬品を販売するためには、「医薬品、医療機器等の品質、有効性及び安全性の確保等に関する法律」（旧薬事法。以下「薬機法」という）に基づき、薬局の開設または医薬品販売業についての許可（薬機法24条1項）が必要となります。そのため、ドローンで医薬品を配送するために

は、この許可を受けた者自身が直接配送を行うか、または許可を受けた者から委託された者が配送を行うことが必要となります。

薬局の開設または医薬品販売業について許可を受けた者から委託を受けて配送する場合は、さらに医薬品販売業その他の許可を取得する必要はありません。

内閣官房、厚生労働省および国土交通省は、2021年6月に「ドローンによる医薬品配送に関するガイドライン」を公表しました。このガイドラインでは、①薬局開設者または医薬品販売業者が医薬品を販売する場合だけでなく、②薬局開設者または医療機関の開設者がドローンを用いて処方箋により調剤された薬剤を患者に配送する場合(薬局開設者および店舗販売業者が一般用医薬品を販売する場合を含む。)と、③卸売販売業者がドローンを用いて医薬品を医療機関等に配送する場合について、特に薬機法の観点から整理をしており、参考になります。

❶ 薬局医薬品と要指導医薬品の配送

薬機法において医薬品は次の3つに大別されています。
① 薬局医薬品(医療用医薬品)
② 要指導医薬品
③ 一般用医薬品

このうち、薬局開設者または店舗販売業者が①と②を販売または授与する場合には、原則として、その適正な使用のために薬剤師等が対面により、書面による必要な情報提供、必要な指導(いわゆる対面販売)を行う必要があります(薬機法36条の4・36条の6)(ただし、①のうち薬局製造販売医薬品の販売は、例外的に対面による情報提供等は不要)。よって、①と②は薬剤師等と対面しなければ一般に販売することができませんので(あえて薬剤師等と対面した後に配送してもらうのであれば別)、ドローン配送を用いて遠隔地に販売・授与することはできません。

❷ 一般用医薬品の配送

一般用医薬品(③)は、インターネット、電話、カタログにより薬局

以外の場所にいる者に対して販売することが可能です。このような販売を「特定販売」といいます（薬機法施行規則１条２項２号）。特定販売を行う場合は、薬局開設または医薬品販売業の許可申請に際して通信手段等を記載する必要があり（薬機法４条３項４号ロ・26条３項５号、同法施行規則１条４項・139条４項）、また、すでに許可を受けている者が特定販売を行う場合は変更の届出が必要となります（薬機法10条２項・38条１項、同法施行規則16条の２第１項３号・159条の20第１項２号）。

特定販売の配送については、郵便や宅配便等の手段を問わないとされていますので、医薬品の品質管理に影響を及ぼさない限り、ドローンによる配送も可能です。

❸　薬剤の提供

薬局開設者または医療機関の開設者がドローンを用いて処方箋により調剤された薬剤を患者に配送する場合、薬局開設者については、原則として薬剤師が対面により書面を用いて必要な情報を提供し、必要な薬学的知見に基づく指導を行う必要があります。

しかし、2020年９月１日に施行した薬機法改正で、オンラインでの服薬指導が可能となりました（薬機法９条の４第１項・同法施行規則15条の13第２項）。オンライン服薬指導を行う場合には、服薬指導計画を策定して当該計画に従い服薬指導を実施する必要があります。オンライン服薬指導については、厚生労働省から出されている通達に従い行うこととなります（「医薬品、医療機器等の品質、有効性及び安全性の確保等に関する法律等の一部を改正する法律の一部の施行について（オンライン服薬指導関係）」（令和２年３月31日付薬生発0331第36号））。

そして、「ドローンによる医薬品配送に関するガイドライン」においては、梱包から患者に届けるまでの配送のすべての過程で薬剤の品質の保持が担保されること、配送責任を明確にすること、患者のプライバシーを確保すること、麻薬・向精神薬や覚醒剤原料、放射性医薬品、毒薬・劇薬等の流通上厳格な管理が必要な薬剤についてはドローンによる

配送を行わないことなどが定められています。

❹ 卸売販売業者による医薬品の配送

　卸売販売業者とは、医薬品を薬局開設者、病院などに販売する業者をいい、その業務の特性から対面販売は求められていません。この卸売販売業者についても、「ドローンによる医薬品配送に関するガイドライン」では、調剤された薬剤の配送と同様の基準に従って配送をすべきとされています。

事例10　AEDの搬送とドローン

　ゴルフ場を運営しており、プレー中に急に具合が悪くなった人のためにクラブハウスに備えたAEDをゴルフ場内においてドローンで搬送できるようにしておきたいと考えています。その場合、航空法上の許可・承認は必要でしょうか。

1　ゴルフ場におけるドローンの活用

　ゴルフ場は土地が広大であり、樹木が多数存在する場所が多いので、クラブハウスや管理棟からの荷物を、ドローンを利用することでより速く配送することができます。楽天グループ株式会社は、ドローンを用いた配送サービスの開始にゴルフ場を選択し、実際に商品の配送を試験的に行いました。

　また、急病人へのAEDの搬送は急を要しますので、敷地が広く高齢者の利用が多いゴルフ場は、ドローンによるAED搬送のモデルケースとなり、実証実験も行われています。

2　航空法についての検討

　ゴルフ場の土地は広大で樹木等も茂り、平坦ではない場所も多くあります。しかも、AEDが必要な場所を事前に特定することはできないため、ゴルフ場においてAEDをドローンで搬送するためには、必然的に目視できない状況での飛行を伴うことになります。

　航空法は、安全確保の観点から目視によらない飛行を行う場合には、事前に国土交通大臣の承認を得ることを要求しています（69頁参照）。目視による飛行とは、ドローンを飛行させる者本人が自分の目で見ることをいい、双眼鏡を用いての監視や補助者による監視は含まれません。

よって、目視外まで飛行させて搬送を行うためには、国土交通大臣の承認が必要となります。

　目視外飛行を行う場合、安全を確保するために必要な体制をどのように整えるかが問題となります。AEDの搬送のように緊急性が要求される場合、飛行経路全体を見渡せる位置に補助者を配置することは難しいので、代替する基準（審査要領5-4(3)c)）を満たす必要があります。

　ゴルフ場は、第三者が存在する可能性が低い場所として例示されていますので、ゴルフ場を飛行経路として設定することは問題ありません。立入管理区画（第三者の立入を管理する区画）も、第三者に危害を加えないことを製造者等が証明した機能を有する場合には設定する必要がありません。

　ただ、飛行前の現場確認が必要であるほか、ドクターヘリなどとの接触を避けるために航空機の確認をする必要がありますが、航空機の運航者に対して飛行予定を周知することは難しいので、地上において、機体や地上に設置されたカメラ等により飛行経路全体の航空機の状況を常に確認できることが必要となります。

　このように、目視外飛行を行うための基準はあるものの、AEDの搬送のように緊急性が高い場面での実用化は、安全性確保の観点から慎重な検討が必要となります。

　また、政府は、2022年度にも補助者なしでの目視外飛行（レベル4）を実現すべく、機体認証や操縦ライセンスの創設等を盛り込んだ航空法の改正を行っており、2021年6月11日に公布され、公布から1年6か月以内に施行される予定ですので、今後の動向を注視する必要があります。

第4章　ドローンを活用したビジネスと法規制

事例11　倉庫内の在庫管理とドローン

　倉庫内の在庫管理にドローンの利用を考えていますが、航空法上の許可・承認は必要でしょうか。また、その他に留意すべき法律はありますか。

1　倉庫内におけるドローンの活用

　大規模な倉庫内の在庫管理は、多大な時間と労力を要するものであり、ビジネスにおいては大きなコストになります。これをドローンによって自動化することで、企業はコストを削減することが可能になります。

　例えば、ブルーイノベーション株式会社は、株式会社自律制御システム研究所製ドローン「Mini」にRFID（電子タグ）リーダーを搭載し、倉庫内を巡回することでRFIDからデータを自動取得して管理する倉庫内在庫管理ソリューションを提供しています。その他にも、様々な企業が在庫管理を目的とした自律飛行ドローンの開発を進めています。

2　屋内でのドローン規制

　屋内でのドローンの飛行は、航空法による規制の適用がありません（63頁参照）。したがって、倉庫内でのドローンの利用には航空法上の許可・承認は不要です。

　もっとも、航空法による規制が課されない場合であっても、倉庫内で就業する従業員の安全に配慮する必要があります。ドローンが従業員にぶつかってケガをさせた場合には、使用者には安全配慮義務違反等があるとされ、損害賠償責任を負うことがあります。倉庫内の在庫管理にドローンを利用する場合には、当該会社の使用者は倉庫内の従業員の安全

を確保するための適切な措置を講じる必要があります。

　労働安全衛生法上、ドローンは産業用ロボットには該当せず（労働安全衛生規則36条31号）、ドローンを用いることは、特別教育を必要とする危険または有害な業務（同法59条3項）にはあたりません。しかし事業者は、労働安全衛生法において一般的に労働者の安全を確保する責務、労働者の危険を防止する義務を負っています（同法3条1項・20条・24条）。

事例12 気象観測とドローン

ドローンに小型の気象観測センサーを搭載し、低層域の気象観測を行うことを考えています。これによって、ゲリラ豪雨等の局地的な天気の予測や災害の発生を監視する予定ですが、航空法上の許可・承認は必要でしょうか。また、その他に留意すべき法律はあるでしょうか。

1 気象観測におけるドローンの活用

ドローンによる気象観測はビジネス上、注目を集めている分野です。有限会社タイプエスは、上空で風速や温度など5つの気象情報を観測して地上にデータを送る気象観測ドローンを開発しました。また、株式会社ウェザーニューズは、エアロセンス株式会社と協力し、ドローンによる気象観測ネットワークを構築しています。日本気象株式会社は、気象観測用ドローンを使用して高度1,200mまでの気象観測を実施するテストフライトを行いました。

気象衛星による気象観測やアメダス等の定点観測に加え、ドローンによる各地域の上空での気象観測は新たな気象観測を可能にするものであり、注目を集めています。

2 気象業務法についての検討

企業など政府機関・地方公共団体以外の者は原則として気象観測を自由に行うことができます。しかし、次の2つの観測については、気象庁の定める技術上の基準に従って行う必要があります（気象業務法6条2項）。

① その成果を発表するための気象の観測

② その成果を災害の防止に利用するための気象の観測

なぜならば、これらの観測は、観測者の自己責任を超えた社会的影響があると考えられているからです。このような技術上の基準に従う必要がある気象観測については、施設を設置した場合の届出義務（同法6条3項）や、検定に合格した気象測器の使用（同法9条）などが義務付けられています。

もっとも、以下の気象観測については、例外的に技術上の基準に従う必要がなく、自由に行うことができるとされています（同法施行規則1条の4）。

① 畝の間または苗木の間、建物または坑道の内部等特殊な環境によって変化した気象のみを対象とする観測
② 気温、気圧、風向、風速その他の一定の種目以外の種目について行う気象の観測
③ 臨時に行う気象の観測（1か月を超える期間について行う観測であって、地上の同一の場所で1か月に1回以上行うものを除く）
④ 船舶で行う気象の観測（電気通信業務を取り扱う船舶および気象庁長官の指定する船舶を除く）
⑤ 航空機で行う気象の観測

このうち、ドローンによる観測が⑤に該当するか否かですが、気象業務法に「航空機」の定義はなく、「航空機」が無人航空機を含むかは明らかではありません。しかし、同法施行規則9条1項では航空機に関連して航空法を準用していることから、航空法と同様に「航空機」には、無人航空機は含まないものと考えられます。よって、ドローンによる観測がすべて例外にあたるわけではありません。

現状は、ドローンによる気象の観測は、特殊な環境によって変化した気象のみを対象とするか（上記①）、臨時に行うもの（上記③）が多く、これらは自由に行うことができます。しかし、このような例外にも該当せず、成果の発表や災害防止への利用を目的とする場合には、技術上の

基準に従って行う必要があります。

3 航空法についての検討

　気象観測を行うためには、人口集中地区の上空を含む様々な地域で飛行させることが想定されます。人口集中地区の上空におけるドローンの飛行には、国土交通大臣の許可を受ける必要があります（59頁参照）。また、150m以上の上空を飛行する場合も国土交通大臣の許可が必要となります（57頁参照）。さらに、人または物件から30m以上の距離を確保できなければ、国土交通大臣の承認が必要となります（69頁参照）。

　そして、夜間の飛行（68頁参照）や目視外の飛行（69頁参照）が想定されるような場合も、同様に国土交通大臣の承認が必要となるので留意が必要です。

事例13　損害保険の事故調査とドローン

　自動車事故や火災が起きた場合に、損害保険の事故調査を行うためにドローンを利用することを考えています。航空法やその他の法律においてどのような点に留意すべきでしょうか。

1　損害保険会社の事故調査におけるドローンの活用

　損害保険会社は、自動車事故等の保険金支払のために事故の調査・検証を行います。この事故調査において、ドローンを用いることによって、特に人の立入りが難しい場所の調査を行ったり、上空から撮影をしたりすることで事故調査を迅速に行うことが可能となります。例えば、損害保険ジャパン株式会社は、上空から静止画や動画を撮影し、事故状況の3次元空間での再現等を実施しています。東京海上日動火災保険株式会社も、ドローン撮影した画像をAIで解析し、損害調査から修理費の算出までを行う取り組みを開始しました。その他の損害保険各社も、大規模災害の調査や、目視が困難な高所や広大な敷地などでの損害調査において、ドローンを活用し始めています。

　今後は、損害保険会社各社において、このようなドローンの活用がさらに進められていくことが考えられます。

2　航空法についての検討

　航空法の観点からは、飛行空域および飛行方法について国土交通大臣の許可・承認が必要か否か確認する必要があります。

　まず、飛行する地域が人口集中地区にあたる場合には、周囲がドローンの飛行に安全な環境であっても、国土交通大臣の許可が必要です（59頁参照）。

第4章　ドローンを活用したビジネスと法規制

　また、事故調査のために地上・水上の人または物件との間に30m以上の距離を保つことが難しいような場所で飛行を行う場合は、国土交通大臣の承認が必要となります（69頁参照）。

　さらに、操縦者から見えない崖下等を撮影しようとする場合は、目視外飛行について国土交通大臣の承認が必要となります（69頁参照）。

　事故がいつどこで発生するかわからないので、保険会社としてはこのような許可・承認を広い地域および時期について得ておくことも考えられます。許可・承認は、原則として3か月以内、最大で1年まで得ることができますし、何回もの飛行に対応した包括承認を得ることも可能です（82頁参照）。

　ただし、許可・承認の取得に際しては、ドローンの飛行経歴や飛行させるために必要な知識・能力が求められますので、そのような操縦者が確保できる状況において初めて許可・承認が得られることを認識しておく必要があります。

3　航空法以外に留意すべき法律

❶　個人情報の保護

　飛行の目的が事故現場の撮影であったとしても、撮影時に人物が映り込み、それが識別できる程度に鮮明であることにより特定の個人を識別できる場合は、個人情報保護法上の「個人情報」にあたります。

　保険会社は当然に個人情報取扱事業者となりますので、このように個人情報を取得する可能性がある以上、個人情報に関する利用目的の特定や、取得に際しての利用目的の通知等についても対応が必要となります（172頁以下参照）。

　具体的には、周囲の環境が人・物の映り込みが生じそうな場合であれば、事前に飛行・撮影目的を周辺住民等に周知させたうえで、撮影当日も目的を掲示するなどの対応をとることが考えられます。

❷ 土地の利用権限

　飛行に際しては、事故現場の上空だけでなく、道路上や他人の土地の上空を飛行することもあり得ます。

　そこで、道路上空でのドローンの飛行が道路交通法77条1項4号に基づく道路使用許可が必要か否かが問題となります（159頁参照）。単にドローンを利用して道路上空から撮影を行おうとする場合、警察庁は、道路使用許可が不要であることを明らかにしています。ただし、交通の円滑を阻害するおそれがある工事・作業をする場合は、例外的に道路使用許可が必要であるとしていますので、道路上で離着陸をすることで交通の円滑を阻害するようなことがないように留意する必要があります。

　また、ドローンが他人の土地の上空を飛行する場合に、当該土地所有者の同意を得ずに飛行できるか否かが問題となります（152頁以下参照）。もちろん、住宅地のようにその土地の所有者や利用者が明らかな場合は、可能な限り同意を得たうえでその上空を飛行することが実務上は無難です。

　しかし、山間部等では土地の所有者がすぐにはわからないこともあります。このような場合、可能な限り所有者の同意を得るように努めつつも、すべての所有者の同意が得られなくても、その土地利用を妨げない範囲で上空を飛行することが許容される場合はあると考えてよいでしょう。

第4章　ドローンを活用したビジネスと法規制

事例14　災害時の調査・捜索とドローン

突発的な災害時にドローンを利用して危険区域の調査、行方不明者の捜索を行おうと考えていますが、災害時でも航空法上の許可・承認は必要でしょうか。また、その他に留意すべき規制等はありますか。

1　災害時におけるドローンの活用

災害時には、早期に被害状況を把握するために、危険区域の迅速な調査と行方不明者の捜索を行う必要があります。安全性等の観点から人力での捜索が困難な場所についても、ドローンであれば捜索や撮影が可能です。

また、ドローンは空中の高い場所から広い地域を撮影することができるとともに、ヘリコプターよりも地上に近い高度まで接近することもできるので、地面や道路に生じた亀裂の状況等を撮影する場合にも適しています。

こうした撮影によって早期に被災地の状況を把握することで、どのように復旧活動を行うべきかがわかり、迅速な復旧へとつなげることができます。

例えば、国土地理院は、熊本地震（2016年）や九州北部豪雨（2017年

出所：国土地理院・熊本市

240

7月）などにおいて、ドローンにより土砂災害などの災害の状況を把握するとともに、ドローンで撮影した動画を一般公開しています。

また、株式会社プロドローンは、水難事故現場において要救助者の位置特定や現場地形・環境の把握のために使用する防水性能・耐風性能に優れたドローンを開発しており、救助活動に役立てられています。

2 航空法についての検討

❶ 緊急用務空域の確認

2021年6月1日以降、災害等の規模に応じて、捜索、救助等の活動のため緊急用務を行う航空機の飛行が想定される場合に、無人航空機の飛行が原則禁止される「緊急用務空域」が新たに指定することができるようになりました。国土交通大臣は、緊急用務空域を指定する場合はインターネット（国土交通省のウェブサイトとTwitterアカウント）で公示します。そして、無人航空機の飛行を開始する前には、飛行させる空域が緊急用務空域に該当するかを確認する必要があります。

緊急用務空域においては、200グラム以上（2022年6月からは100グラム以上）の無人航空機に限らず、無人航空機に該当しない模型飛行機の飛行や、気球の浮揚、凧揚げ、ロケットの打ち上げなども禁止されます。

緊急用務空域に指定された場合、その空域での無人航空機の飛行をすみやかに中止する必要があります。空港周辺、150m以上の空域、DID上空の飛行許可があっても、新たに設定された緊急用務空域を飛行させることはできません。緊急用務空域において飛行させるには、下記②の災害時の特例に該当するか、または、新たに許可を取得する必要があります。ただし、新たに許可を取得できるのは、災害等の報道取材やインフラ点検・保守など、緊急用務空域の指定の変更または解除を待たずして飛行させることが真に必要と認められる場合に限られます。

❷ 災害時の特例

　災害時における危険区域の調査や行方不明者の捜索等が目的であっても、人口集中地区での飛行（59頁参照）、人または物件から30m未満の飛行（69頁参照）、目視外の飛行（69頁参照）、夜間の飛行（68頁参照）などを行う場合には、国土交通大臣の許可・承認が必要となるのが原則です。

　もっとも、次の①および②の両方を満たす場合には、捜索・救助等のための特例として、国土交通大臣の許可・承認が不要となります（航空法132条の3）(74頁以下参照)。

①　国や地方公共団体またはこれらの者から依頼を受けた者（同法施行規則236条の11（236条の22））

②　航空機の事故その他の事故に際し捜索・救助等のために飛行を行う場合（同法132条の3）

　上記②の「捜索・救助等のため」というのは、事故や災害の発生等に際して人命や財産に急迫した危難のおそれがある場合に、人命の危機または財産の損傷を回避するための措置をいい、行方不明者の捜索だけでなく被害状況の調査も含まれます。

　しかし、民間団体や民間人が上記特例の適用を受けるためには、上記①のとおり、国や地方公共団体から捜索や救助活動を行う依頼を受けている必要があります。そのため、民間団体が国や地方公共団体の依頼を受けずに自主的に行う捜索活動等の場合には特例が適用されず、上記のような飛行方法については原則どおり国土交通大臣の許可・承認を受ける必要があります。

　そこで民間団体としては、実際の災害時に迅速な対応ができるように、事前に地方公共団体との間で協定等を締結しておくことが広く行われています。このような協定等を締結すれば、地方公共団体としても、実際に災害が発生した場合は捜索や被害状況の確認のため、ドローンの飛行に普段から慣れている事業者の支援を得ることができますし、事業

者としても国土交通大臣の許可・承認を得る必要がなくなります。

　もっとも、このような協定等により許可・承認が不要になる場合であっても、安全確保を行う責任がなくなるわけではありません。国交省は、「航空法第132条の3の適用を受け無人航空機を飛行させる場合の運用ガイドライン」を定めており、例えば、空港周辺や緊急用務空域で飛行する場合には、関係機関と調整した後、空港事務所に飛行目的・範囲等を通知することを求めています。そして、飛行を行う者の責任で、航空機の航行の安全や許可・承認を受けた場合と同程度の安全確保を自主的に行うことが求められています。さらに、他の航空機について航空の危険を生じさせた場合には懲役等の刑事罰もあります（航空の危険を生じさせる行為等の処罰に関する法律）。

❸　緊急に飛行を行う必要がある場合の対応

　それでは、緊急用務空域には指定されていないが、その他の理由で許可・承認が必要な場合に、事前に協定等を締結しておらず、国や地方公共団体からの依頼もないときに、迅速に災害対応を行う方法はあるのでしょうか。

　災害時の調査・捜索活動の際には、機動的に対応することが肝要であり、通常どおり、飛行開始予定日の10営業日前までに申請を行って許可・承認が下りるのを待っていることはできません。そのため、以下のような方法で対応することが考えられます。

1　包括的な許可・承認を事前に取得しておく方法

　例えば、山岳の管理を行う団体が遭難者の捜索を行う場合など、民間事業者であっても独自に調査・捜索活動を行うことが想定されているような場合は、事前に飛行日時や場所にある程度幅を持たせて承認を取得し、捜索に備えておくことが可能です。具体的には、数か月から1年といった一定期間内の飛行や、複数の場所や地域における飛行について、包括的に許可・承認を取得しておくことが考えられます（82頁以下参照）。ただし、許可・承認の期間は最長でも1年間ですので、1年ごと

に更新する必要があります。

② 電子メール、ファクシミリ、電話による許可・承認の申請

　事前に許可・承認を得ていない場合であっても、事故や災害に際して緊急に支援活動をする必要があるときには、電子メールまたはファクシミリにより許可・承認を申請することができます（82頁参照）。

　さらに、災害対策基本法2条1号の「災害」にあたる場合またはこれに類する場合で、緊急に支援活動をする必要がある場合には電話での申請が可能です（82頁参照）。

　「災害」とは、「暴風、竜巻、豪雨、豪雪、洪水、崖崩れ、土石流、高潮、地震、津波、噴火、地滑りその他の異常な自然現象又は大規模な火事若しくは爆発」や、放射性物質の大量の放出、多数の者の遭難を伴う船舶の沈没、その他の大規模な事故をいいます。実際に2016年に発生した熊本地震の際に、電話によって許可を出した事例がありました。

3　航空法以外に留意すべき規制等

　災害時の被災地域では、消防機関等による救助活動が行われたり、様々な個人・団体が多数の航空機を飛行させることが想定されます。その際、救助活動を妨げたり、有人機と接触しないように注意する必要があります。

　国交省では、「災害等の発生している地域では捜索、救難、消火活動の有人機が飛行している場合があります。有人機の災害活動の妨げにならないよう、当該地域でのドローンの不要不急の飛行は控えるなど、ご注意ください。」と呼びかけています。実際、ドローンの飛行によって有人機の救助活動の妨げになった事例も報告されています。

事例15　屋外イベントの撮影とドローン

屋外コンサートを上空からドローンで撮影した映像を放映したいのですが、コンサート主催者の許可を得ていればよいのでしょうか。

1 屋外イベントの撮影におけるドローンの活用

　ドローンが急速に普及したきっかけの1つが空撮でした。ドローンを用いることにより、誰でも手軽に空撮を楽しむことができるようになり、今では多くの人々が、ドローンにアクションカメラを組み合わせるなどの方法で空撮を楽しんでいます。

　また、最近は空撮のみならず、ドローンを利用した演出等も試みられており、エンターテイメント分野でのドローンの活用に注目が集まっています。

2 航空法についての検討

　航空法は、多数の者の集合する催しが行われている場所の上空を飛行する場合には、ドローンの落下による危険があるため、国土交通大臣の承認を取得することを求めています（71頁参照）。多数の者の集合する催しとは、特定の場所や日時に開かれる催しに多数の者が集まることをいい、屋外コンサートもこれにあたります。したがって、屋外コンサートの様子をドローンにより撮影する場合、国土交通大臣の承認を得なければ上空から撮影することはできません。

　なお、催し場所の上空における飛行について国土交通大臣の承認を受けるにあたり、審査要領では、原則として第三者の上空でドローンを飛行させないように、飛行高度に応じて計算される一定の範囲（例えば、飛行高度が20m未満であれば、飛行範囲の外周から30m以内の範囲）を立入

禁止区画とすることが必要とされています（127頁以下参照）。やむを得ず第三者の上空を飛行させる場合には、飛行を継続するための高い信頼性のある設計および飛行の継続が困難となった場合に機体が直ちに落下することのない安全機能を有する設計がなされていることなどが求められています。

　また、人または物件から30m未満の距離から撮影するためには承認が必要です。この「人または物件」には、ドローンを飛行させる者の関係者、関係者が管理する物件は含まれませんので、コンサートを行う歌手や演奏者、コンサート会場は含まれません。しかし、観客やコンサート会場周辺の物件から30m未満の距離を飛行させる場合には承認が必要です。さらに、夜間（日没から日出までの間）に開催されるコンサートの場合や、人口集中地区で飛行する場合は、国土交通大臣の許可・承認が必要となります。

3 航空法以外に留意すべき法律

❶ 観客のプライバシー権・肖像権との関係

　ドローンで屋外コンサートを撮影する場合、観客が映り込む可能性が高くなり、プライバシー権侵害の問題が生じます。プライバシー権は法律上で定義されているわけではありませんが、狭義には私生活上のことがらをみだりに公開されない権利を意味します。プライバシー権侵害の有無は、個別具体的な事情を総合し、社会通念に照らして判断されます（162頁以下参照）。

　一般的には、屋外のコンサート会場は多数の人が参集することが予定されている場所であって、プライバシー保護の必要性は高くはないと考えられます（例えば、野球の試合を見に来た観客がテレビに映し出されることはよく生じている）。ただし、特定の日時・場所で行われるコンサートに来ていたことをみだりに公開されたくない観客もいるかもしれませんし、インターネット上で公開される映像やコンサートのDVDに使う映

像には、テレビとは異なる配慮が必要でしょう。

また、肖像権（人が自己の肖像をみだりに他人に撮影されたり使用されたりしない権利）の観点から、特定の観客を長時間大写しにすることなどは避けたほうがよいでしょう。

撮影した映像をインターネット上で公開する場合については、総務省ガイドラインにおいて、ドローンを利用して撮影を行う者が注意すべき事項が取りまとめられています（167頁参照）。

❷ 演奏者や作曲家の権利との関係

コンサートを撮影する場合には、著作権等に留意することが必要です。演奏される曲を作曲した著作者は著作権を、演奏を行う実演家は著作隣接権を有していますので、コンサートの主催者だけでなく、著作者や実演家からも了解を得る必要があります。著作者は複製権・公衆送信権を有しており、放映について許諾を受ける必要があります。また、実演家は録音権・録画権を持っていますから、ライブパフォーマンスを録音・録画する場合には、許諾を受けなければなりません。

❸ 個人情報保護法との関係

人物が映った映像も、その人物が識別できる程度に鮮明なものまたはその他の情報と簡単に照合することができ、それによって特定の個人を識別できるものであれば、個人情報保護法上の「個人情報」にあたります。撮影者が個人情報取扱事業者である場合には、個人情報に関する利用目的の特定や、取得に際しての利用目的の通知、第三者提供に関する本人の同意等についても対応が必要となることに留意してください（172頁以下参照）。

事例16 報道資料の収集とドローン

> 事故や災害等を迅速に報道するため、全国で、いつでもドローンを飛行させることができるようにしたいと思っていますが、どうすれば実現できるでしょうか。

1 報道におけるドローンの活用

いまやテレビでドローンの映像を観ない日はないといっても過言ではありません。

ドローンは、地理的な限界や安全性の観点から人間が近づけない場所にもアクセスでき、また、ヘリコプターよりも撮影対象に近づくこともできるので、報道資料・画像の収集に適しています。また、ドローンの飛行はヘリコプターよりも安価に行うことができます。今まで人間が撮影できなかったような場所におけるドローンの報道への活用は、「ドローン・ジャーナリズム」とも呼ばれ、注目を集めています。

2 航空法についての検討

ドローンを利用して報道を行う場合、報道すべき事故や災害等がどこで起こるか事前に予測することは困難ですから、全国で、いつでもドローンを飛ばすことができるようにすることができなければ、実際の報道での活用は困難です。

この点、複数の時期・地域での飛行について一度に許可を得ることも認められており、申請内容に変更を生ずることなく継続的にドローンを飛行させる場合には、1年間を限度として包括して許可を得ることができるとされています（82頁参照）。

したがって、本事例のように迅速な報道を実現するために、包括的に

許可を得ておくことは可能です。実際に、全国放送を行う放送局や新聞社が、対象地域を日本全土（一定の場所の制限あり）、期間を1年間として、人口集中地区での飛行、および人または物件から30m未満の距離での飛行、さらには夜間飛行について、許可・承認を取得しています。

　ただし、国土交通大臣が災害等に際して「緊急用務空域」を指定した場合には、緊急用務空域での無人航空機の飛行ができなくなりますので、注意が必要です。DID上空の飛行等について包括的な許可を得ていても、緊急用務空域での飛行について特に許可を得ていなければ、緊急用務空域での飛行はできません。事故や災害の報道に際しては、飛行する空域が緊急用務空域に指定されていないか、国土交通省のウェブサイトやTwitterアカウントを確認する必要があります。

　また、緊急用務空域に指定されていない空域で事故や災害等の報道をするためであっても、捜索または救助の目的ではなく、国や地方公共団体の依頼を受けているわけでもありませんから、捜索・救助等のための特例（航空法132条の3）は適用されず、原則どおり許可・承認が必要となります。ただし、事故や災害等の報道取材のために緊急を要する場合、その他特に緊急を要する場合には、電子メール（災害対策基本法2条1号の「災害」にあたる場合またはこれに類する場合は電話による申請も可能）（82頁参照）、またはファクシミリにより許可・承認を申請することができます。

事例17 ドローンレースの法規制

> ドローンの飛行のスピードや技術を競うレースイベントを開催したいと思っていますが、航空法上の許可・承認は必要でしょうか。また、その他に留意すべき法律はありますか。

1 ドローンレースの活況

ドローンが普及する以前から、ラジコンヘリのスピード・操縦技術を競うイベントは愛好家の間で人気を集めてきました。ドローンについても同様であり、2016年3月には、ドバイでドローンレースの世界規模の大会「World Drone Prix」が開催されました。日本でも横浜でドローンレース「Drone Impact Challenge 2017」が開催され、2万5,000人の観客を集めました。また、日本各地でDRONE LEAGUEというドローンを用いた競技会が開催され、2021年3月に開催された「SUPER DRONE CHAMPIONSHIP 2021」がテレビ放映されるなど、盛り上がりを見せています。

ドローンレースでは、難易度の高いコースを時速100km近くで高速飛行するため、安全面への配慮は必要不可欠といえます。特に、アメリカでは、時速100マイル（時速約160km）の速度制限が存在するのに対し、日本では同様の速度制限は現時点では存在しません。

提供：Drone Impact Challenge 実行委員会

2 航空法についての検討

❶ 屋内でレースを開催する場合の留意点

　ドローンレースを屋内で開催する場合は、航空法は適用されません（63頁参照）ので国土交通大臣の許可・承認は不要です。また、屋外であっても、ネットによって四方を囲まれ、ドローンがネットの外に飛んでいく可能性がない場合には、屋内と同様に、やはり許可・承認は不要です。

　もっとも、航空法上の規制が課されない場合であっても、ドローンレースを観戦する観客の安全面への配慮は不可欠です。レースでドローンが高速でコースを外れる可能性があることは容易に予見できるので、イベントの主催者としては、コースを外れたドローンが観客に危害を加えることがないよう、ドローンが飛び出ないようなネットで観客とドローンの競争場を区切るなどの措置をとることや、ドローンが飛び出してくる可能性があることを観客に十分周知するなどの措置をとることで、観客の安全を確保する必要があるでしょう。

　似たような事例として、野球場でファウルボールが観客にぶつかって失明した事故について、野球場には自ら回避措置を講じることが難しい観客（子供等）もいるので、球団は、ファウルボールが飛来する危険性が相対的に高い席と低い席があることを具体的に告知するなどの安全対策を講じるべきであったとして、安全配慮義務違反による損害賠償責任を認めた裁判例もあります（札幌高判平成28年5月20日）。

　また、操縦者としても、不注意な操縦でドローンを観客にぶつけてしまいケガをさせた場合は、不法行為に基づく損害賠償責任を負う可能性があります。もっとも、操縦者からみて、主催者が十分な安全対策をとっていると信頼するに足る状況にあったにもかかわらず、実際には十分な安全対策がとられていなかったような場合には、操縦者に責任はないと判断される場合もあるでしょう。

❷ 屋外でレースを開催する場合の留意点

　屋外でドローンレースを開催する場合、まず上級者が行う FPV（First Person View（一人称視点）：ヘッドマウントディスプレイやモニターを用いて、ドローンから送られてくる映像を見ながら飛行する方法）を用いたレースの場合、操縦者はドローンを直接目視するわけではないので、目視外の飛行にあたるために国土交通大臣の承認が必要となります。

　また、ドローンレースには多数の観客が集まるため、「多数の者の集合する催し」の上空での飛行にあたり、国土交通大臣の承認が必要となります。さらに、人または物件から30m未満の距離における飛行にも該当することがあり、この観点からも国土交通大臣の承認が必要となる場合があります。

　特にFPVレースであれば屋外の飛行は必ず国土交通大臣の承認が必要となるため、レースの申込みも早めに締め切るなど留意が必要です。

3　航空法以外に留意すべき規制等

　DJIのPhantomやMAVICなど、一般に普及しているドローンでは2.4GHzの周波数帯を使用していますが、通信速度があまり速くはありません。空撮等の一般的な用途であればそれでも構わないのですが、レースではドローンから送られてくる画像をもとに非常に速いスピードで複雑なコースを飛行するため、わずかな時間差も許されません。そこで、特にFPVを用いたドローンレースでは、より多くの情報を伝送できる周波数帯を用いることが必須となってきます。

　上記用途に適しているのは5.6～5.8GHzの周波数帯ですが、このような周波数帯を使うFPV機器はアマチュア無線局にあたるため、その無線設備の操作は無線従事者（第四級アマチュア無線技士以上）によって行われる必要があります。

　そのため、FPVレースに参加するにはアマチュア無線技士の国家試験に合格するか、各地で開催されるアマチュア無線技士の養成を目的とした「養成課程講習会」を受講してアマチュア無線技士の資格を得てからアマチュア無線局を開局する必要があります。

事例18 水上・水中ドローン

定置網の点検に水中ドローンを利用することを考えていますが、水中ドローンを利用する際に留意すべき法律はありますか。

1 水中ドローンの登場

本書で扱うドローンは、空中を飛行する無人航空機を指しますが、近年、水上や水中を航行・潜航することができる小型無人機、いわゆる水上ドローン・水中ドローンの開発や利用が進んでいます。

株式会社FullDepthは、産業用水中ドローンの製造・販売に特化した会社で、その利用は、洋上風力発電、ダム、管路や養殖設備の点検などに及んでいます。

その他、水中ドローンの利用は、水中事故の調査、定置網や船の点検などの漁業分野、海中インフラ設備の点検、水難救助など、様々な場面で進みつつあります。

2 留意すべき法律

❶ 船舶にあたるか

法律の適用を考えるにあたっては、まず、水中ドローンが各法律に定める「船舶」にあたるかを検討する必要があります。

海上交通ルールを定める海上衝突予防法および海上交通安全法では、「船舶」は「水上輸送の用に供する船舟類」と定義されています（海上衝突予防法3条1項、海上交通安全法2条2項1号）。通常の水中ドローンは「水上輸送の用に供する」ものではないため、これらの法律における「船舶」ではないと考えられます。

また、船舶操縦について定める船舶職員及び小型船舶操縦者法では、

小型の船舶が適用除外とされており（同法2条1項2号、同法施行規則2条2項1号、船舶職員及び小型船舶操縦者法施行規則第2条第2項第1号の船舶を指定する件）、水中ドローンは少なくともこれに該当すると考えられます。

他方、港則法、船舶安全法、小型船舶の登録等に関する法律、船舶法には、「船舶」の明確な定義がありません。国交省は2019年4月に「遠隔操縦小型船舶に関する安全ガイドライン」を定めて遠隔操縦小型船舶への法律の適用関係について明確化していますが、ここでも水中ドローンについて特に明確化されていません。

このように、条文上は必ずしも明確ではないですが、一般には、いずれの法律でも「水上輸送の用に供するもの」のみを「船舶」と考え、水中ドローンはこれにあたらないと考えられています。

❷ その他に留意すべき法律

水中ドローンが船舶にあたらないとしても、他の船舶の航行を妨げるような行為をしてはいけません。故意に水路を損壊または閉塞して往来の妨害を生じさせた者は往来妨害罪にあたります（刑法124条1項）。また、過失により艦船の往来の危険を生じさせ、または艦船を転覆・沈没・破壊した者は、過失往来危険罪にあたります（刑法129条1項）。

また、東京湾、伊勢湾および瀬戸内海に適用される海上交通安全法36条1項1号は、航路またはその周辺の政令で定める海域で工事または作業をしようとする者は、海上保安庁長官の許可を得なければならないとしています。さらに、それ以外の海域において工事または作業をしようとする者は、海上保安庁長官に届け出なければならないとされています。ただし、漁具の設置その他漁業を行なうために必要とされる行為などは、これらの許可・届出の例外となっています。

港内の交通に適用される港則法31条1項も、特定港内または特定港の境界附近で工事または作業をしようとする者は、港長の許可を受けなければならないとしていますので、水中ドローンを利用する場所や作業内容によっては注意が必要です。

事例19 ドローン用アプリケーションの開発・提供

> ドローンの飛行に使うアプリケーションをクラウドサービスで提供したいと思っています。ドローンの飛行自体は行いませんが、留意すべき法律はありますか。

1 ドローン用アプリケーションの重要性

　ドローンは、従来の無人航空機に比べて操作性に優れ、また自律飛行が可能であるなど、その汎用性に大きな特徴があります。したがって、様々なソフトウェアをドローンと組み合わせることによって、エンターテイメント、スポーツ、広告、福祉、その他多用な用途に利用可能であり、その意味で、ドローンに関連するソフトウェアやアプリケーションは大きな重要性を持つといえます。

　ドローンが収集してきたデータを管理する際にもクラウドサービスは有用といえます。例えば、株式会社 CLUE が提供する DroneCloud は、ドローンで撮影した映像や飛行ログ等のデータをクラウド上で管理することができます。

2 本事例の検討

　クラウドサービスの提供者は、利用者がサーバー上においてアプリケーションを利用し、そのデータを保存・管理することができるようにします。利用者は、インターネット環境があればクラウドサービスを利用できます。もし、クラウドサービスが「他人の通信を媒介」するサービスに該当する場合には電気通信事業に該当し、電気通信事業法上の届出を要する可能性があります。

　「他人の通信を媒介」するとは、複数の利用者がサーバー上のアプリ

ケーションを通じてメッセージを交換できるような場合です。これに対して利用者がサーバーにアクセスして、自らのデータを閲覧・利用することができるだけであって、他者との通信を行わないオンライン・ストレージのような場合には、電気通信事業には該当しませんから、届出は不要です。

　ドローンの飛行・運用管理に関するクラウドサービスは、実際にドローンを飛行させる者が自らの業務のために利用するものであって、一般的には電気通信事業には該当しないと思われます。将来的に複数の事業者が、ドローン飛行の運用調整のために相互に通信を行うためのクラウドサービスが登場するような場合には、電気通信事業に該当する可能性があります。

事例20　ドローン運航管理システム（UTM）の提供

事例20　ドローン運航管理システム（UTM）の提供

> ドローンの運航管理を行うシステムのサービスを提供したいと考えています。ドローンの運航は各事業者が行う予定ですが、ドローンの事故が起きた場合の責任についてどのように考えればよいのでしょうか。

1　UTM の重要性

　政府がドローンのレベル 4（有人地帯での目視外飛行）を2022年度にも実現すべく取り組む中、無人航空機の運航管理システム、いわゆる UTM（UAV Traffic Management）の開発が進められています。

　今後、ドローンは数多くのものが自律制御により飛行していくこととなります。数多くのドローンが飛行をすれば、機体同士の衝突や有人機との衝突などを避けるため、各ドローンの機体位置や気候などの周辺環境を把握した上で、ドローン同士の飛行を自動的に調整する機能が必要となります。

　日本でも、国立研究開発法人新エネルギー・産業技術総合開発機構（NEDO）が中心となって、UTM の実証実験を進めています。また、民間企業でもテラドローン株式会社は、UTM の開発を進めており、台湾などでも実証実験を行っています。

2　本事例の検討

❶　UTM の特長

　UTM が実際に運用される状況では、非常に多くの関係者の関与のもと、複雑なシステムが多重的に構築されるという特長があります。

257

例えば、NEDO が行った物流等のサービスを実現する運航管理システムの研究開発では、運航全体を統括する運航管理統合サブシステムのもと、各事業者の運航管理サブシステムがドローンオペレータによるドローンの運航を管理します。これらのシステムには、空域監視システム、気象情報システム、地図情報データベースなどから情報が提供されています。ドローンオペレータがドローンを運航する場合、まず飛行前に飛行計画を運航管理サブシステムに対して申請し、運航管理サブシステム内で飛行計画を調整した後に、運航管理統合サブシステムに対して飛行計画の重複を確認し、承認が得られた後にドローンオペレータがドローンを運航しますが、これらの申請・承認の手続がすべて自動で即時に行われることが想定されています（図表 4 - 4）。

図表 4 - 4　UMT の運用モデル

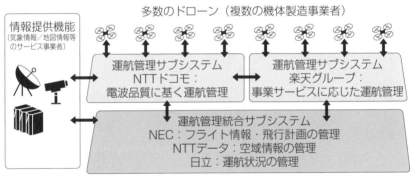

出所：国立研究開発法人新エネルギー・産業技術総合開発機構ホームページ

❷　UTM 誤作動の責任

このような UTM の特長から、仮に UTM に従って運航しているドローンが事故を起こして第三者に損害を与えた場合に、誰が責任を負うのかは難しい問題となることが予想されます。

ドローンが事故を起こした場合、不法行為（民法709条）により過失がある者が損害賠償責任を負うことになります（266頁参照）。損害を被っ

た第三者としては、ドローン製造業者、ドローンオペレータ、システム管理者、情報提供者などの UTM の関係者の中で、誰に過失（原因）があってドローンが事故を起こしたのか分かりませんので、関係者全員を相手方に請求した上で、裁判などにおいて原因を追及するしかありません。

　また、UTM の関係者の間で誰が責任を負うかは関係者間の契約などによって定まりますが、一方的に誰かが全責任を負うという契約を締結することは考えづらく、関係者間の責任分担を決めるためにも、やはりドローンの事故原因を検証することが必要となります。

　このように、UTM では非常に多くの関係者が関与し複雑なシステムが構築されるため、原因究明が容易ではなく、迅速な被害者救済が行われないのではないかという懸念があります。

　この点、官民協議会は、「小型無人機の有人地帯での目視外飛行実現に向けた制度設計の基本方針」（2020年3月）において、自動車の人身事故について運行供用者（所有者）が一次的な責任主体となる自動車損害賠償保障法を参考にしつつも、「事故の特性や補償の範囲、制度的担保、市場規模・普及状況の違いの点を踏まえると、自動車の自賠責保険制度をそのまま小型無人機に導入することは適切ではない」と結論づけています。

　そして、民間保険の商品化の充実、小型無人機を飛行させる者の保険加入の促進を行うとしつつ、「将来的には、自動車における検討結果を踏まえ新たな制度についての結論を得る」としています。

　UTM が実際に利用されるようになった場合、それにより生じる事故の救済を迅速に行うために、ドローン事故の責任主体を一元化することや、保険加入を義務化することが考えられますが、これらの問題はまだ将来的な課題として残っている状況です。

第5章

ドローンの利用に伴う法的責任

① ドローンによる事故と法的責任

① ドローンによる事故の増加

　現在、ドローンは様々な場面で利用されるようになり、その新たな活用の試みが日々報じられています。他方で、ドローンが何らかの原因により墜落するという事故も起こるようになりました。

　イギリスのガトウィック空港では、滑走路付近で飛行しているドローンが目撃されたことから、2018年12月19日から3日間にわたり断続的に滑走路が閉鎖され、約1,000便、14万人の乗客がキャンセル等の影響を受けたと報道されています。その約3週間後の2019年1月8日に、ヒースロー空港でもドローンが目撃されたことから、約1時間にわたって滑走路が閉鎖されたと報道されています。幸いにも飛行機と衝突するなどの事故には至っていませんが、ドローンの飛行がもたらす影響の大きさを物語っています。

　また、2017年には、岐阜県大垣市の大垣公園内で、イベントの一環として行われたドローン菓子撒きにおいて、飛行中のドローンがバランスを崩して高度約10mから落下し、観客3名を負傷させる事故が発生しました。本件では、ドローン事業会社の代表者が、国の許可を受けた機体とは別のドローンを飛行させた航空法違反の罪で2019年4月に罰金20万円の略式命令を受けました。なお、業務上過失傷害については不起訴となっています。

　ドローンによる事故を防止し、安全性を確立していくことが喫緊の課題となっていますが、それでもなおドローンによる事故をなくすことはできません。

② 3つの法的責任

　それでは、ドローンの墜落事故が発生した場合には、どのような責任が生じるのでしょうか。一般的に法的責任は、「民事上の責任」「刑事上の責任」「行政上の責任」という3つに区分することができます。

　民事上の責任とは、典型的には加害者の行為により被害を受けた者に対する損害賠償責任です。例えば、交通事故があった場合には、加害者は被害者に与えた損害を賠償する責任があります。ドローンの飛行を行った者が事故を起こして第三者に損害を与えた場合にも、加害者は被害者に対して損害賠償責任を負う可能性があります。

　刑事上の責任とは、犯罪を犯したとして刑罰を科せられることをいいます。ドローンの飛行を行った者が不注意で事故を起こして第三者に傷害を負わせた場合は、過失傷害等の罪に問われる可能性があります。

　行政上の責任とは、違反行為を行った場合に行政庁から免許取消等の制裁を科せられることをいいます（刑罰とは異なる）。現在、ドローン事故が発生した場合であっても、そのこと自体によって直接行政庁から制裁を受けることはありません。

② ドローンによる事故の民事責任

① 事故に基づく民事上の責任

　万が一、ドローンが何らかの原因により墜落してしまった場合でも、幸いにも人にケガをさせたり他人の所有物を損壊させたりせずに済むケースも多く、そのような場合には事故自体によって民事上の責任が発生するわけではありません。

　他方で、ドローンが墜落して人や他人の所有物にぶつかってしまった場合には、事故に基づく民事上の責任が発生することがあります（図表5-1参照）。

図表5-1　事故における民事上の責任主体

		賠償を請求できる者	
		第三者	ドローン使用者
責任主体	ドローン使用者	不法行為責任 ・ドローンの墜落による人損 ・ドローンの墜落による物損	不法行為責任 ・ドローン同士の事故
	メーカー	製造物責任 ・ドローンの欠陥による事故の発生 不法行為責任	製造物責任 ・ドローンの欠陥に起因する事故でドローン本体以外にも損害が発生 不法行為責任
	販売者	製造物責任	契約不適合責任 債務不履行責任

❷ ドローン事故の現状

ドローンが普及するにつれ、ドローンの墜落等による事故によって人的・物的被害が生じるケースが増えてきています。ドローンに関する事故等は、操縦ミス、整備不良、突風等の様々な原因により発生しており、上記のドローン菓子撒きイベントの参加者が負傷した事案以外にも、自動車や家屋に墜落したものや、操縦者、関係者が負傷した事案、墜落後に発火して落ち葉や草に延焼した事案等が国土交通省に報告されています。今後、ドローンが普及するにつれて様々なレベルでの安全対策をしていくと同時に、事故が発生した場合の責任について検討し、そのリスクを踏まえた対策を立てていく必要があります。

❸ 飛行を実施した者の責任

ドローンによる事故が発生した場合、ドローンを飛行させた者は、被害者に対して損害賠償責任を負う場合があります。

1 不法行為責任

故意または過失により他人に損害を与えたときの損害賠償責任については、民法709条（不法行為による損害賠償）に「故意又は過失によって他人の権利又は法律上保護される利益を侵害した者は、これによって生じた損害を賠償する責任を負う」と定められており、とてもシンプルなものです。なお、この責任を一般に「不法行為責任」と呼びます。

この不法行為責任が認められるためには、損害賠償を請求する被害者の側で、次の4つの要件が満たされていることを主張・立証する必要があります。

① 権利または法律上保護される利益が侵害されたこと
② ①について故意または過失があったこと
③ 損害の発生および額

④ ②の行為によって③の損害が発生したこと（因果関係）。

これらの要件のうち、ドローンによる事故を想定したときにポイントとなるのが②の「過失」の要件です。過失とは、被害という結果の発生が予見できたにもかかわらず、結果の発生を回避するために必要とされる措置を講じなかったことをいいます。ドローンが墜落して事故が発生した場合でも、ドローンを飛行させた者がきちんと注意すれば事故を回避できたのであれば、過失があったということになります。

また民法上、例えば会社の従業員に業務の過程で不法行為があった場合、直接の過失によって事故を起こしたのは従業員個人であっても、多くの場合、従業員だけではなく会社も被害者に対して損害賠償責任を負います。

民法715条は、被用者（従業員）が事業の執行について第三者に損害を加えた場合に、使用者（会社）も損害賠償責任を負うことを原則として定めています（使用者責任）。

そして、使用者が例外的に責任を負わない場合は、次の2つに限ります。

① 使用者が被用者の選任・監督について相当の注意をしたとき
② 相当の注意をしても損害が生じてしまったとき

例えば、測量会社がその業務としてドローンを使用して測量を行っている際に、従業員がドローンの操縦ミスにより第三者に損害を与えた場合、原則として当該測量会社も第三者に対して損害賠償責任を負うことになります。

他方で、測量会社に業務を発注した者は、その指示に過失がない限りは被害者に対して損害賠償責任を負うことはありません（民法716条）。

2 想定される過失の検討

ドローンが墜落する原因をいくつか想定し、その場合におけるドローンを飛行させた者の過失について以下で検討します。

❶　バッテリー切れ

　現在、市販されているドローンの飛行時間は、長いもので40分前後とされており、ドローンがバッテリー切れによって墜落するケースはよくあるといわれています。

　ドローンを長時間飛行させればバッテリーが減少し、最終的には墜落に至ることが予見できる以上、ドローンの使用者はそのような事態を回避するために、常にバッテリーの残量に注意し、バッテリーが少なくなった場合には飛行を中止するなどの措置をとる必要があります。そのため、バッテリー切れにより墜落した場合には、過失が認められることが多いでしょう。

　なお、気温が低かったり、風が強かったりしてバッテリーの消耗が早かったとしても、そのような状況を考慮してバッテリーの消耗に配慮しつつ飛行すべきであるため、それだけで過失がないということにはなりません。

❷　電波障害等

　電波塔の近くや鉄橋や線路等の近くで飛行を行うと、電波干渉によりドローンのコントローラーの信号が伝わらなくなることがあります。そのような場合、操縦不能となったまま墜落する可能性があります。

　飛行前に電波障害が予測できる地域や環境下であえて飛行を行ったとすれば、過失が認められる場合があるので注意が必要です。

❸　強風、雨天、雷など悪天候下での飛行

　ほとんどのドローンは、穏やかな気象条件の下での使用が想定されています。雨天時の飛行でドローンの機体に雨が入り込んで故障したり、強風時の飛行でドローンが風に流されたりして、墜落する場合があります。

　悪天候下でドローンを飛行させたとすれば、ドローンが墜落することも予測できるため、そのような飛行を実施することは避ける必要があり、それでもなお飛行を実施したことについては過失が認められる場合

が多いと考えられます。

❹ 操縦ミスによる事故

ドローンの操縦方向を誤ったり、スピードを出し過ぎることによって、墜落や衝突に至る場合があります。

このような操縦ミスに起因する事故では、基本的に過失が認められることになります。

3 自動飛行機能の拡充と法的責任

現在市販されているドローンの中には、飛行させたい方向を指定するだけで自律飛行する機能や、設定した被写体を自動的に追尾する機能を持つものもあります。このようなドローンについては、操縦ミスを問題とすることは難しい場合も少なくありません。

もっとも、事故を起こした瞬間には操縦をしていなかったとしても、飛行をさせる判断をした者に過失がなかったか、また、非常時の対応について十分に準備できていたかといった点で過失が問題となる場面は当然にあります。

具体的には、ドローンを自動飛行モードで飛行させた場合であっても、自動飛行モードにすべきではない状況（強風等）で自動飛行モードにした場合、また、自動飛行モード中でも非常時で人の操縦が必要になったにもかかわらず行わなかった場合には、過失が認められて操縦者が責任を負うことになります。

4 過失についての留意事項

ドローンによる事故が発生した場合の過失の判断は、最終的には個別の事情によることになります。ドローンを使用する者や会社等としては、ドローンを飛行させる際のチェック項目の整備や操縦者の技能向上・研修等を通じて、ドローンの事故を予防するための措置を講じておくことが重要です。

なお、航空法上の許可なしに飛行禁止区域を飛行したり、あるいは承認が必要な飛行方法にもかかわらず、承認を受けずに飛行を行った場合は航空法違反となりますが、その場合、直ちに民事上の不法行為責任が認められるというわけではありません。しかし、航空法に違反するようなドローンの飛行を行っていることは、過失を基礎付ける重要な要素となりますので、この観点からも航空法による規制を遵守して飛行を行うようにしましょう。

5 損害の範囲

　不法行為責任において賠償をしなければならない「損害」とは、不法行為がなければ被害者が置かれていたであろう財産状態と、不法行為があったために被害者が置かれた財産状態との差額です。損害の計算方法としては、損害を項目ごとに積算して算定していくという方式がとられます。そして、不法行為による損害は、加害者の故意または過失による権利侵害行為と因果関係が認められる範囲で認められます。

　ドローンによる事故が発生した場合、事故によって損壊した物の財産的価値、人に傷害を与えた場合はその治療にかかる費用や慰謝料等を合算したものが損害となり、ドローンを飛行させた者はその範囲で損害を賠償することになります。

　また、ドローンが墜落した後、ドローンを飛行させた者が墜落したドローンを放置していたところ、電池から発火して火災を起こしてしまったような場合は、火災によって生じた損害も損害賠償責任の範囲に含まれることがあるので注意が必要です。

❹ ドローンの製造業者等の責任

　現状では、ドローンによる事故の原因として多いのは、ドローン本体の不具合よりも、バッテリー切れや操縦ミスなど、ドローンを飛行させた者の過失によるものです。他方で、ドローンの機体自体の不具合により事故

が発生することも考えられ、その場合にはドローンを製造した会社がドローンの事故にあった者に対して損害賠償責任を負うことがあります。そこで以下では、製造業者等の責任に関して規定した製造物責任法について、また、ドローンを製造、輸入等する者の責任について検討します。

1　製造物責任法とは

1995年7月1日に施行された製造物責任法は、製品に関連した事故における被害者の円滑かつ適切な救済という観点から、損害賠償請求を行う際の被害者の立証負担を軽減した法律です。

民法709条に基づく不法行為責任については、損害賠償請求を行う者が加害者に「故意または過失」があることを主張・立証しなければなりません。しかし、被害者は製造過程の詳細等を知らないため、どのようにして製品に欠陥が生じたのかがわからず、証拠を集めて過失を主張・立証していくことは現実にはかなり困難です。そこで、製造物責任法は過失の立証を要しない「無過失責任」を採用しています。

不法行為責任と製造物責任を比較すると**図表5-2**のとおりです。

図表5-2　不法行為責任と製造物責任の比較

	不法行為責任（民法709条）	製造物責任
責任	過失責任	無過失責任 ただし「欠陥」の主張・立証が必要
位置付け	一般法	特別法
期間制限	損害および加害者を知ったときから3年間＊、不法行為のときから20年間（民法724条）	損害および賠償義務者を知ったときから3年間＊、引き渡したときから10年間（製造物責任法5条）

＊人の生命・身体の侵害の場合には、2020年4月1日に施行された改正民法により、損害および加害者を知ったときから5年間となります（改正民法724条の2、改正製造物責任法5条2項）。

このように製造物責任法においては、損害賠償請求を行う者が「欠

陥」を主張・立証する必要はあるものの、過失については立証する必要はありません。

2 製造物責任の責任主体

製造物責任法上、責任を負う主体は「製造業者等」であるとされ、製造業者等は製造物責任法2条3項1〜3号で次のように定義されています。

① 製造物を業として製造、加工または輸入した者（1号）
② 製造業者として製造物にその氏名、商号、商標その他の表示をした者、製造物にその製造業者と誤認させるような氏名等の表示をした者（2号）
③ 製造物の製造、加工、輸入または販売に係る形態その他の事情からみて、製造物にその実質的な製造業者と認めることができる氏名等の表示をした者（3号）

まず①では、「業として製造、加工または輸入した者」が製造物責任を負うべき主体となります。ここでいう「業として」とは、同種の行為を反復継続して行うことですので、ドローンを製造しているメーカー、海外製のドローンを輸入・販売している会社は責任主体となります。

また②では、自ら製造、加工、輸入を行っていなくても、製造業者、加工業者または輸入業者として自己の氏名等の表示を行った場合には、責任主体となることが定められています。そのため、OEM供給（委託者商標による受託者製造）を受けたドローン本体に会社のロゴを付けて販売したり、取扱説明書等に会社名等が表示されている場合には、製造、加工、輸入を行っていなくても責任主体となり得ます。

③では、②に該当しない場合であっても、その他の事情によって、実質的な製造業者と認められる者が責任主体となることを定めた規定です。ドローンの製造自体は行っていなくても、ドローンの製造段階から指示を与え、ドローンの一手販売を行うような販売者は、この規定によ

り責任主体となる場合があります。

3 製造物責任法における「欠陥」の定義

製造物責任は、製造業者に過失がなくても生じる「無過失責任」ですが、事故が生じれば必ず責任を負うという結果責任ではなく、「欠陥」がある場合に責任を負うものです。

「欠陥」とは、「製造物が通常有すべき安全性を欠いていること」をいい、「当該製造物の特性」「通常予見される使用形態」「製造業者等が当該製造物を引き渡した時期」「その他の当該製造物に係る事情」を考慮して判断されます（製造物責任法2条2項）。

欠陥の概念については法文上で類型化されていませんが、一般的に欠陥の類型には、設計上の欠陥、製造上の欠陥、指示・警告上の欠陥という3類型があるとされます。

❶ 設計上の欠陥

製造物の設計段階で十分に安全性に配慮しなかったため、製造物が安全性に欠ける結果となった場合をいいます。製造物の有用性や効用と危険性を比較して、設計自体が適切であったかという観点から判断が行われることになります。

ドローンを通常の方法で使用していたにもかかわらず、そのドローンが通常の使用にも耐えられない設計仕様であったために墜落したという場合には、設計上の欠陥が認められます。

❷ 製造上の欠陥

製造物が設計・仕様どおりに作られず、安全性を欠く場合をいいます。問題となった製品が、意図された設計や仕様から逸脱して作られたかという観点から判断が行われることになります。

市販されているドローンについて、その生産過程で一部に設計から逸脱した不良品が混入し、その不良品が流通して使用された結果として事故が発生した場合には、製造上の欠陥が認められます。

また、オーダーメイドのドローンを製作して販売したときに、その製作の不備を原因として事故が発生した場合には、製造上の欠陥が認められる可能性があります。

❸　指示・警告上の欠陥

　有用性や効能との関係上、除去可能な危険性が製造物に存在する場合に、その危険性の現実化および事故の発生を消費者が防止・回避するために必要な情報を製造業者が与えなかった場合をいいます。製造業者があらかじめ危険性を予見することができたか、指示・警告によって消費者を適切な使用に導いて危険を回避することができたかという観点から判断されます。

　ドローンの有用性が高いとはいっても、基本的な知識が欠けていたり、適切に使用されなかったりした場合には、墜落して事故が発生するリスクがあります。そのため、取扱説明書等で事故の危険性を周知し、正しい使い方を説明する必要があります。

　具体的には、取扱説明書により事故の危険性を警告したり、飛行を行う前に通信機器やバッテリーの状況、周辺の環境、天候等の確認すべき事項を列挙したり、正しい使用方法を指示したりする必要があります。

図表5-3　欠陥の類型

①　設計上の欠陥 　　製造物の設計段階で十分に安全性に配慮しなかったため、製造物が安全性に欠ける結果となった場合 ②　製造上の欠陥 　　製造物が設計・仕様どおりに作られず、安全性を欠く場合 ③　指示・警告上の欠陥 　　有用性や効能との関係上、除去可能な危険性が製造物に存在する場合に、その危険性の現実化及び事故の発生を消費者が防止・回避するために必要な情報を、製造業者が与えなかった場合

4　賠償すべき損害の範囲

　製造物の欠陥によって当該製造物が滅失したり、故障するなど損害が製造物についてのみ生じた場合には、製造物責任は適用されません（製造物責任法3条但書）。例えばドローンの欠陥により、ドローンが墜落してドローンの機体が損傷を受けたものの他に被害は生じなかったというような場合には、製造業者等が製造物責任に問われることはありません。しかし、不法行為責任、債務不履行責任など別の理由で製造業者の損害賠償責任が問われる可能性はあります。

5　使用者の誤使用と製造物責任

　使用者が製造物の本来的な用途や用法を大きく逸脱し、製品を使用して事故が発生した場合には、製品の「欠陥」の存在や、欠陥と事故との因果関係が否定される傾向にあります。

　例えば、多くのドローンは穏やかな気象条件の下で使用されることが想定されているにもかかわらず、雷や強風といった気象条件下で使用したために、ドローンが墜落したというような場合です。このような場合には、ドローンを飛行させた者が適切にドローンを使用しなかったために事故が発生したので、欠陥や因果関係が否定されて製造物責任が否定される場合が多いでしょう。

　もっとも、誤使用であっても合理的に予見できる誤使用については、製造物責任が認められることがあります。そのため、ユーザーがドローンを通常どのように使用するかを想定したうえで、ドローンの設計等を検討する必要があります。

6　開発危険の抗弁

　製品を流通においた時点における科学・技術知識の水準によって、製品に欠陥があることを認識できなかった場合には、製造業者等は免責さ

れ、製造物責任を負いません（製造物責任法4条1号）。このことを「開発危険の抗弁」といいます。

これは、科学・技術の知識の水準に照らし、発見することができない欠陥についても製造業者等が責任を負うとすれば研究開発が阻害されることから、そのような事態を防止するために規定されているのです。

もっとも、開発危険の抗弁が緩やかに解釈されると、無過失責任とした趣旨を没却することになるとの批判があり、判例においても開発危険の抗弁は厳格に解釈されています。

ドローンは研究開発が活発なため、今後の技術革新が見込まれる分野ですが、判例の傾向からすれば製造物責任が問題になった場合に、開発危険の抗弁が認められるケースは一般的には多くはないでしょう。

5 ドローンに関する保険

ドローンの利用が拡大する一方で、ドローンによる事故が発生しています。事故が発生した場合には、機体自体が損壊するだけでなく、前述のように第三者に対して損害を賠償する責任があります。それとともに、こうしたリスクを補償する新たな保険商品が登場しています。このような保険は、ドローンが普及していくうえでのリスクを補償し、ドローンの活用を支えるものといえます。

1 ドローンによって生じるリスク

ドローンの事故によってリスクを負う主な主体としては、まず、ドローンの使用者（事業者、個人）があげられます。また、前述の製造物責任の観点からドローンの製造業者もリスクを負っているといえます。

ドローンによる主なリスクには次の2つがあります。
① 他人に傷害を負わせる、あるいは他人の財産を損壊させるという賠償リスク
② ドローン本体に生じる物的損害リスク

2 従来の保険による対応

　上記のようにドローンによって生じるリスクは、従来の保険商品でも対応可能です。まず、ドローンの使用者の賠償リスクについては、会社等の業務上の使用であれば施設賠償責任保険、個人のレジャー目的等の使用であれば個人賠償責任保険によってそのリスクに対応することができます。また、ドローン本体の物的損害に係るリスクについては動産総合保険によって対応することができます。

　さらに、製造業者が負うドローンの欠陥等によって生じた賠償リスクについては、生産物賠償責任保険（PL保険）によって対応することができます。

図表5-4　ドローンの使用によって生じるリスクと対応する保険

	内容	具体例	対応する保険（例）
賠償リスク	他人に対して損害賠償義務を負うリスク	・ドローンを歩行者に接触させたためにケガを負わせた。 ・ドローンを人の家屋に接触させ屋根を損壊させた。	・個人向け 個人賠償責任保険 ・事業者向け 施設賠償責任保険
物的損害リスク	ドローン本体に対して生じる物的損害リスク	・操縦ミスによる機体の損壊 ・ドローンの盗難被害	動産総合保険

3 ドローンに特化した保険

　2015年に、日本の複数の大手損害保険会社はドローン用の保険商品を発表しました。これらのドローン保険は、事業者向けに施設賠償責任保険と動産総合保険をセットにして販売されているものであり、個人がレジャー目的等で使用する場合は対象とはなっていません。これらの保険

では、ドローン事故が発生した場合の対物・対人の賠償責任とドローン本体の損害を補償します。

　また、オプションプランとして、人格権侵害が発生した場合に負う賠償責任について補償するプラン、ドローンの捜索・回収に要した費用を補償するプラン、事故再発防止のための操縦訓練費用を補償するプランも存在します。

　なお、個人がレジャー目的等で使用するドローンに関して保険に加入するためには、一般財団法人　日本ラジコン電波安全協会のラジコン操縦士登録を行ったうえで、ラジコン保険に加入するという方法があります。

　さらに、ドローンメーカーが自社製品のユーザーに対して提供する保険商品もあります。今後、ドローンの普及や活用がさらに進むにつれて、ドローンを対象とする保険商品についても、さらに拡充されていくことが見込まれます。

　小型無人機に係る環境整備に向けた官民協議会の第13回会合（2020年3月）で取りまとめられた「小型無人機の有人地帯での目視外飛行実現に向けた制度設計の基本方針」では、レベル4の社会実装に向けた被害者救済のあり方についての検討結果が示されています。今後、ドローンの利用の規模や形態が拡大することが想定される中、事故等により被害者が被った損害を補償するための対策として、ドローン専用の保険商品の充実、ドローンの使用者による保険加入の促進、既存の賠償責任保険ではカバーできないおそれのある自動・自律運転時における事故の賠償のための保険商品の活用促進等の対策の推進が示されています。

3 ドローン事故に関するその他の責任や規制

① 刑事責任等

ドローン事故が発生した場合、ドローンを飛行させた者は民事責任とは別に、刑事責任を負う場合があります。

1 刑法上の留意点

ドローンを過失により墜落させて通行人等にケガを負わせた場合には過失傷害罪に問われ、30万円以下の罰金または科料となる可能性があります（刑法209条1項）。

また、事業目的でドローンを使用し、通行人等を死傷させた場合には、業務上過失致死傷罪に問われ、5年以下の懲役もしくは禁錮または100万円以下の罰金となる可能性があります（同法211条前段）。

ドローンを悪用して事故を起こしたような場合には刑法上の故意犯に問われる可能性があります。例えば、故意に物を壊した場合には建造物損壊罪（同法260条前段）、器物損壊罪（同法261条）、故意にドローンで人を攻撃した場合には、暴行罪（同法208条）、傷害罪（同法204条）に問われる可能性があります。いわゆる首相官邸ドローン侵入事件では、ドローン使用者が威力業務妨害罪（同法234条）に問われ、有罪判決を受けています。

2 航空法上の留意点

事故の発生を直接規定しているわけではありませんが、国土交通大臣の許可なく飛行禁止区域で飛行させた場合や、国土交通大臣の承認なし

に航空法132条の2に定められている飛行方法以外で無人航空機を飛行させた場合には、50万円以下の罰金に処せられる可能性があります（航空法157条の5）。

報道等によれば、ドローンの飛行に関して航空法違反で検挙された事案の件数は、2016年の36件から、2020年には85件へと増加するなど、不適切な飛行も増加しています。

また、2019年4月には岐阜県で航空法違反の罪で罰金20万円の略式命令を受けた事件もあります（263頁参照）。

❷ 行政上の責任等

航空法上はドローンを操縦して事故を発生させた場合でも、そのことによって直接、その後のドローンの使用が禁止されるなどの制裁を受けることはありません。

ただし、2019年改正航空法では、国土交通大臣が無人航空機を飛行させる者等に対して報告徴収および立入検査を行うことができることとされ（134条1項9号）、これらに対して、報告懈怠、虚偽報告、検査の拒否、妨害、忌避または質問に対する虚偽陳述を行うと、100万円以下の罰金となる可能性があります（同法158条、両罰規定として159条2号）（131頁参照）。

また、航空法上の許可・承認を得て飛行を行った場合には、事故についての報告が必要となることがあります。航空法上の許可・承認が必要になるケースでは、国交省が公表している「無人航空機の飛行に関する許可・承認の審査要領」を参考に申請書を作成している場合が多いと思われます。

この審査要領に従って、申請書に「無人航空機を飛行させる際の安全を確保するために必要な体制に関する事項」（航空法施行規則236条の3第7号（236条の14第7号）・236条の6第7号（236条の17第7号））として、ドローン事故が発生した場合には、許可等を行った国交省航空局次世代航空モ

ビリティ企画室、地方航空局保安部運用課または空港事務所まで報告する旨が記載されているときは、それに従って報告をする必要があります。

　なお、航空法上の許可・承認を得る際の記載事項として、「無人航空機の飛行経歴並びに無人航空機を飛行させるために必要な知識及び能力に関する事項」（航空法施行規則236条の3第6号（236条の14第6号）、236条の6第6号（236条の17第6号））がありますので、事故後にドローンを飛行させようとして航空法上の許可・承認の申請を行う際、過去に事故を起こしたことが審査にあたって考慮されることはあるでしょう。

第6章

ドローンに関連する法規制の今後の課題

1 現時点での法整備の位置付けと課題

① ドローンに対する現時点での法整備の位置付け

　我が国におけるドローンをめぐる法規制は、2015年4月の首相官邸ドローン侵入事件を契機として、国交省が同年中に航空法を改正して小型無人機の飛行ルールを策定し、2016年に入ってからは議員立法による無人機規制法が成立しました。また、総務省が電波法施行規則等を改正して新たな電波割当てルールを策定するなど、政府も異例のスピードで取組みを進めてきました。

　このような法整備の進展は、それまでドローンに特化した公的ルールが皆無であり、また、ドローンの危険性等についてネガティブなイメージが広まっていた状況から比べれば、日本のドローン産業の発展のためには非常に重要な一歩であったといえます。

　それは、具体的な規制内容の評価については様々な立場からの意見があると思われますが、少なくとも何らかの公的ルールが創設されることにより、産業界としてはそのルールを前提としたビジネスモデルを構築することができるからです。そして、その後も2019年の航空法改正による飛行方法に関する制限の追加や、2020年の航空法改正による無人航空機の登録制度の創設、2021年の航空法改正による機体認証制度および技能証明制度の創設など、ドローンをめぐる法制度の整備は着実に前進しています。

② 課題に応じたさらなる法整備の必要性

　ドローンは、いわば「空の産業革命」としての新たな可能性を秘めた

技術であり、その用途は、公共利用、商用利用、個人利用に至るまで幅広く、様々な異業種からの参入も相次いでいる状況であり、自律飛行をはじめとして急速に進んでいる技術革新もそのような市場拡大の追い風となっています。

　実際に、国交省へのドローン飛行の許可・承認申請件数は（許可・承認申請件数は）増加を続け、2018年度には36,895件、2019年度には48,364件、2020年度には60,068件となっています。また、産業構造としてもドローンをめぐるビジネスは、当初のドローン単体のハードウェアを中心としたビジネスから、ドローン向けのOSやアプリケーションの開発競争、さらにはAI（人工知能）を利用したサービスの開拓を通じて無限大ともいうべきビジネス領域への拡大が期待されています。

　このような状況からしてもそう遠くない将来に、私たちの上空を多数のドローンが日常的に飛び交う光景が現実のものとなる可能性は十分にあります。しかし、「空の産業革命」が現実化し、多数のドローンが飛び交うようになった場合、航空管制システムもなしにそれぞれのドローンが勝手な経路を飛んでいたのでは大混乱となります。衝突事故が多発することが予想されますし、その他にも空の秩序を守るために解決しなければならない課題は山積しています。

　そのような中長期的な課題に鑑みれば、今後もドローンのさらなる安全確保に向けた制度の具体的なあり方や利用促進、技術開発等の諸課題について、政府が一丸となって分野横断的に取り組み、諸外国の動向も踏まえつつ法制度設計を継続的に深化させていくことが不可欠といえます。

② 官民協議会による「ロードマップ」の策定

① ドローンの本格運用に向けた「ロードマップ」

　前述のような問題意識を背景として、政府の「小型無人機に関する関係府省庁連絡会議」は、2015年11月13日付で「小型無人機の安全な飛行の確保と『空の産業革命』の実現に向けた環境整備について」を取りまとめました。

　その中では、技術開発、実用化支援など多方面にわたって環境整備を官民が連携して進めていくための課題を整理するとともに、「小型無人機に係る環境整備に向けた官民協議会」を立ち上げ、2016年夏頃を目途に制度設計の方向性を整理することを決定しました。

　官民協議会は、2015年12月7日に第1回会議を開催して以降、継続的に議論を進めており、2016年4月28日の第3回官民協議会で「利活用と技術開発のロードマップと制度設計に関する論点整理」を取りまとめ、官民が目指すべき方向としてのロードマップを示しました。

　その後、ロードマップは、2017年5月19日、2018年6月15日、2019年6月21日、2020年7月17日、2021年6月28日にそれぞれ改訂され、「空の産業革命に向けたロードマップ2021～レベル4の実現、さらにその先へ～」という名称となっています。

　ロードマップでは、小型無人機の利用形態を、［目視内／外］、［有人／無人地帯］といった区分に応じて「飛行レベル1～4」として分類し、全国的な本格運用についての達成目標時期を示しています（図表6－1参照）。

図表 6 - 1　小型無人機の利用形態

レベル	概　要
レベル 1	目視内・操縦飛行
レベル 2	目視内飛行
レベル 3	離島・山間部等の無人地帯での目視外飛行
レベル 4	都市部等の有人地帯での目視外飛行

❷ 「空の産業革命に向けたロードマップ2021〜レベル４の実現、さらにその先へ〜」の内容

　これまでのロードマップでは、2018年度に、無人地帯での補助者なし目視外飛行（レベル３）の実現、2019年度に有人地帯での補助者なし目視外飛行（レベル４）を2022年度目途に実現する旨の目標設定が行われ、2020年度には、「環境整備」（法整備）、「技術開発」に加えて、「社会実装」が新たな柱として追加され、全国で物流等の実証実験を実施するものとされてきました。

　2021年６月28日の官民協議会で決定された「空の産業革命に向けたロードマップ2021」では、過去１年間の以下の環境変化を踏まえた新たな取組みを行うことが規定されています。ロードマップ2021の詳細は、巻末の参考資料2のとおりです。

- 改正航空法（2021年6月11日交付）の成立による、機体認証、技能証明等によるレベル４の実現
- NEDOによる技術開発の進展によるリモートIDの技術規格の策定等
- 実証実験を通じた課題の解消による医薬品配送（薬機法）、上空通過の取扱い（民法、道交法等）

　新たな取組みの内容としては、当面は、離島・山間部でドローンのレベル４飛行を実現し、その後、人口密度の高い地域、多数機同時運航へと発展させていくことが定められています。具体的な取組みの内容とし

ては、図表6-2の事項が定められています。

図表6-2　「空の産業革命に向けたロードマップ2021」における具体的取組み

環境整備	・機体認証と操縦ライセンス導入に向けた詳細スケジュールを提示 ・第一種機体については、基準検討段階からメーカー等と情報共有し、速やかに実用化 ・上空における通信の確保について今後検討
技術開発	・将来の「複数事業者による多数機同時運航」の実現に向けた技術開発 ・機体認証の取得容易化のための試験方法の開発や産業規格化
社会実装	・物流については、実証実験の段階から事業採算性の確保を前提とした実用化 ・防災・災害対応については、先進的な取組を全国に横展開し、防災対策における位置づけを確立 ・自治体の連携強化に向けた取組の強化（情報共有プラットフォーム・ドローンサミット）

　社会実装については、さらに詳細に目標が定められています。物流については、物流機能の維持等の課題を解決するため、離島や山間部等においてドローン物流を社会実装するとともに、輸送される物資へのアクセスを向上させること、また、徐々に人口密度の高い地域に拡大させるとともに、より多くの機体の同時飛行を実現させることにより、持続可能な事業形態として実装することを目指すものとされています。そして、防災・災害対応としては、幅広い自治体においてドローンを災害対応の手法として選択し、災害発生直後の被災状況把握や、緊急物資の搬送をはじめとする防災の各場面で効果的に運用できるよう、先進的なドローン活用に係る取組の情報収集・横展開や、運用ルール等の環境整備、運航管理等に係る技術開発を行うものとされています。

　さらに、ロードマップ2021では「その先」として、将来的には、航空機、空飛ぶクルマも含めた一体的な"空"モビリティ施策への発展・強化を目指すことが定められています。

3 ドローンについてのその他のガイドライン等の策定

① 基本方針の制定

　2022年度の無人航空機のレベル4（有人地帯での補助者なし目視外飛行）の実現のために、2020年3月31日、官民協議会によって「小型無人機の有人地帯での目視外飛行実現に向けた制度設計の基本方針」が決定されました。

　基本方針では、レベル4の実現のために、①使用する機体の信用性、②操縦する者の技能、③運航管理の方法が飛行のリスクに応じて適切であることが担保されるための制度作りが必要であるとして、それぞれの制度等の基本的な方針が定められ、これに従った航空法の改正が行われました。

　その他基本方針では、レベル4の社会実装にあたって、安全性の確保に加えて、小型無人機を安心して利用できる環境を整備し、社会の受容性の向上を図っていくことが重要であるという観点から、①被害者救済、②プライバシーの保護、③サイバーセキュリティ、④土地所有権と上空利用の在り方、という4つの論点についてその対応方策が示されています。

　その概要は、図表6-3のとおりです。

3 ドローンについてのその他のガイドライン等の策定

図表6-3

	解決すべき課題	対応方法
被害者救済	賠償資力の確保	・事故の特性、市場規模等を踏まえると、自賠責制度をそのまま導入することは適切でない ・民間保険の商品化充実や、保険加入の促進を実施
	自動／自律運転時の責任主体	・自動車における議論・検討を踏まえ結論を得る ・それまでは被害者支援の観点からの付加的商品の普及促進
プライバシーの保護	被撮影者の同意なき撮影の防止、映像削除等の事後対応	・操縦者の遵守事項としてプライバシー保護を取扱説明書に位置付け ・セミナー等を通じた知識の普及
サイバーセキュリティ	情報漏洩、無線の違法操作	・情報漏洩については、諸外国の動向調査、メーカー・学塊笥等との意見交換を通じ、国において適切に対応 ・無線の違法捜査については、技術基準の策定や技術開発を構討
土地所有権と上空利用の在り方	民法第207条との整合性 「土地の所有権は法令の制限内において、その土地の上下に及ぶ」	・一般的な解釈では、土地所有権は、所有者の「利益の存する限度」内で及ぶとされており、土地の上空の飛行が直ちに所有権を侵害するわけではない ・多様な利活用の形態に鑑みれば、一般の基準の設定は有益でない可能性 ・航空機等の上空利用の実態も踏まえ、当面は落下、騒音、プライバシー等の住民心配・懸念に対応し、理解を得る取組みを推進 ・引き続き、諸外国の動向調査等を実施

出所：2020年3月31日 第13回官民協議会 資料1

② ドローンの政府調達に関する関係省庁申合せ

　ドローンの中には、スマートフォン等を介して外部データセンターとの飛行・撮影情報のやり取りや、プログラム更新を行う機種が存在し、また、ドローンは一般的に無線回線で機体が制御されています。そのた

め、ユーザーが意図しないプログラムの更新や飛行・撮影情報の外部漏洩、他人による機体制御乗っ取り等のリスクが指摘されています。

　そこで、2021年9月14日に内閣官房から、関係省庁で申合せを行った「政府機関等における無人航空機の調達等に関する方針について」が公表され、以下の業務に用いられるドローンについては、2022年度以降の新規調達にあたって、サプライチェーンリスクの少ない製品を採用するべく、セキュリティ上の疑義に留意した「IT調達に係る国等の物品等または役務の調達方針及び調達手続に関する申合せ」と同様の措置を講ずることとされました。

> ①　撮影データや飛行記録の窃取により、活動内容が推測され、公共の安全と秩序維持に関する業務の円滑な遂行に支障が生じるおそれがある業務（例：防衛、領土・領海保全、犯罪捜査・警備　等）
> ②　撮影データの窃取により、公共の安全と秩序維持等に支障が生じるおそれがある業務（例：重要インフラの脆弱性に関する情報を収集する業務、その他の機密性の高い情報を取り扱う業務　等）
> ③　ドローンの適時適切な飛行が妨げられることで、人命に直結する業務遂行に支障が生じるおそれがある業務（例：救難、救命等の緊急対応業務　等）

　なお、経過措置として、上記の①～③に使用しているドローンのうち高リスクなものは低リスクなものへの置き換えを進めるものとされており、また、①～③以外の業務に使用するドローンや業務委託先企業等が使用するドローンのうち、取り扱う情報の機微性が高いものについては情報流出防止策を講じるものとされています。

❸ ドローンを活用した荷物等配送のガイドラインの策定

　国土交通省は、ドローン物流の社会実装をより一層推進していくために、ドローン物流に関する課題を抽出・分析し、その解決策や持続可能な事業形態を整理することを目的とした過疎地域等におけるドローン物流ビジネスモデル検討会を開催しています。

　同検討会は、2021年3月に「ドローンを活用した荷物等配送に関する

ガイドライン Ver.1.0（法令編）」を公表し、ドローン物流サービスの導入にあたり関係者の関心が特に高い関係法令について整理しました。このガイドラインでは、ドローンのレベル4の飛行において問題になる、ドローンが道路、河川、国立・国定公園、国有林野、港湾等の上空を通過する場合について、単に上空を通過する場合は、原則、手続不要であると整理がなされています。これにより、飛行手続や関係機関との調整が大幅に簡略化されることになります。

さらに、同検討会は、2021年6月25日に、「ドローンを活用した荷物等配送に関するガイドライン Ver.2.0」を公表しました。このガイドラインでは、ドローン物流サービスにこれから着手する主体を対象とすることを念頭においた手引きとして、導入方法や配送手段などに関する具体的な手続が整理されています。具体的には、利用者視点を踏まえた事業コンセプトの構築（第1章）、検討・実施体制の整備（第2章）、サービス内容、採算性確保（第3章）、安全の確保（第4章）が定められていて、ドローン物流の社会実装をより一層確実なものにしていくために、ドローン物流に関する課題を抽出・分析し、その解決策や持続可能な事業形態を、整理することが目的とされています。

❹ ドローンによる医薬品配送に関するガイドラインの策定

ドローンを活用した医薬品配送の実証事業は、大手調剤チェーンがへき地や離島などで、オンライン診療・オンライン服薬指導から一気通貫のモデルとして実施しています。さらに昨今では、大手製薬企業も実証事業に参画するなど、取組みが拡がっています。

ドローンによる物流実証実験の結果、医薬品は離島・山間地への運搬物資として地域のニーズが高く、社会実装する用途として有望であることが確認されていました。医薬品の配送にあたっては、薬機法の規制に則り配送を行う必要があります。しかし、薬機法ではドローンによる配送の具体的方法が示されておらず、薬機法に則った具体的な配送方法が

不明確となっていました。そこで、内閣官房、厚生労働省および国土交通省は、2021年6月に「ドローンによる医薬品配送に関するガイドライン」として、ドローンによる医薬品配送の留意点などを取りまとめました。

このガイドラインでは、病院・薬局等が、ドローンによる医薬品配送を行う際に、運航主体の特定と責任主体の明確化等を含む適正な事業計画を策定すること、品質の確保を行うこと、医薬指導の実施、患者本人への確実な授与に加えてプライバシーを確保すること等を求めています。

空の移動革命に向けた官民協議会

　2018年6月15日に閣議決定された未来投資戦略2018――「Society 5.0」「データ駆動型社会への変革」――において「世界に先駆けた"空飛ぶクルマ"の実現のため、年内を目途に、電動化や自動化などの技術開発、実証を通じた運航管理や耐空証明などのインフラ・制度整備や、"空飛ぶクルマ"に対する社会受容性の向上等の課題について官民で議論する協議会を立ち上げ、ロードマップを策定する。」とされたことを受け、国土交通省と経済産業省は、合同で空の移動革命に向けた官民協議会を設立しました。この官民協議会は7回開催され、2018年12月の第4回会合では「空の移動革命に向けたロードマップ」が取りまとめられました。

　このロードマップは、いわゆる"空飛ぶクルマ"、電動・垂直離着陸型・無操縦者航空機などによる身近で手軽な空の移動手段の実現が、都市や地方における課題の解決につながる可能性に着目し、官民が取り組んでいくべき技術開発や制度整備等についてまとめたものです。そして、2019年を目標に試験飛行や実証実験等を始め、2023年を目標に事業をスタートさせること、2030年代から実用化を拡大していくことが示されています。

　その後、2020年3月の第5回会合ではロードマップをふまえた事業者によるビジネスモデルの提示があり、2020年6月の第6回会合では、「空飛ぶクルマの社会実装に向けた論点整理」が取りまとめられました。この論点整理では、事業者のビジネスモデルを踏まえ、空飛ぶクルマの実装イメージや運用イメージのほか、技術開発や環境整備に係る課題のそれぞれにつき、短期と中長期に分けて論点が取りまとめられています。

2020年 8 月に官民協議会の下に実務者会合を設置し、空飛ぶクルマの実現に向けた実務的検討を開始しています。さらに実務者会合の下にユースケース検討会と、機体の安全基準、操縦者の技能証明および運航安全基準についてのワーキンググループをそれぞれ設置し、ユースケース検討会では2023、2025、2030年等に想定される主たるユースケース（参考資料③参照）や短期的な課題（図表 6 - 4 参照）の整理を行うとともに、各ワーキンググループでは、それぞれ、機体の安全性に関する基準、操縦者のライセンス等に関する基準、および空飛ぶクルマの運航方法、飛行高度、空域の検討等を行っています。これらの検討状況が2021年 5 月の官民協議会第 7 回会合で報告されています。今後は、示された課題について検討を進めることや、2022年度以降の本格的な試験飛行の実施を見据え、試験飛行のためのガイドラインを策定することが予定されています。

　なお、同会合では、ユースケース検討会の下に、2025年に開催される大阪・関西万博での空飛ぶクルマを活用したサービス等の事業開始に向けた「大阪・関西万博×空飛ぶクルマ実装タスクフォース」を設置することが決定され、より具体的な議論が行われています。

出所：経済産業省ホームページ（https://www.meti.go.jp/press/2018/12/20181220007/20181220007.html）

また、2025年に大阪ベイエリアでの空飛ぶクルマのサービス開始を目指すSkyDriveは、2021年10月29日に、日本で初めて、空飛ぶクルマの型式証明申請を国土交通省により受理されました。

図表6-4　事業者が目指す空飛ぶクルマの活用のための短期的な課題

		～2023年頃	～2025年頃
航空法関連課題	機体の安全性の基準整備	・eVTOL（Multirotor方式、旅客輸送（2人乗り程度）、荷物輸送等）の認証のための安全基準やプロセスの整理。 ・遠隔操縦に対応した安全基準の整理。 ・海外製eVTOLを国内で運用するための基準やプロセスの整理。 ・eVTOLの仕様を踏まえた事業場認定の要件の整理。	・eVTOL（Multirotor／Lift&Cruise／VectoredThrust方式、旅客輸送（2～5人乗り程度）、荷物輸送等）の認証のための安全基準やプロセスの整理。
	技能証明の基準整備	・eVTOLの仕様や操縦方法等を勘案した操縦者の技能証明の要件の整理・合理化。 ・eVTOLの仕様を勘案した整備者の技能証明の要件・訓練方法の整理・合理化。 ・遠隔操縦の場合に操縦士に求められる要件整理。	・自動化の進展等に伴い、必要な技量が変化することを踏まえた操縦者・整備者の技能証明の要件合理化。
	空域・運航（飛行エリアや飛行方式、衝突回避等）	＜飛行エリア＞ ・最低安全高度（150m）未満の飛行への対応。飛行距離が短いため離着陸の範囲を含めた整理が必要。 ・限定された飛行経路設定の要件・プロセスの整理。 ＜運航・衝突防止＞ ・限定された飛行エリア内を運航する際の調整・連絡の方法やプロセスの整理（既存VFR機との輻輳、航空管制）。 ・実運用飛行の前の試験飛行に向けた運用手法の調整・整理。	＜空域＞ ・航空交通管制圏、特別管制区を飛行する場合の要件。 ・混雑空港における空飛ぶクルマの離着陸方法やあり方（航空交通管理）。 ・運航管理システム（UAM Traffic Management）の導入が必要になるフェーズの検討。 ・UAMコリドー（eVTOLやヘリコプターが飛行する専用の飛行経路）の必要性に関する検討。 ・都市エリアを飛行する際の飛

第 6 章　ドローンに関連する法規制の今後の課題

航空法関連課題		・航行の安全を確保するための装置、運航の状況を記録するための装置、水上を飛行する場合における緊急着陸用の救急用具に係る装備要件についての整理。 ＜搭載燃料＞ ・バッテリーに対応した必要搭載燃料の基準検討。	行経路設定の要件。 ＜運航・衝突防止＞ ・悪天候時の飛行継続（運航率向上）に関する検討（IMCでの飛行）。
	離着陸場の整備	・空飛ぶクルマの特徴・性能を踏まえた離着陸場（既存の空港等、空港等以外の場所）の要件の整理。	・空飛ぶクルマ専用の離着陸場の検討。
	運送・使用事業の制度整備	・既存の航空運送事業・航空機使用事業の許可取得の検討。 ・無操縦者航空機を使用する場合の要件の整理。	・オンデマンド運航への対応。
その他の課題	電波利用の環境整備	・飛行高度やエリアに応じて、安定して利用可能な通信用電波の整理。具体課題としては以下の通り。 ✓ 携帯電話網の高度150m以上のエリアでの利用。 ✓ ５Ｇの上空利用。	・（空飛ぶクルマで使用する無線機器の技術基準について、機体・装備品の開発が進む欧米とのハーモナイズ。）
	その他制度課題・事業課題	・空飛ぶクルマの運航地域における無人航空機の運航者との運航調整。 ・離着陸場における騒音基準の定量化の検討。	・空飛ぶクルマの特徴・性能や騒音等を踏まえた離着陸場設置時の環境アセスメント等のプロセス検討。 ・ビル屋上等の緊急離着陸場の活用。 ・空港内の利便性の高い場所への離着陸場の設置方法。 ・飛行需要を考慮した離着陸場のキャパシティ検討（万博会場等）。 ・都市部における不時着の方法や必要な最低安全高度の検討。
	技術課題	・海上飛行を想定したメンテナンス要件や搭載可能な緊急用フロートの開発。	・空飛ぶクルマで想定される航法（GPSによる運航）や運航管理について、現行制度

		・簡易型飛行記録装置の搭載についての検討。 ・各種機体の要求仕様に対応した充電設備の検討(標準化等)。	(セパレーション基準等)との関係、適合性の整理。 ・他の航空機、無人航空機との衝突回避の方法。飛行計画やリアルタイム位置情報の共有が可能なプラットフォーム開発やUTM活用に関する技術開発。 ・離着陸場の高頻度運航時の発着間隔や離着陸場間の離隔、運航管理支援設備等の検討。

出所:空の移動革命に向けた官民協議会(第7回)資料1(抜粋)

■参考資料① 2021年改正航空法条文

　　第十章　無人航空機
　　　第一節　無人航空機の登録

（登録）

第百三十二条　国土交通大臣は、この節で定めるところにより、無人航空機登録原簿に無人航空機の登録を行う。

（登録の一般的効力）

第百三十二条の二　無人航空機は、無人航空機登録原簿に登録を受けたものでなければ、これを航空の用に供してはならない。ただし、試験飛行を行うことにつきあらかじめ国土交通大臣に届け出ている場合その他の国土交通省令で定める場合は、この限りでない。

（登録の要件）

第百三十二条の三　無人航空機のうちその飛行により航空機の航行の安全又は地上若しくは水上の人若しくは物件の安全が著しく損なわれるおそれがあるものとして国土交通省令で定める要件に該当するものは、登録を受けることができない。

（登録を受けていない無人航空機の登録）

第百三十二条の四　登録を受けていない無人航空機の登録は、所有者の申請により無人航空機登録原簿に次に掲げる事項を記載し、かつ、登録記号を定め、これを無人航空機登録原簿に記載することによつて行う。

　一　無人航空機の種類
　二　無人航空機の型式
　三　無人航空機の製造者
　四　無人航空機の製造番号
　五　所有者の氏名又は名称及び住所
　六　登録の年月日
　七　使用者の氏名又は名称及び住所
　八　前各号に掲げるもののほか、国土交通省令で定める事項

2　国土交通大臣は、申請者に対し、前項の規定による申請の内容が真正で

あることを確認するため必要な無人航空機の写真その他の資料の提出を求めることができる。
3　国土交通大臣は、第一項の登録をしたときは、申請者に対し、登録記号その他の登録事項を国土交通省令で定める方法により通知しなければならない。
(登録記号の表示等の義務)
第百三十二条の五　前条第一項の登録を受けた無人航空機(以下「登録無人航空機」という。)の所有者は、同条第三項の規定により登録記号の通知を受けたときは、国土交通省令で定めるところにより、遅滞なく当該無人航空機に当該登録記号の表示その他の当該無人航空機の登録記号を識別するための措置を講じなければならない。
2　登録無人航空機には、前項に規定する措置を講じなければ、これを航空の用に供してはならない。ただし、第百三十二条の二ただし書の国土交通省令で定める場合は、この限りでない。
(登録の更新)
第百三十二条の六　第百三十二条の四第一項の登録は、三年以上五年以内において国土交通省令で定める期間ごとにその更新を受けなければ、その期間の経過によつて、その効力を失う。
2　第百三十二条の四第二項及び第三項の規定は、前項の登録の更新について準用する。
(使用者の整備及び改造の義務)
第百三十二条の七　登録無人航空機の使用者は、登録無人航空機の整備をし、及び必要に応じ改造をすることにより、当該登録無人航空機を第百三十二条の三の規定により登録を受けることができないもの又は第百三十二条の五第一項に規定する措置が講じられていないものとならないように維持しなければならない。
(登録事項の変更の届出)
第百三十二条の八　登録無人航空機の所有者(所有者の変更があつたときは、変更後の所有者)は、第百三十二条の四第一項第五号、第七号又は第八号に掲げる事項に変更があつたときは、その事由があつた日から十五日

以内に、その変更に係る事項を国土交通大臣に届け出なければならない。
2　国土交通大臣は、前項の規定による届出を受理したときは、届出があつた事項を無人航空機登録原簿に登録しなければならない。
　（是正命令）
第百三十二条の九　国土交通大臣は、登録無人航空機が次の各号のいずれかに該当すると認めるときは、当該登録無人航空機の所有者又は使用者に対し、その是正のために必要な措置をとるべきことを命ずることができる。
　一　第百三十二条の三の規定により登録を受けることができないものとなつたとき。
　二　第百三十二条の五第一項に規定する措置が講じられていないものとなつたとき。
　（登録の取消し）
第百三十二条の十　国土交通大臣は、登録無人航空機の所有者又は使用者が次の各号のいずれか（使用者にあつては、第一号）に該当するときは、その登録を取り消すことができる。
　一　前条の規定による命令に違反したとき。
　二　不正の手段により第百三十二条の四第一項の登録又は第百三十二条の六第一項の登録の更新を受けたとき。
　（登録の抹消）
第百三十二条の十一　登録無人航空機の所有者は、次に掲げる場合には、その事由があつた日から十五日以内に、その登録の抹消の申請をしなければならない。
　一　登録無人航空機が滅失し、又は登録無人航空機の解体（整備、改造、輸送又は保管のためにする解体を除く。）をしたとき。
　二　登録無人航空機の存否が二箇月間不明になつたとき。
　三　登録無人航空機が無人航空機でなくなつたとき。
2　国土交通大臣は、前項の申請があつたとき、第百三十二条の六第一項の規定により登録がその効力を失つたとき、又は前条の規定により登録を取り消したときは、当該登録を抹消し、その旨を所有者に通知しなければならない。

(国土交通省令への委任)
第百三十二条の十二　この節に定めるもののほか、無人航空機の登録に関し必要な事項は、国土交通省令で定める。

　　　第二節　無人航空機の安全性
　　　　第一款　機体認証等

(機体認証)
第百三十二条の十三　国土交通大臣は、申請により、無人航空機について機体認証を行う。
2　前項の機体認証(以下単に「機体認証」という。)は、次の各号に掲げる認証の区分に応じ、当該各号に定める飛行を行うことを目的とする無人航空機について行う。
　一　第一種機体認証　第百三十二条の八十五第一項に規定する立入管理措置を講ずることなく行う第百三十二条の八十七に規定する特定飛行
　二　第二種機体認証　第百三十二条の八十五第一項に規定する立入管理措置を講じた上で行う第百三十二条の八十七に規定する特定飛行
3　国土交通大臣は、機体認証を行うときは、当該機体認証に係る無人航空機の使用の条件を、国土交通省令で定めるところにより指定する。
4　国土交通大臣は、第一項の申請があつたときは、当該無人航空機が国土交通省令で定める安全性を確保するための強度、構造及び性能についての基準(以下「安全基準」という。)に適合するかどうかを設計、製造過程及び現状について検査し、安全基準に適合すると認めるときは、機体認証をしなければならない。
5　前項の規定にかかわらず、国土交通大臣は、次に掲げる無人航空機については、第一種機体認証に係る同項の検査の一部を行わないことができる。
　一　第百三十二条の十六第二項第一号の第一種型式認証を受けた型式の無人航空機(初めて第一種機体認証を受けようとするものに限る。)
　二　第一種機体認証を受けたことのある無人航空機
6　第四項の規定にかかわらず、国土交通大臣は、次に掲げる無人航空機については、第二種機体認証に係る同項の検査の全部又は一部を行わないこ

とができる。
一　第百三十二条の十六第二項第二号の第二種型式認証を受けた型式の無人航空機（初めて第二種機体認証を受けようとするものに限る。）
二　第二種機体認証を受けたことのある無人航空機
7　機体認証は、申請者に機体認証書を交付することによつて行う。
8　国土交通大臣は、機体認証を行つたときは、当該無人航空機に国土交通省令で定める表示を付さなければならない。ただし、国土交通省令で定めるところにより当該無人航空機が機体認証を受けたことを識別するための措置が講じられる場合には、この限りでない。
9　何人も、前項の規定により表示を付する場合を除くほか、無人航空機に同項の表示又はこれと紛らわしい表示を付してはならない。
10　国土交通大臣は、機体認証の有効期間を定めるものとする。
（機体認証を受けた無人航空機を飛行させる者等の義務）
第百三十二条の十四　機体認証を受けた無人航空機を飛行させる者は、前条第三項の規定により指定された使用の条件（次条第二項の規定により変更された場合にあつては、その変更後の条件）の範囲内でなければ、第百三十二条の八十七に規定する特定飛行を行つてはならない。ただし、第百三十二条の八十五第四項及び第百三十二条の八十六第五項に該当する場合は、この限りでない。
2　機体認証を受けた無人航空機の使用者は、必要な整備をすることにより、当該無人航空機を安全基準に適合するように維持しなければならない。
（整備命令、機体認証の効力の停止等）
第百三十二条の十五　国土交通大臣は、機体認証を受けた無人航空機が安全基準に適合せず、又は第百三十二条の十三第十項の有効期間を経過する前に安全基準に適合しなくなるおそれがあると認めるときは、当該無人航空機の使用者に対し、安全基準に適合させるため、又は安全基準に適合しなくなるおそれをなくするために必要な整備その他の措置を講ずべきことを命ずることができる。
2　国土交通大臣は、機体認証を受けた無人航空機が安全基準に適合せず、

又は第百三十二条の十三第十項の有効期間を経過する前に安全基準に適合しなくなるおそれがあると認めるとき、その他無人航空機の安全性が確保されないと認めるときは、当該無人航空機の機体認証の効力を停止し、その有効期間を短縮し、又は第百三十二条の十三第三項の規定により指定した使用の条件を変更することができる。

（型式認証）

第百三十二条の十六　国土交通大臣は、申請により、無人航空機の型式の設計及び製造過程について型式認証を行う。

2　前項の型式認証（以下単に「型式認証」という。）は、次の各号に掲げる認証の区分に応じ、当該各号に定める飛行に資することを目的とする無人航空機の型式について行う。

一　第一種型式認証　第百三十二条の八十五第一項に規定する立入管理措置を講ずることなく行う第百三十二条の八十七に規定する特定飛行

二　第二種型式認証　第百三十二条の八十五第一項に規定する立入管理措置を講じた上で行う第百三十二条の八十七に規定する特定飛行

3　国土交通大臣は、第一項の申請があつたときは、その申請に係る型式の無人航空機が安全基準及び均一性を確保するために必要なものとして国土交通省令で定める基準（以下「均一性基準」という。）に適合することとなると認めるときは、型式認証をしなければならない。

4　型式認証は、申請者に型式認証書を交付することによつて行う。

5　国土交通大臣は、型式認証をするときは、あらかじめ、経済産業大臣の意見を聴かなければならない。

6　国土交通大臣は、型式認証の有効期間を定めるものとする。

（設計又は製造過程の変更の承認）

第百三十二条の十七　型式認証を受けた者は、当該型式の無人航空機の設計又は製造過程の変更をしようとするときは、国土交通大臣の承認を受けなければならない。安全基準又は均一性基準の変更があつた場合において、型式認証を受けた型式の無人航空機が安全基準又は均一性基準に適合しなくなつたことにより当該型式の無人航空機の設計又は製造過程を変更しようとするときも、同様とする。

2　国土交通大臣は、前項の承認の申請があつたときは、当該申請に係る設計又は製造過程の変更後の型式の無人航空機が安全基準及び均一性基準に適合することとなると認めるときは、その承認をしなければならない。

3　前条第五項の規定は、国土交通大臣が第一項の承認をしようとする場合に準用する。

（無人航空機の製造、検査等）

第百三十二条の十八　型式認証又は前条第一項の承認（以下「型式認証等」という。）を受けた者は、当該型式認証等を受けた型式の無人航空機の製造をする場合においては、当該無人航空機がその型式認証等に係る型式に適合するようにしなければならない。

2　型式認証等を受けた者は、国土交通省令で定めるところにより、その製造に係る個別の無人航空機について検査を行い、その検査記録を作成し、これを保存しなければならない。

（表示）

第百三十二条の十九　型式認証等を受けた者は、型式認証等を受けた型式の無人航空機について、前条第二項の規定による義務を履行したときは、当該無人航空機に国土交通省令で定める表示を付さなければならない。

2　何人も、前項の規定により表示を付する場合を除くほか、無人航空機に同項の表示又はこれと紛らわしい表示を付してはならない。

（情報の提供）

第百三十二条の二十　型式認証等を受けた者は、国土交通省令で定めるところにより、当該型式認証等を受けた型式の無人航空機の使用者に対し、当該無人航空機の整備をするに当たつて必要となる技術上の情報であつて国土交通省令で定めるものを提供しなければならない。

（報告の義務）

第百三十二条の二十一　型式認証等を受けた者は、当該型式認証等を受けた型式の無人航空機について、国土交通省令で定めるところにより、運輸安全委員会設置法第二条第二項に規定する航空事故等（無人航空機に係るものに限る。）その他の無人航空機が安全基準に適合せず、又は安全基準に適合しなくなるおそれがあるものとして国土交通省令で定める事態に関す

る情報を収集し、国土交通大臣にこれを報告しなければならない。
(変更命令、型式認証等の取消し)
第百三十二条の二十二　国土交通大臣は、型式認証等を受けた型式の無人航空機が安全基準又は均一性基準に適合しないと認めるときは、当該型式認証等を受けた者に対し、安全基準又は均一性基準に適合させるために必要な設計又は製造過程の変更を命ずることができる。
2　国土交通大臣は、型式認証等を受けた者が前項の規定による命令に違反したときは、当該型式認証等を取り消すことができる。
(国土交通省令への委任)
第百三十二条の二十三　機体認証書及び型式認証書の様式、交付、再交付及び返納に関する事項その他機体認証及び型式認証の実施細目は、国土交通省令で定める。

　　　　第二款　登録検査機関

(登録検査機関による無人航空機検査事務の実施)
第百三十二条の二十四　国土交通大臣は、国土交通省令で定めるところにより、その登録を受けた者(以下「登録検査機関」という。)に、機体認証及び型式認証等に関する国土交通大臣の事務のうち、無人航空機が安全基準に適合するかどうかの検査及び型式認証等を受けようとする型式の無人航空機が均一性基準に適合するかどうかの検査(以下「無人航空機検査」という。)の実施に関する事務(以下「無人航空機検査事務」という。)の全部又は一部を行わせることができる。
(登録)
第百三十二条の二十五　前条の登録は、無人航空機検査事務を行おうとする者の申請により行う。
(登録の要件等)
第百三十二条の二十六　国土交通大臣は、前条の規定により登録の申請をした者(以下「登録申請者」という。)が次の各号に掲げる要件の全てに適合しているときは、その登録をしなければならない。この場合において、登録に関して必要な手続は、国土交通省令で定める。
　一　無人航空機検査事務を実施する者が、学校教育法(昭和二十二年法律

第二十六号）に基づく大学若しくは高等専門学校において工学に関する学科その他無人航空機に関する学科を修得して卒業した者（当該学科を修得して同法による専門職大学の前期課程を修了した者を含む。）又はこれと同等以上の学力を有する者であつて、通算して三年以上無人航空機の設計、製造過程及び検査に関する実務の経験を有するものであり、かつ、その人数が二名以上であること。

二　登録申請者が、無人航空機の製造又は輸入を業とする者（以下「無人航空機製造等事業者」という。）に支配されているものとして次のイからハまでのいずれかに該当するものでないこと。

　イ　登録申請者が株式会社である場合にあつては、無人航空機製造等事業者がその親法人（会社法（平成十七年法律第八十六号）第八百七十九条第一項に規定する親法人をいう。）であること。

　ロ　登録申請者の役員（持分会社（会社法第五百七十五条第一項に規定する持分会社をいう。）にあつては、業務を執行する社員）に占める無人航空機製造等事業者の役員又は職員（過去二年間に当該無人航空機製造等事業者の役員又は職員であつた者を含む。）の割合が二分の一を超えていること。

　ハ　登録申請者（法人にあつては、その代表権を有する役員）が、無人航空機製造等事業者の役員又は職員（過去二年間に当該無人航空機製造等事業者の役員又は職員であつた者を含む。）であること。

2　国土交通大臣は、登録申請者が、次の各号のいずれかに該当するときは、第百三十二条の二十四の登録をしてはならない。

一　この法律又はこの法律に基づく命令の規定に違反し、罰金以上の刑に処せられ、その執行を終わり、又は執行を受けることがなくなつた日から起算して二年を経過しない者

二　第百三十二条の三十六の規定により第百三十二条の二十四の登録を取り消され、その取消しの日から起算して二年を経過しない者

三　法人であつて、その業務を行う役員のうちに前二号のいずれかに該当する者があるもの

3　第百三十二条の二十四の登録は、登録検査機関登録簿に次に掲げる事項

を記載してするものとする。
一　登録年月日及び登録番号
二　登録を受けた者の氏名又は名称及び住所並びに法人にあつては、その代表者の氏名
三　登録を受けた者が無人航空機検査事務を実施する事業所の名称及び所在地
四　前三号に掲げるもののほか、国土交通省令で定める事項
（登録の更新）
第百三十二条の二十七　第百三十二条の二十四の登録は、三年以内において政令で定める期間ごとにその更新を受けなければ、その期間の経過によつて、その効力を失う。
2　前二条の規定は、前項の登録の更新について準用する。
（検査の義務）
第百三十二条の二十八　登録検査機関は、無人航空機検査を実施することを求められたときは、正当な理由がある場合を除き、遅滞なく、無人航空機検査を実施しなければならない。
2　登録検査機関は、公正に、かつ、国土交通省令で定める基準に適合する方法により無人航空機検査を実施しなければならない。
（登録事項の変更の届出）
第百三十二条の二十九　登録検査機関は、第百三十二条の二十六第三項第二号から第四号までに掲げる事項の変更をしようとするときは、その二週間前までに、国土交通大臣に届け出なければならない。
（無人航空機検査事務規程）
第百三十二条の三十　登録検査機関は、無人航空機検査事務の開始前に、国土交通省令で定めるところにより、無人航空機検査事務の実施に関する規程（次項、第百三十二条の三十五第二項及び第百三十二条の三十六第二項第二号において「無人航空機検査事務規程」という。）を定め、国土交通大臣の認可を受けなければならない。これを変更しようとするときも、同様とする。
2　無人航空機検査事務規程には、無人航空機検査の実施方法、無人航空機

参考資料

　検査に関する料金の算定方法その他の国土交通省令で定める事項を定めておかなければならない。
　（無人航空機検査事務の休廃止）
第百三十二条の三十一　登録検査機関は、国土交通大臣の許可を受けなければ、無人航空機検査事務の全部又は一部を休止し、又は廃止してはならない。
　（財務諸表等の備付け及び閲覧等）
第百三十二条の三十二　登録検査機関は、毎事業年度経過後三月以内に、当該事業年度の財産目録、貸借対照表及び損益計算書又は収支計算書並びに事業報告書（その作成に代えて電磁的記録（電子的方式、磁気的方式その他人の知覚によつては認識することができない方式で作られる記録であつて、電子計算機による情報処理の用に供されるものをいう。以下同じ。）の作成がされている場合における当該電磁的記録を含む。以下「財務諸表等」という。）を作成し、五年間事業所に備えて置かなければならない。
2　無人航空機製造等事業者その他の利害関係人は、登録検査機関の業務時間内は、いつでも、次に掲げる請求をすることができる。ただし、第二号又は第四号の請求をするには、登録検査機関の定めた費用を支払わなければならない。
　一　財務諸表等が書面をもつて作成されているときは、当該書面の閲覧又は謄写の請求
　二　前号の書面の謄本又は抄本の請求
　三　財務諸表等が電磁的記録をもつて作成されているときは、当該電磁的記録に記録された事項を国土交通省令で定める方法により表示したものの閲覧又は謄写の請求
　四　前号の電磁的記録に記録された事項を電磁的方法であつて国土交通省令で定めるものにより提供することの請求又は当該事項を記載した書面の交付の請求
　（秘密保持義務等）
第百三十二条の三十三　登録検査機関の役員若しくは職員又はこれらの職にあつた者は、その無人航空機検査事務に関し知り得た秘密を漏らしてはな

らない。
 2　無人航空機検査事務に従事する登録検査機関の役員又は職員は、刑法（明治四十年法律第四十五号）その他の罰則の適用については、法令により公務に従事する職員とみなす。
　（適合命令）
第百三十二条の三十四　国土交通大臣は、登録検査機関が第百三十二条の二十六第一項各号に掲げる要件のいずれかに適合しなくなつたと認めるときは、当該登録検査機関に対し、当該要件に適合するため必要な措置を講ずべきことを命ずることができる。
　（改善命令）
第百三十二条の三十五　国土交通大臣は、登録検査機関が第百三十二条の二十八の規定に違反していると認めるときは、当該登録検査機関に対し、無人航空機検査を実施すべきこと又は無人航空機検査の方法の改善に関し必要な措置を講ずべきことを命ずることができる。
 2　国土交通大臣は、第百三十二条の三十第一項の認可をした無人航空機検査事務規程が無人航空機検査事務の公正な実施上不適当となつたと認めるときは、当該無人航空機検査事務規程を変更すべきことを命ずることができる。
　（登録の取消し等）
第百三十二条の三十六　国土交通大臣は、登録検査機関が第百三十二条の二十六第二項第一号又は第三号に該当するに至つたときは、第百三十二条の二十四の登録を取り消さなければならない。
 2　国土交通大臣は、登録検査機関が次の各号のいずれかに該当するときは、その登録を取り消し、又は期間を定めて無人航空機検査事務の全部若しくは一部の停止を命ずることができる。
　　一　第百三十二条の二十九から第百三十二条の三十一まで、第百三十二条の三十二第一項、第百三十二条の三十三第一項又は次条の規定に違反したとき。
　　二　第百三十二条の三十第一項の規定により認可を受けた無人航空機検査事務規程によらないで無人航空機検査事務を実施したとき。

三　正当な理由がないのに第百三十二条の三十二第二項の規定による請求を拒んだとき。
四　前二条の規定による命令に違反したとき。
五　不正の手段により第百三十二条の二十四の登録を受けたとき。

（帳簿の記載）

第百三十二条の三十七　登録検査機関は、国土交通省令で定めるところにより、無人航空機検査事務に関し国土交通省令で定める事項を帳簿に記載し、これを保存しなければならない。

（国土交通大臣による無人航空機検査事務の実施等）

第百三十二条の三十八　国土交通大臣は、登録検査機関が第百三十二条の三十一の許可を受けてその無人航空機検査事務の全部若しくは一部を休止したとき、第百三十二条の三十六第二項の規定により登録検査機関に対し無人航空機検査事務の全部若しくは一部の停止を命じたとき、又は登録検査機関が天災その他の事由によりその無人航空機検査事務の全部若しくは一部を実施することが困難となつた場合において必要があると認めるときは、その無人航空機検査事務の全部又は一部を自ら行うことができる。

2　国土交通大臣が前項の規定により無人航空機検査事務の全部若しくは一部を自ら行う場合、登録検査機関が第百三十二条の三十一の許可を受けてその無人航空機検査事務の全部若しくは一部を廃止する場合又は国土交通大臣が第百三十二条の三十六の規定により登録を取り消した場合における無人航空機検査事務の引継ぎその他の必要な事項は、国土交通省令で定める。

（公示）

第百三十二条の三十九　国土交通大臣は、次に掲げる場合には、その旨を官報に公示しなければならない。

一　第百三十二条の二十四の登録をしたとき。
二　第百三十二条の二十九の規定による届出があつたとき。
三　第百三十二条の三十一の許可をしたとき。
四　第百三十二条の三十六の規定により登録を取り消し、又は同条第二項の規定により無人航空機検査事務の全部若しくは一部の停止を命じたと

き。
五　前条第一項の規定により国土交通大臣が無人航空機検査事務の全部若しくは一部を自ら行うこととするとき、又は自ら行つていた無人航空機検査事務の全部若しくは一部を行わないこととするとき。

　　　第三節　無人航空機操縦者技能証明等
　　　　第一款　無人航空機操縦者技能証明
（技能証明の実施）
第百三十二条の四十　国土交通大臣は、申請により、無人航空機を飛行させるのに必要な技能に関し、無人航空機操縦者技能証明（以下この章において「技能証明」という。）を行う。
（技能証明書）
第百三十二条の四十一　技能証明は、前条の申請をした者に無人航空機操縦者技能証明書（第百三十二条の五十四及び第百三十二条の五十五において「技能証明書」という。）を交付することによつて行う。
（資格）
第百三十二条の四十二　技能証明は、次の各号に掲げる資格の区分に応じ、当該各号に定める無人航空機の飛行に必要な技能について行う。
　一　一等無人航空機操縦士　第百三十二条の八十五第一項に規定する立入管理措置を講ずることなく行う第百三十二条の八十七に規定する特定飛行
　二　二等無人航空機操縦士　第百三十二条の八十五第一項に規定する立入管理措置を講じた上で行う第百三十二条の八十七に規定する特定飛行
（技能証明の限定）
第百三十二条の四十三　国土交通大臣は、技能証明につき、国土交通省令で定めるところにより、無人航空機の種類又は飛行の方法についての限定をすることができる。
2　前項の限定（以下この節において単に「限定」という。）をされた技能証明を受けた者は、その限定（第百三十二条の五十二第一項の規定により変更された場合にあつては、その変更後の限定）をされた種類の無人航空機又は飛行の方法でなければ、第百三十二条の八十七に規定する特定飛行

を行つてはならない。ただし、第百三十二条の八十五第四項及び第百三十二条の八十六第五項に該当する場合は、この限りでない。
（技能証明の条件）
第百三十二条の四十四　国土交通大臣は、航空機の航行の安全並びに地上及び水上の人及び物件の安全を確保するため必要があると認めるときは、必要な限度において、技能証明に、その技能証明に係る者の身体の状態に応じ、無人航空機を飛行させるについて必要な条件を付し、及びこれを変更することができる。
2　前項の規定により条件を付された技能証明を受けた者は、その条件の範囲内でなければ、第百三十二条の八十七に規定する特定飛行を行つてはならない。ただし、第百三十二条の八十五第四項及び第百三十二条の八十六第五項に該当する場合は、この限りでない。
（欠格事由）
第百三十二条の四十五　次の各号のいずれかに該当する者は、技能証明の申請をすることができない。
　一　十六歳に満たない者
　二　次条第一項ただし書（第一号から第三号までに係る部分を除く。以下この号において同じ。）の規定により技能証明を拒否された日から起算して一年を経過していない者若しくは同項ただし書の規定により技能証明を保留されている者又は同条第三項の規定により技能証明を取り消された日から起算して一年を経過していない者若しくは同項の規定により技能証明の効力を停止されている者
　三　第百三十二条の五十三（第一号から第三号までに係る部分を除く。）の規定により技能証明を取り消された日から起算して二年を経過していない者又は同条の規定により技能証明の効力を停止されている者
（技能証明の拒否等）
第百三十二条の四十六　国土交通大臣は、次条第一項の試験に合格した者（当該試験に係る身体検査を受けた日から起算して国土交通省令で定める期間を経過していない者に限る。）に対し、技能証明を行わなければならない。ただし、次の各号のいずれかに該当する者については、国土交通省

令で定めるところにより、技能証明を行わず、又は六月以内において期間を定めて技能証明を保留することができる。
一　次に掲げる病気にかかつている者
　イ　幻覚の症状を伴う精神病であつて国土交通省令で定めるもの
　ロ　発作により意識障害又は運動障害をもたらす病気であつて国土交通省令で定めるもの
　ハ　イ又はロに掲げるもののほか、無人航空機の飛行に支障を及ぼすおそれがある病気として国土交通省令で定めるもの
二　アルコール、麻薬、大麻、あへん又は覚醒剤の中毒者
三　第五項の規定による命令に違反した者
四　この法律若しくはこの法律に基づく命令の規定又はこれらに基づく処分に違反する行為をした者
五　無人航空機を飛行させるに当たり、非行又は重大な過失があつた者
2　国土交通大臣は、前項ただし書の規定により技能証明を拒否し、又は保留するときは、当該試験に合格した者に対し、あらかじめ、弁明をなすべき日時、場所及び当該処分をしようとする理由を通知して、当該事案について弁明及び有利な証拠の提出の機会を与えなければならない。
3　国土交通大臣は、技能証明を与えた後において、当該技能証明を受けた者が当該技能証明を受ける前に第一項第四号又は第五号に該当していたことが判明したときは、国土交通省令で定めるところにより、その者の技能証明を取り消し、又は六月以内において期間を定めて技能証明の効力を停止することができる。
4　第二項の規定は、前項の規定による処分について準用する。この場合において、第二項中「前項ただし書」とあるのは「次項」と、「拒否し、又は保留するとき」とあるのは「取り消し、又は効力を停止するとき」と読み替えるものとする。
5　国土交通大臣は、第一項第一号又は第二号に該当することを理由として同項ただし書の規定により技能証明を保留する場合において、必要があると認めるときは、当該処分の際に、その者に対し、国土交通大臣が指定する期日及び場所において身体検査を受け、又は国土交通大臣が指定する期

参考資料

限までに国土交通省令で定める要件を満たす医師の診断書を提出すべき旨を命ずることができる。

(試験の実施)

第百三十二条の四十七　国土交通大臣は、技能証明を行う場合には、第百三十二条の四十の申請をした者が、その申請に係る資格について無人航空機を飛行させるのに必要な知識及び能力を有するかどうかを判定するために、試験を行わなければならない。

2　前項の試験は、身体検査、学科試験及び実地試験とする。

3　学科試験に合格した者でなければ、実地試験を受けることができない。

(臨時身体検査等)

第百三十二条の四十八　国土交通大臣は、前条第一項の試験に合格した者が第百三十二条の四十六第一項第一号若しくは第二号のいずれかに該当する者であり、又は技能証明を受けた者が第百三十二条の五十三第一号から第三号までのいずれかに該当することとなつたと疑う理由があるときは、当該試験に合格した者又は技能証明を受けた者につき、臨時に身体検査を行うことができる。

2　国土交通大臣は、前項の規定により身体検査を行う場合は、あらかじめ、身体検査を行う期日、場所その他必要な事項を当該身体検査の対象者に通知しなければならない。

3　前項の規定により通知を受けた者は、通知された期日に通知された場所に出頭して身体検査を受けなければならない。ただし、当該通知を受けた者が、当該通知された期日までに国土交通省令で定める要件を満たす医師の診断書を提出した場合は、この限りでない。

4　前三項に定めるもののほか、第一項の規定による身体検査について必要な事項は、国土交通省令で定める。

(不正受験者の処分)

第百三十二条の四十九　第百三十二条の四十七第一項の試験に関して不正の行為があるとき又はあつたときは、国土交通大臣は、当該不正行為に関係のある者について、その試験を停止し、又はその合格を無効とすることができる。

2　前項の場合において、国土交通大臣は、その者について二年以内において期間を定めて第百三十二条の四十七第一項の試験を受けさせないことができる。

(試験の免除)

第百三十二条の五十　国土交通大臣は、無人航空機を飛行させる者に対する講習(以下「無人航空機講習」という。)であつて第百三十二条の六十九の規定により国土交通大臣の登録を受けた者(以下「登録講習機関」という。)が行うものを修了した者について技能証明を行う場合には、第百三十二条の四十七の規定にかかわらず、国土交通省令で定めるところにより、学科試験又は実地試験の全部又は一部を行わないことができる。

(技能証明の有効期間)

第百三十二条の五十一　技能証明の有効期間は、三年とする。

2　前項の有効期間は、その満了の際、申請により更新することができる。

3　国土交通大臣は、前項の規定による技能証明の有効期間の更新の申請があつた場合には、その者が国土交通省令で定める身体適性に関する基準を満たし、かつ、その資格に応じ無人航空機を飛行させるのに必要な事項に関する最新の知識及び能力を習得させるための講習(第百三十二条の八十二及び第百三十二条の八十三において「無人航空機更新講習」という。)であつて第百三十二条の八十二の規定により国土交通大臣の登録を受けた者(第百三十二条の八十三、第百三十二条の八十四第一項及び第百三十四条第一項第十九号において「登録更新講習機関」という。)が実施するものを修了したと認めるときでなければ、技能証明の有効期間の更新をしてはならない。

(技能証明の限定の変更)

第百三十二条の五十二　国土交通大臣は、限定に係る技能証明については、当該技能証明に係る無人航空機を飛行させる者の申請により、当該限定を変更することができる。

2　第百三十二条の四十七から第百三十二条の五十までの規定は、前項の規定により限定の変更を行う場合について準用する。

(技能証明の取消し等)

参考資料

第百三十二条の五十三　国土交通大臣は、技能証明を受けた者が次の各号のいずれかに該当するときは、その技能証明を取り消し、又は一年以内において期間を定めてその技能証明の効力を停止することができる。
一　次に掲げる病気にかかつている者であることが判明したとき。
　　イ　幻覚の症状を伴う精神病であつて国土交通省令で定めるもの
　　ロ　発作により意識障害又は運動障害をもたらす病気であつて国土交通省令で定めるもの
　　ハ　イ又はロに掲げるもののほか、無人航空機の飛行に支障を及ぼすおそれがある病気として国土交通省令で定めるもの
二　無人航空機の安全な飛行に支障を及ぼすおそれがある身体の障害として国土交通省令で定めるものが生じている者であることが判明したとき。
三　アルコール、麻薬、大麻、あへん又は覚醒剤の中毒者であることが判明したとき。
四　この法律若しくはこの法律に基づく命令の規定又はこれらに基づく処分に違反したとき。
五　無人航空機を飛行させるに当たり、非行又は重大な過失があつたとき。
（技能証明書の携帯義務）
第百三十二条の五十四　技能証明を受けた者は、第百三十二条の八十七に規定する特定飛行を行う場合には、技能証明書を携帯しなければならない。
（国土交通省令への委任）
第百三十二条の五十五　技能証明書の様式、交付、再交付及び返納に関する事項その他技能証明に関する細目的事項並びに第百三十二条の四十七第一項（第百三十二条の五十二第二項において準用する場合を含む。）の試験の科目、受験手続その他の試験に関する実施細目は、国土交通省令で定める。
　　　　　第二款　無人航空機操縦士試験機関
（指定試験機関の指定）
第百三十二条の五十六　国土交通大臣は、申請により指定する者に、第百三

十二条の四十七第一項（第百三十二条の五十二第二項において準用する場合を含む。）の試験の実施に関する事務（以下「試験事務」という。）を行わせることができる。
2　前項の規定による指定（以下この款において単に「指定」という。）を受けた者（以下「指定試験機関」という。）は、試験事務の実施に関し第百三十二条の四十九第一項（第百三十二条の五十二第二項において準用する場合を含む。）に規定する国土交通大臣の職権を行うことができる。
3　国土交通大臣は、指定試験機関に試験事務を行わせるときは、試験事務を行わないものとする。
（指定の基準）
第百三十二条の五十七　国土交通大臣は、指定をしようとするときは、指定の申請が次の各号に掲げる基準のいずれにも適合するかどうかを審査して、これをしなければならない。
　一　職員、設備、試験事務の実施の方法その他の事項についての試験事務の実施に関する計画が定められ、かつ、当該計画が試験事務の適正かつ確実な実施に適合したものであること。
　二　前号の計画の適正かつ確実な実施に必要な経理的及び技術的な基礎を有するものであること。
　三　法人にあつては、その役員又は法人の種類に応じて国土交通省令で定める構成員の構成が試験事務の公正な実施に支障を及ぼすおそれがないものであること。
　四　前号に定めるもののほか、試験事務が不公正になるおそれがないものとして国土交通省令で定める基準に適合するものであること。
　五　その指定をすることによつて指定試験機関の当該申請に係る試験事務の適正かつ確実な実施を阻害することとならないこと。
2　国土交通大臣は、指定の申請が次の各号のいずれかに該当するときは、指定をしてはならない。
　一　申請者が第百三十二条の六十六第一項の規定により指定を取り消され、その取消しの日から二年を経過しない者であること。
　二　法人にあつては、その役員のうちにこの法律又はこの法律に基づく命

参考資料

令の規定に違反し、罰金以上の刑に処せられ、その執行を終わり、又は執行を受けることがなくなつた日から二年を経過しない者があること。
（指定の公示等）
第百三十二条の五十八　国土交通大臣は、指定をしたときは、指定試験機関の名称及び住所、試験事務を行う事務所の所在地並びに試験事務の開始の日を官報で公示しなければならない。
2　指定試験機関は、その名称若しくは住所又は試験事務を行う事務所の所在地の変更をしようとするときは、その二週間前までに、その旨を国土交通大臣に届け出なければならない。
3　国土交通大臣は、前項の規定による届出があつたときは、その旨を官報で公示しなければならない。
（指定の更新）
第百三十二条の五十九　指定試験機関の指定は、五年以上十年以内において政令で定める期間ごとにその更新を受けなければ、その期間の経過によつて、その効力を失う。
2　第百三十二条の五十六及び第百三十二条の五十七の規定は、前項の指定の更新について準用する。
（無人航空機操縦士試験員）
第百三十二条の六十　指定試験機関は、試験事務を行う場合において、無人航空機操縦士として必要な知識及び能力を有するかどうかの判定に関する事務については、無人航空機操縦士試験員に行わせなければならない。
2　指定試験機関は、無人航空機操縦士試験員を国土交通省令で定める要件を備える者のうちから選任しなければならない。
3　指定試験機関は、無人航空機操縦士試験員を選任したときは、その日から二週間以内に、国土交通大臣にその旨を届け出なければならない。これを変更したときも、同様とする。
4　国土交通大臣は、無人航空機操縦士試験員が、この法律、この法律に基づく命令若しくは処分若しくは試験事務の実施に関する規程（以下「試験事務規程」という。）に違反する行為をしたとき、又は試験事務に関し著しく不適当な行為をしたときは、指定試験機関に対し、無人航空機操縦士

試験員の解任を命ずることができる。
5 　前項の規定による命令により無人航空機操縦士試験員の職を解任され、解任の日から二年を経過しない者は、無人航空機操縦士試験員となることができない。
6 　指定試験機関は、国土交通省令で定めるところにより、無人航空機操縦士試験員に対し、その職務の遂行に必要な研修を実施しなければならない。
　（試験事務規程）
第百三十二条の六十一　指定試験機関は、試験事務の開始前に、試験事務規程を定め、国土交通大臣の認可を受けなければならない。これを変更しようとするときも、同様とする。
2 　国土交通大臣は、前項の認可をした試験事務規程が試験事務の適正かつ確実な実施上不適当となつたと認めるときは、その試験事務規程を変更すべきことを命ずることができる。
3 　試験事務規程で定めるべき事項は、国土交通省令で定める。
　（予算等の提出）
第百三十二条の六十二　指定試験機関は、毎事業年度、予算及び事業計画を作成し、当該事業年度の開始前に（指定を受けた日の属する事業年度にあつては、その指定を受けた後遅滞なく）、国土交通大臣に提出しなければならない。これを変更したときも、同様とする。
2 　指定試験機関は、毎事業年度、決算報告書及び事業報告書を作成し、当該事業年度の終了後三月以内に国土交通大臣に提出しなければならない。
　（秘密保持義務等）
第百三十二条の六十三　試験事務に従事する指定試験機関の役員若しくは職員（無人航空機操縦士試験員を含む。次項において同じ。）又はこれらの職にあつた者は、試験事務に関して知り得た秘密を漏らしてはならない。
2 　前項に規定する指定試験機関の役員又は職員は、刑法その他の罰則の適用については、法令により公務に従事する職員とみなす。
　（監督命令）
第百三十二条の六十四　国土交通大臣は、この法律を施行するため必要があ

ると認めるときは、指定試験機関に対し、試験事務に関し監督上必要な命令をすることができる。
（試験事務の休廃止）
第百三十二条の六十五　指定試験機関は、国土交通大臣の許可を受けなければ、試験事務に関する業務の全部又は一部を休止し、又は廃止してはならない。
2　国土交通大臣は、指定試験機関の試験事務の全部又は一部の休止又は廃止により試験事務の適正かつ確実な実施が損なわれるおそれがないと認めるときでなければ、前項の許可をしてはならない。
3　国土交通大臣は、第一項の許可をしたときは、その旨を官報で公示しなければならない。
（指定の取消し等）
第百三十二条の六十六　国土交通大臣は、指定試験機関が次の各号のいずれかに該当するときは、その指定を取り消し、又は期間を定めて試験事務に関する業務の全部若しくは一部の停止を命ずることができる。
一　第百三十二条の五十七第一項第一号から第四号までのいずれかに適合しなくなつたと認められるとき。
二　第百三十二条の五十七第二項第二号に該当するに至つたとき。
三　第百三十二条の五十八第二項、第百三十二条の六十第一項から第三項まで若しくは第六項、第百三十二条の六十二又は第百三十二条の六十三第一項の規定に違反したとき。
四　第百三十二条の六十第四項、第百三十二条の六十一第二項又は第百三十二条の六十四の規定による命令に違反したとき。
五　第百三十二条の六十一第一項の規定により認可を受けた試験事務規程によらないで試験事務を行つたとき。
六　不正の手段により指定を受けたとき。
2　国土交通大臣は、前項の規定により指定を取り消し、又は試験事務に関する業務の全部若しくは一部の停止を命じたときは、その旨を官報で公示しなければならない。
（国土交通大臣による試験事務の実施）

第百三十二条の六十七　国土交通大臣は、指定試験機関が第百三十二条の六十五第一項の規定により試験事務に関する業務の全部若しくは一部を休止したとき、前条第一項の規定により指定試験機関に対し試験事務に関する業務の全部若しくは一部の停止を命じたとき、又は指定試験機関が天災その他の事由により試験事務を実施することが困難となつた場合において必要があると認めるときは、試験事務を自ら行うものとする。

2　国土交通大臣は、前項の規定により試験事務を行うものとし、又は同項の規定により行つている試験事務を行わないものとするときは、あらかじめ、その旨を官報で公示しなければならない。

3　国土交通大臣が、第一項の規定により試験事務を行うものとし、第百三十二条の六十五第一項の規定により試験事務に関する業務の廃止を許可し、又は前条第一項の規定により指定を取り消した場合における試験事務の引継ぎその他の必要な事項は、国土交通省令で定める。

（指定試験機関がした処分等に係る審査請求）

第百三十二条の六十八　指定試験機関が行う試験事務に係る処分又はその不作為については、国土交通大臣に対し審査請求をすることができる。この場合において、国土交通大臣は、行政不服審査法（平成二十六年法律第六十八号）第二十五条第二項及び第三項、第四十六条第一項及び第二項、第四十七条並びに第四十九条第三項の規定の適用については、指定試験機関の上級行政庁とみなす。

　　　　　　第三款　登録講習機関等

（登録講習機関の登録）

第百三十二条の六十九　無人航空機講習を行う者は、申請により、国土交通大臣の登録を受けることができる。

（登録の要件等）

第百三十二条の七十　国土交通大臣は、前条の規定による登録の申請に係る無人航空機講習が、次の表の上欄に掲げる講習機関の種類に応じ、それぞれ同表の中欄に掲げる施設及び設備を用いて、それぞれ同表の下欄に掲げる講師の条件に適合する者により行われるものであるときは、その登録をしなければならない。この場合において、登録に関して必要な手続は、国

参考資料

土交通省令で定める。

講習機関	施設及び設備	講師の条件
一 一等無人航空機操縦士の講習を行うための講習機関	一 実習空域（実習期間中においては、原則として占用することができるものに限る。二の項中欄第一号において同じ。） 二 実習用無人航空機（その講習を修了することにより受けることができる技能証明に応じたものに限る。二の項中欄第二号において同じ。） 三 講習を行うため必要な建物その他の設備 四 講習に必要な書籍その他の教材	一 十八歳以上であること。 二 過去二年間に第三項第四号に規定する無人航空機講習事務に関し不正な行為を行つた者又はこの法律若しくはこの法律に基づく命令に違反し、罰金以上の刑に処せられ、その執行を終わり、若しくは執行を受けることがなくなつた日から二年を経過しない者でないこと。 三 一等無人航空機操縦士の資格についての技能証明（無人航空機の飛行の方法について限定がされていないものに限る。）を有する者であつて一年以上無人航空機を飛行させた経験を有するもの又はこれと同等以上の能力を有する者であること。
二 二等無人航空機操縦士の講習を行うための講習機関	一 実習空域 二 実習用無人航空機 三 講習を行うため必要な建物その他の設備 四 講習に必要な書籍その他の教材	一 一の項下欄第一号及び第二号に掲げる講師の条件に適合する者であること。 二 二等無人航空機操縦士の資格についての技能証明（無人航空機の飛行の方法について限定がされていないものに限る。）を有する者であつて六月以上無人航空機を飛行させた経験を有するもの又はこれと同等以上の能力を有する者であること。

2 国土交通大臣は、前条の規定により登録の申請をした者が、次の各号のいずれかに該当するときは、その登録をしてはならない。
　一　この法律又はこの法律に基づく命令に違反し、罰金以上の刑に処せられ、その執行を終わり、又は執行を受けることがなくなつた日から二年を経過しない者

二　第百三十二条の七十九の規定により登録を取り消され、その取消しの日から二年を経過しない者

三　法人であつて、その役員のうちに前二号のいずれかに該当する者があるもの

3　第百三十二条の六十九の登録は、登録講習機関登録簿に次に掲げる事項を記載してするものとする。

一　登録年月日及び登録番号

二　無人航空機講習を行う者の氏名又は名称及び住所並びに法人にあつては、その代表者の氏名

三　登録講習機関の種類

四　無人航空機講習の実施に関する事務(以下「無人航空機講習事務」という。)を行う事務所の所在地

五　前各号に掲げるもののほか、国土交通省令で定める事項

(登録の更新)

第百三十二条の七十一　第百三十二条の六十九の登録は、三年以内において政令で定める期間ごとにその更新を受けなければ、その期間の経過によつて、その効力を失う。

2　前二条の規定は、前項の登録の更新について準用する。

(無人航空機講習事務の実施に係る義務)

第百三十二条の七十二　登録講習機関は、公正に、かつ、第百三十二条の七十第一項に規定する要件及び国土交通省令で定める基準に適合する方法により無人航空機講習事務を行わなければならない。

(登録事項の変更の届出)

第百三十二条の七十三　登録講習機関は、第百三十二条の七十第三項第二号から第五号までに掲げる事項の変更をしようとするときは、その二週間前までに、その旨を国土交通大臣に届け出なければならない。

(無人航空機講習事務規程)

第百三十二条の七十四　登録講習機関は、無人航空機講習事務の開始前に、無人航空機講習事務の実施に関する規程(次項において「無人航空機講習事務規程」という。)を定め、国土交通大臣に届け出なければならない。

参考資料

　　これを変更しようとするときも、同様とする。
２　無人航空機講習事務規程には、無人航空機講習の実施方法、無人航空機講習に関する料金その他の国土交通省令で定める事項を定めておかなければならない。
　（無人航空機講習事務の休廃止）
第百三十二条の七十五　登録講習機関は、無人航空機講習事務に関する業務の全部又は一部を休止し、又は廃止するときは、国土交通省令で定めるところにより、あらかじめ、その旨を国土交通大臣に届け出なければならない。
　（財務諸表等の備付け及び閲覧等）
第百三十二条の七十六　登録講習機関（国又は地方公共団体を除く。次項において同じ。）は、毎事業年度経過後三月以内に、当該事業年度の財務諸表等を作成し、五年間事務所に備えて置かなければならない。
２　無人航空機講習を受講しようとする者その他の利害関係人は、登録講習機関の業務時間内は、いつでも、次に掲げる請求をすることができる。ただし、第二号又は第四号の請求をするには、登録講習機関の定めた費用を支払わなければならない。
　一　財務諸表等が書面をもつて作成されているときは、当該書面の閲覧又は謄写の請求
　二　前号の書面の謄本又は抄本の請求
　三　財務諸表等が電磁的記録をもつて作成されているときは、当該電磁的記録に記録された事項を国土交通省令で定める方法により表示したものの閲覧又は謄写の請求
　四　前号の電磁的記録に記録された事項を電磁的方法であつて国土交通省令で定めるものにより提供することの請求又は当該事項を記載した書面の交付の請求
　（適合命令）
第百三十二条の七十七　国土交通大臣は、無人航空機講習が第百三十二条の七十第一項に規定する要件に適合しなくなつたと認めるときは、当該登録講習機関に対し、当該要件に適合するため必要な措置を講ずべきことを命

ずることができる。
(改善命令)
第百三十二条の七十八　国土交通大臣は、登録講習機関が第百三十二条の七十二の規定に違反していると認めるときは、当該登録講習機関に対し、同条の規定による無人航空機講習を行うべきこと又は無人航空機講習事務の改善に関し必要な措置を講ずべきことを命ずることができる。
(登録の取消し等)
第百三十二条の七十九　国土交通大臣は、登録講習機関が次の各号のいずれかに該当するときは、第百三十二条の六十九の登録を取り消し、又は期間を定めて無人航空機講習事務に関する業務の全部若しくは一部の停止を命ずることができる。
一　第百三十二条の七十第二項第一号又は第三号に該当するに至つたとき。
二　第百三十二条の七十三から第百三十二条の七十五まで、第百三十二条の七十六第一項又は次条の規定に違反したとき。
三　正当な理由がないのに第百三十二条の七十六第二項の規定による請求を拒んだとき。
四　前二条の規定による命令に違反したとき。
五　不正の手段により第百三十二条の六十九の登録を受けたとき。
(帳簿の記載)
第百三十二条の八十　登録講習機関は、国土交通省令で定めるところにより、無人航空機講習事務に関し国土交通省令で定める事項を帳簿に記載し、これを保存しなければならない。
(公示)
第百三十二条の八十一　国土交通大臣は、次に掲げる場合には、その旨を官報に公示しなければならない。
一　第百三十二条の六十九の登録をしたとき。
二　第百三十二条の七十三の規定による届出があつたとき。
三　第百三十二条の七十五の規定による届出があつたとき。
四　第百三十二条の七十九の規定により第百三十二条の六十九の登録を取

り消し、又は業務の停止を命じたとき。

(登録更新講習機関の登録)

第百三十二条の八十二　無人航空機更新講習を行う者は、申請により、国土交通大臣の登録を受けることができる。

(準用)

第百三十二条の八十三　第百三十二条の七十から第百三十二条の八十一までの規定は、前条の登録、無人航空機更新講習及び登録更新講習機関に関する事務について準用する。

(国土交通大臣による無人航空機更新講習事務の実施等)

第百三十二条の八十四　国土交通大臣は、登録更新講習機関がいないとき、前条において準用する第百三十二条の七十五の規定による無人航空機更新講習事務に関する業務の全部又は一部の休止又は廃止の届出があつたとき、前条において準用する第百三十二条の七十九の規定により第百三十二条の八十二の登録を取り消し、又は登録更新講習機関に対し当該登録に係る業務の全部若しくは一部の停止を命じたとき、登録更新講習機関が天災その他の事由により無人航空機更新講習事務に関する業務の全部又は一部を実施することが困難となつたとき、その他必要があると認めるときは、無人航空機更新講習事務に関する業務の全部又は一部を自ら行うことができる。

2　国土交通大臣が前項の規定により無人航空機更新講習事務に関する業務の全部又は一部を自ら行う場合における無人航空機更新講習事務の引継ぎその他の必要な事項は、国土交通省令で定める。

　　　第四節　無人航空機の飛行

(飛行の禁止空域)

第百三十二条の八十五　何人も、次に掲げる空域においては、技能証明を受けた者が機体認証を受けた無人航空機を飛行させる場合(立入管理措置(無人航空機の飛行経路下において無人航空機を飛行させる者及びこれを補助する者以外の者の立入りを管理する措置であつて国土交通省令で定めるものをいう。以下同じ。)を講ずることなく無人航空機を飛行させるときは、一等無人航空機操縦士の技能証明を受けた者が第一種機体認証を受

けた無人航空機を飛行させる場合に限る。）でなければ、無人航空機を飛行させてはならない。
　一　無人航空機の飛行により航空機の航行の安全に影響を及ぼすおそれがあるものとして国土交通省令で定める空域
　二　前号に掲げる空域以外の空域であつて、国土交通省令で定める人又は家屋の密集している地域の上空
2　何人も、前項第一号の空域又は同項第二号の空域（立入管理措置を講ずることなく無人航空機を飛行させる場合又は立入管理措置を講じた上で国土交通省令で定める総重量を超える無人航空機を飛行させる場合に限る。）においては、同項に規定する場合に該当し、かつ、国土交通大臣がその運航の管理が適切に行われるものと認めて許可した場合でなければ、無人航空機を飛行させてはならない。
3　第一項に規定する場合において、立入管理措置を講じた上で同項第二号の空域において無人航空機（国土交通省令で定める総重量を超えるものを除く。）を飛行させる者は、航空機の航行の安全並びに地上及び水上の人及び物件の安全を確保するために必要なものとして国土交通省令で定める措置を講じなければならない。
4　前三項の規定は、次の各号のいずれかに該当する場合には、適用しない。
　一　係留することにより無人航空機の飛行の範囲を制限した上で行う飛行その他の航空機の航行の安全並びに地上及び水上の人及び物件の安全を確保することができるものとして国土交通省令で定める方法による飛行を行う場合
　二　前号に掲げるもののほか、国土交通大臣がその飛行により航空機の航行の安全並びに地上及び水上の人及び物件の安全が損なわれるおそれがないと認めて許可した場合
　（飛行の方法）
第百三十二条の八十六　無人航空機を飛行させる者は、次に掲げる方法によりこれを飛行させなければならない。
　一　アルコール又は薬物の影響により当該無人航空機の正常な飛行ができ

参考資料

　　　ないおそれがある間において飛行させないこと。
　二　国土交通省令で定めるところにより、当該無人航空機が飛行に支障がないことその他飛行に必要な準備が整つていることを確認した後において飛行させること。
　三　航空機又は他の無人航空機との衝突を予防するため、無人航空機をその周囲の状況に応じ地上に降下させることその他の国土交通省令で定める方法により飛行させること。
　四　飛行上の必要がないのに高調音を発し、又は急降下し、その他他人に迷惑を及ぼすような方法で飛行させないこと。
2　無人航空機を飛行させる者は、技能証明を受けた者が機体認証を受けた無人航空機を飛行させる場合（立入管理措置を講ずることなく無人航空機を飛行させるときは、一等無人航空機操縦士の技能証明を受けた者が第一種機体認証を受けた無人航空機を飛行させる場合に限る。）を除き、次に掲げる方法により、これを飛行させなければならない。
　一　日出から日没までの間において飛行させること。
　二　当該無人航空機及びその周囲の状況を目視により常時監視して飛行させること。
　三　当該無人航空機と地上又は水上の人又は物件との間に国土交通省令で定める距離を保つて飛行させること。
　四　祭礼、縁日、展示会その他の多数の者の集合する催しが行われている場所の上空以外の空域において飛行させること。
　五　当該無人航空機により爆発性又は易燃性を有する物件その他人に危害を与え、又は他の物件を損傷するおそれがある物件で国土交通省令で定めるものを輸送しないこと。
　六　地上又は水上の人又は物件に危害を与え、又は損傷を及ぼすおそれがないものとして国土交通省令で定める場合を除き、当該無人航空機から物件を投下しないこと。
3　前項に規定する場合において、同項各号に掲げる方法のいずれか（立入管理措置を講じた上で無人航空機（国土交通省令で定める総重量を超えるものを除く。）を飛行させる場合にあつては、同項第四号から第六号まで

に掲げる方法のいずれか）によらずに無人航空機を飛行させる者は、国土交通省令で定めるところにより、あらかじめ、その運航の管理が適切に行われることについて国土交通大臣の承認を受けて、その承認を受けたところに従い、これを飛行させなければならない。

4　第二項に規定する場合において、立入管理措置を講じた上で同項第一号から第三号までに掲げる方法のいずれかによらずに無人航空機（国土交通省令で定める総重量を超えるものを除く。）を飛行させる者は、航空機の航行の安全並びに地上及び水上の人及び物件の安全を確保するために必要なものとして国土交通省令で定める措置を講じなければならない。

5　前三項の規定は、次の各号のいずれかに該当する場合には、適用しない。

一　係留することにより無人航空機の飛行の範囲を制限した上で行う飛行その他の航空機の航行の安全並びに地上及び水上の人及び物件の安全を確保することができるものとして国土交通省令で定める方法による飛行を行う場合

二　前号に掲げるもののほか、国土交通省令で定めるところにより、あらかじめ、第二項各号に掲げる方法のいずれかによらずに無人航空機を飛行させることが航空機の航行の安全並びに地上及び水上の人及び物件の安全を損なうおそれがないことについて国土交通大臣の承認を受けて、その承認を受けたところに従い、これを飛行させる場合

（第三者が立ち入つた場合の措置）

第百三十二条の八十七　無人航空機を飛行させる者は、第百三十二条の八十五第一項各号に掲げる空域における飛行又は前条第二項各号に掲げる方法のいずれかによらない飛行（以下「特定飛行」という。）を行う場合（立入管理措置を講ずることなく飛行を行う場合を除く。）において、当該特定飛行中の無人航空機の下に人の立入り又はそのおそれのあることを確認したときは、直ちに当該無人航空機の飛行を停止し、飛行経路の変更、航空機の航行の安全並びに地上及び水上の人及び物件の安全を損なうおそれがない場所への着陸その他の必要な措置を講じなければならない。

（飛行計画）

第百三十二条の八十八　無人航空機を飛行させる者は、特定飛行を行う場合には、あらかじめ、当該特定飛行の日時、経路その他国土交通省令で定める事項を記載した飛行計画を国土交通大臣に通報しなければならない。ただし、あらかじめ飛行計画を通報することが困難な場合として国土交通省令で定める場合には、特定飛行を開始した後でも、国土交通大臣に飛行計画を通報することができる。

2　国土交通大臣は、前項の規定により通報された飛行計画に従い無人航空機を飛行させることが航空機の航行の安全並びに地上及び水上の人及び物件の安全を損なうおそれがあると認める場合には、無人航空機を飛行させる者に対して、特定飛行の日時又は経路の変更その他の必要な措置を講ずべきことを指示することができる。

3　第一項の規定により飛行計画を通報した無人航空機を飛行させる者は、前項に規定する国土交通大臣の指示に従うほか、飛行計画に従つて特定飛行を行わなければならない。ただし、航空機の航行の安全又は地上若しくは水上の人若しくは物件の安全を確保するためにやむを得ない場合は、この限りでない。

（飛行日誌）

第百三十二条の八十九　無人航空機を飛行させる者は、特定飛行を行う場合には、飛行日誌を備えなければならない。

2　特定飛行を行う者は、無人航空機を航空の用に供し、又は整備し、若しくは改造した場合には、遅滞なく飛行日誌に国土交通省令で定める事項を記載しなければならない。

（事故等の場合の措置）

第百三十二条の九十　次に掲げる無人航空機に関する事故が発生した場合には、当該無人航空機を飛行させる者は、直ちに当該無人航空機の飛行を中止し、負傷者を救護することその他の危険を防止するために必要な措置を講じなければならない。

一　無人航空機による人の死傷又は物件の損壊

二　航空機との衝突又は接触

三　その他国土交通省令で定める無人航空機に関する事故

2 　前項各号に掲げる事故が発生した場合には、当該無人航空機を飛行させる者は、当該事故が発生した日時及び場所その他国土交通省令で定める事項を国土交通大臣に報告しなければならない。
第百三十二条の九十一　無人航空機を飛行させる者は、飛行中航空機との衝突又は接触のおそれがあつたと認めたときその他前条第一項各号に掲げる事故が発生するおそれがあると認められる国土交通省令で定める事態が発生したと認めたときは、国土交通省令で定めるところにより国土交通大臣にその旨を報告しなければならない。
　（捜索、救助等のための特例）
第百三十二条の九十二　第百三十二条の八十五、第百三十二条の八十六（第一項を除く。）及び第百三十二条の八十七から第百三十二条の八十九までの規定は、都道府県警察その他の国土交通省令で定める者が航空機の事故その他の事故に際し捜索、救助その他の緊急性があるものとして国土交通省令で定める目的のために行う無人航空機の飛行については、適用しない。

参考資料[2] 個別分野におけるロードマップ2021

警備業

敷地内等の侵入監視・巡回監視
- RTFにおける性能評価、民間による機体や装置の安全認証
- 各種実証実験の推進
- リアルタイム画像連携の高度化
- 警備業務における利活用状況の周知

重要施設内の広域巡回警備
- 新技術の導入による性能の向上、新機能の実現
- 携帯電話網の活用等による導入コストを抑えた警備システムの実現

広域・有人地帯の広域巡回警備
- 警備業務における広域警戒等への活用促進
- 画像解析技術の高度化による警備の質の向上

医療

- 緊急時医療活動訓練や、血液等医療資機材を搬送する実証実験の実施
- 医療の実態、ニーズを踏まえ、ユーザ―スを明確化
- サービス提供事業者や輸送方法の整理
- 緊急時における運航管理要件等の整理

へき地等において医薬品を配送
ドクターヘリ等と連携した、救急医療に必要な資機材、血液等の緊急輸送による医療の支援
被災者等への救援物資の迅速な配送

測量

- 第3期空間情報活用推進基本計画（作業マニュアル（案）の策定・改定及びそれらを踏まえた作業規程の準則の改定）
- 作業マニュアルの周知等、公共測量におけるUAV活用支援
- 工事測量等における利活用の推進
- UAV写真測量の作業規程の準則への反映
- UAV写真測量の効率化に関する調査検討
- UAVレーザ測量作業マニュアル（案）の改定

3次元測量により詳細な地形の把握、3次元データの作成を促進
- 作業規程の準則の改訂の検討
- UAVレーザ測量作業マニュアル（案）の作業規程の準則への反映

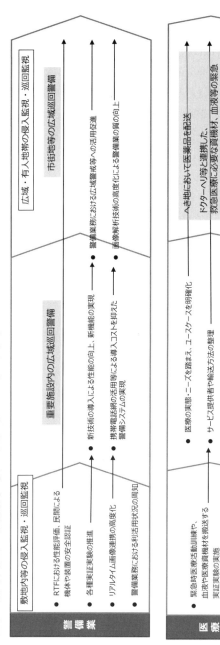

参考資料

～2020年度	2021～2022年度	2023年度以降

災害対応

被災状況の把握
- 人の立入りが困難な危険箇所における防災・災害対応への活用を継続的に実施（状況把握、関係機関に直ちに情報提供、地理院地図での迅速な状況把握の実現に向け訓練）→ 2023年度以降：無人航空機等での目視外飛行による状況把握の実現に向け訓練

災害現場における資器材の搬送等による活動支援

災害対応活動（救助等）の支援
- 無人航空機の災害時における活用状況調査の実施
- 安全かつ効率的な運用・導入を行うための教育・研修を実施
- 技術動向や先進的な活用状況等についての情報収集、有効活用方策の研究を行い、活用・導入促進を図る
- 消防ロボットシステムを構成する飛行型偵察・監視ロボットによる無人地帯目視外飛行による上空からの災害状況の把握、放水の監視

（土砂災害現場における救助活動）
- 活動事例の収集・分析による活動面における状況把握手法のセンサー及び解析方法の検討 → 技術実証試験によるセンサー及び解析方法の開発 → 災害現場における試験運用による運用方策等の開発

（救助・捜索）
- 資機材の計画的な整備
- 更なる活用に向けた検討
- 警察の救出救助活動に活用、更なる高度化に向けた検討
- 陸上自衛隊の初動対処部隊にドローン型小型無人機を追加配備
- 自衛隊の災害派遣活動に活用

（石油コンビナート火災・爆発災害対策ロボットシステムの実証配備）
- 訓練・災害出動、効率的な使用法の策定、需要喚起

参考資料

農林水産業

農業分野	～2020年度	2021～2022年度	2023年度以降
			農地ごとの作物の生育状況等を広域的に確認
[場面センシング]	● 作付作物、ほ場境界等の確認(2018年度から実施) ✓ 空撮画像から利用する技術の開発	✓ 社会実装に向けてビジネスウェアの開発・改良等(2022年度)	
	● 野菜の生育状況や病害虫発生状況のセンシング(2018年度から実施) ✓ 空撮画像解析・気象情報を利用した生育予測アプリのプロトタイプを開発	✓ 生育予測・生育診断アプリの改良と実証(～2022年度)	✓ 生育予測・生育診断アプリの普及(2023年度～) ✓ 生育予測・生育診断アプリの他の野菜への適用拡大(2023年度～)
	✓ 空撮画像解析による病害発生状況推定手法の開発(～2022年度まで)		✓ 空撮画像解析による病害発生状況推定手法の現地実証
[農薬散布]			**農薬散布面積を100万haに拡大**
	● 果樹の薬剤散布技術や病害虫発生状況のセンシング(2018年度から実施) ✓ 傾斜地果樹園で自動飛行が可能なドローンによる改良(～2022年度まで)	✓ 傾斜地果樹園での農薬散布実証(効果検証含む)(2018年度から実施)(～2022年度まで)	✓ 傾斜地果樹園での農薬散布技術の実装・普及(2023年度～)
	● 病害虫判定に必要な空撮技術の開発(画像解像度、必要撮影枚数などの検証含む)(～2021年度)	✓ 画像から病害虫発生状況を把握・予測に必要なセンシングデータの仕様を決定(2022年度)	✓ 病害発生診断システムを開発し、現場への実装・普及(2023年度～)
	● 農用地におけるドローンの農薬等散布時の補助者配置義務等の緩和 ✓ 農薬等の空中散布についての関係通知の整備	✓ 技術の進展に合わせ、空中散布に係るガイドラインの順次見直し	
		✓ 高いセキュリティ機能を有する農業用ドローン共通ベックアップの開発	✓ 安全安心な農業用ドローン標準機体の市販化(2023年度) ✓ ドローンと連携したデータ駆動型栽培管理技術の開発(2023年度～)
		✓ 安全安心な農業用ドローン標準機体の高精度散布装置および複数の生育解析可能な作物での利用可能な生育解析技術の開発	
[肥料散布]	● 肥料散布技術の実装・普及 ✓ ドローン散布に適した肥料の実証	✓ 露地野菜等の先進的な経営体への実装・普及	
[播種]	● 播種技術の確立 ✓ 均一散布技術の確立・実証	✓ 播種技術の実装・普及 ✓ 水田作の先進的な経営体への実装・普及	
[受粉]	● 受粉技術の確立 ✓ 散布表置改良等の技術の確立		✓ 受粉技術の実装・普及 ✓ 主要果樹の先進的な経営体への実装・普及
[収穫物運搬]	● 収穫物運搬技術の確立 ✓ 長時間、長距離飛行のための技術の確立・実証		✓ 収穫物等運搬技術の実装・普及 ✓ 露地野菜・果樹等の先進的な経営体への実装・普及

参考資料

農林水産業

～2020年度

農業分野
【鳥獣害防止】
- 鳥獣の生息実態把握手法の確立
  ✓ 生息状況把握システム等の実装・普及
- 鳥獣捕獲のための誘引の自動化
  ✓ エサ投下自動化技術の実証試験

林業分野
- 森林被害（山腹崩壊、病虫害、気象害等）の把握
- 森林資源情報の把握
  ✓ 空撮画像やレーザーセンシングによる高精度な森林資源情報の把握技術の実証（2018年度から実施）
  ✓ 上記のモデル地域における実証（2018年度から実施）
- リモートセンシング技術の活用を前提とした
  ✓ 造林事業の設計・施工管理手法の普及
  ✓ 苗木運搬・播種等への活用手法の実証

水産業分野
- カワウによる漁場被害防止
  ✓ カワウ追い払い技術の開発・マニュアル作成
- 鯨類の目視調査技術の開発
  ✓ 調査船上からの安定的な離発着技術の実証
  ✓ 鯨類の識別・群れに含まれる個体数の計数の実証
- ドローンによる漁場探索（海外まき網漁業等）
  ✓ 船上からの自動離発着技術の開発
  ✓ 魚群判別AIモデルのプロトタイプ開発

2021～2022年度

✓ 社会実装に向けた課題整理と手順書等の整理

2022年度までに全都道府県・全森林管理局で森林被害の把握等にドローン等を利活用

✓ カワウの繁殖抑制技術の開発・マニュアル作成
✓ 調査船上からの安定的な離発着技術の実証
✓ 調査船上からの鯨類の識別、群れに含まれる個体数の計数の実証
✓ 船上からの自動離着技術の実証
✓ 魚群判別AIモデルのドローンへの実装

2023年度以降

✓ 樹投下自動化技術の実装・普及

✓ 森林資源情報の把握技術の実装・普及

✓ カワウ追い払い技術、繁殖抑制技術の現場への普及
✓ ドローンによる調査と船上からの目視調査結果を比較し、データの有効性を検証
  調査手法の現場への普及（2023年度～）
✓ ドローンを用いた魚群自動探索技術の実用化（2023年度～）

337

参考資料

■**参考資料3** 空の移動革命に向けた官民協議会(第7回)資料1(抜粋)

＜空飛ぶクルマの活用イメージ＞

年代 (現時点の想定)	目指す姿
2023年頃	**空飛ぶクルマのパイロットサービス開始** ・都市部周辺(湾岸部、運河・河川上空等)の一部特定エリアにおける2地点間旅客輸送サービス、遊覧飛行サービスを開始。2人乗り程度のeVTOL(Multirotor型)の利用。 ・離島地域において荷物輸送サービスを開始。Multirotor型eVTOLを遠隔操縦で運用。
2025年頃	**空飛ぶクルマを活用した輸送サービスが本格的に開始** ・空港〜都市(主要都市/地方部を含む)、観光地〜都市など、数km〜50km程度内の比較的近距離における定路線、定期運航サービスを複数個所で開始。 ・乗員数は2〜5人乗り程度、機体方式はMultirotor型に加え、Vectored Thrust型、Lift&Cruise型の利用。 ・都市部における荷物配送サービスを開始。
2020年代後半頃	**空飛ぶクルマを活用した輸送サービスが拡大、救急輸送サービスの開始** ・空港〜都市、観光地〜都市に加え、主要都市圏や地方部の都市間・拠点間の定路線・定期運航サービスの増加、飛行距離は50〜300km程度の中長距離の路線に拡張。 ・eVTOLの救急輸送(医師派遣)への活用、オンデマンド運航の実現。
2030年代頃	**空飛ぶクルマの飛行エリアの更なる拡大、オンデマンド運航等の拡大** ・eVTOLによる旅客輸送の路線数の増加、ユーザの要望に応じたオンデマンドな旅客輸送サービスを拡大。 ・主要都市部上空を飛行する高頻度輸送サービス、寒冷地における輸送サービスの開始。 ・個人用途の自家用eVTOLの飛行。

※事業者が目指す現時点の活用イメージ案であり、今後の機体開発の状況等により変わり得る。

■編集代表

戸嶋 浩二（としま こうじ）
1998年東京大学法学部卒業。2000年弁護士登録。2005年コロンビア大学ロースクール修了。2005～2006年 Sullivan & Cromwell 法律事務所で執務。2006年ニューヨーク州弁護士登録。2006～2007年東京証券取引所へ出向。現在、森・濱田松本法律事務所パートナー弁護士。

林 浩美（はやし ひろみ）
1989年東京大学経済学部卒業。1989～1994年株式会社日本興業銀行勤務。1997年東京大学法学部卒業。2001年弁護士登録。2006年ハーバード大学ロースクール修了。2006～2007年 Davis Polk & Wardwell 法律事務所で執務。2007年ニューヨーク州弁護士登録。現在、森・濱田松本法律事務所パートナー弁護士。

岡田 淳（おかだ あつし）
2001年東京大学法学部卒業。2002年弁護士登録。2007年ハーバード大学ロースクール修了。2007～2008年 Weil, Gotshal & Manges 法律事務所で執務。2008年ニューヨーク州弁護士登録。現在、森・濱田松本法律事務所パートナー弁護士。

■執筆者

佐藤 典仁（さとう のりひと）
2007年東京大学法学部卒業。2008年弁護士登録。2013年ノースウェスタン大学ロースクール、ケロッグ経営大学院（Certificate in Business Administration）修了。2013～2014年 Hengeler Mueller 法律事務所で執務。2014～2015年株式会社日立製作所へ出向。2017～2019年国土交通省自動車局において任期付公務員として執務（企画調整官）。現在、森・濱田松本法律事務所パートナー弁護士。

島田 里奈（しまだ りな）
2007年慶應義塾大学法学部卒業。2009年東京大学法科大学院修了。2010年弁護士登録。2018～2021年厚生労働省において任期付公務員として執務（訟務官）。現在、森・濱田松本法律事務所シニア・アソシエイト弁護士。

輪千 浩平（わち こうへい）
2013年東京大学法学部卒業。2015年弁護士登録。2018～2020年 Google Japan G.K.に出向。現在、森・濱田松本法律事務所シニア・アソシエイト弁護士。

木村 純（きむら じゅん）
2011年早稲田大学法学部卒業。2014年東京大学法科大学院修了。2015年弁護士登録。2019〜2020年三井住友銀行に出向。現在、森・濱田松本法律事務所シニア・アソシエイト弁護士。

福澤 寛人（ふくざわ ひろと）（第2版から）
2019年慶應義塾大学法学部法律学科卒業。2020年12月弁護士登録。現在、森・濱田松本法律事務所アソシエイト弁護士。

■第1版執筆者

千原 剛（ちはら ごう）
2012年慶應義塾大学法学部卒業。2014年東京大学法科大学院修了。2015年弁護士登録。現在、森・濱田松本法律事務所シニア・アソシエイト弁護士。

岩澤 祐輔（いわさわ ゆうすけ）
2013年東京大学法学部卒業。2015年弁護士登録。現在、森・濱田松本法律事務所シニア・アソシエイト弁護士。

小川 智史（おがわ さとし）
2013年東京大学法学部卒業。2015年弁護士登録。2019年〜2021年個人情報保護委員会事務局に任期付公務員として執務（参事官補佐）。現在、森・濱田松本法律事務所シニア・アソシエイト弁護士。

山本 光洋（やまもと あきひろ）
2014年東京大学法科大学院中退。2015年弁護士登録。森・濱田松本法律事務所を経て、現在、外苑法律事務所アソシエイト弁護士。

第2版　ドローン・ビジネスと法規制

2017年5月30日　初版　発行
2022年1月31日　第2版発行

編　者	森・濱田松本法律事務所 AI・IoTプラクティスグループ　Ⓒ
発行者	小泉　定裕
発行所	株式会社 清文社 東京都千代田区内神田1-6-6（MIFビル） 〒101-0047　電話 03(6273)7946　FAX 03(3518)0299 大阪市北区天神橋2丁目北2-6（大和南森町ビル） 〒530-0041　電話 06(6135)4050　FAX 06(6135)4059 URL https://www.skattsei.co.jp/

印刷：亜細亜印刷㈱

■著作権法により無断複写複製は禁止されています。落丁本・乱丁本はお取り替えします。
■本書の内容に関するお問い合わせは編集部までFAX（03-3518-8864）またはe-mail（edit-e@skattsei.co.jp）
　でお願いします。
■本書の追録情報等は、当社ホームページ（https://www.skattsei.co.jp/）をご覧ください。

ISBN978-4-433-77251-2